北京文化书系
创新文化丛书

北京城市规划建设的创新

中共北京市委宣传部
北京市社会科学院　　组织编写

北京市城市规划设计研究院　编　　著

北京出版集团
北京出版社

图书在版编目（CIP）数据

北京城市规划建设的创新 / 中共北京市委宣传部，
北京市社会科学院组织编写；北京市城市规划设计研究
院编著. — 北京：北京出版社，2024.4
（北京文化书系. 创新文化丛书）
ISBN 978-7-200-18171-5

Ⅰ．①北… Ⅱ．①中… ②北… ③北… Ⅲ．①城市规
划—研究—北京 Ⅳ．①TU984.21

中国国家版本馆CIP数据核字（2023）第150463号

北京文化书系　创新文化丛书
北京城市规划建设的创新
BEIJING CHENGSHI GUIHUA JIANSHE DE CHUANGXIN
中 共 北 京 市 委 宣 传 部
北 京 市 社 会 科 学 院　组织编写
北京市城市规划设计研究院　编　　著
*
北 京 出 版 集 团
北 京 出 版 社　出版
（北京北三环中路6号）
邮政编码：100120
网　　　址：www.bph.com.cn
北 京 出 版 集 团 总 发 行
新 华 书 店 经 销
北京建宏印刷有限公司印刷
*
787毫米×1092毫米　16开本　26印张　360千字
2024年4月第1版　2024年4月第1次印刷
ISBN 978-7-200-18171-5
定价：99.00元
如有印装质量问题，由本社负责调换
质量监督电话：010-58572393；发行部电话：010-58572371

"创新文化丛书"编委会

"北京文化书系"
序言

　　文化是一个国家、一个民族的灵魂。中华民族生生不息绵延发展、饱受挫折又不断浴火重生，都离不开中华文化的有力支撑。北京有着三千多年建城史、八百多年建都史，历史悠久、底蕴深厚，是中华文明源远流长的伟大见证。数千年风雨的洗礼，北京城市依旧辉煌；数千年历史的沉淀，北京文化历久弥新。研究北京文化、挖掘北京文化、传承北京文化、弘扬北京文化，让全市人民对博大精深的中华文化有高度的文化自信，从中华文化宝库中萃取精华、汲取能量，保持对文化理想、文化价值的高度信心，保持对文化生命力、创造力的高度信心，是历史交给我们的光荣职责，是新时代赋予我们的崇高使命。

　　党的十八大以来，以习近平同志为核心的党中央十分关心北京文化建设。习近平总书记作出重要指示，明确把全国文化中心建设作为首都城市战略定位之一，强调要抓实抓好文化中心建设，精心保护好历史文化金名片，提升文化软实力和国际影响力，凸显北京历史文化的整体价值，强化"首都风范、古都风韵、时代风貌"的城市特色。习近平总书记的重要论述和重要指示精神，深刻阐明了文化在首都的重要地位和作用，为建设全国文化中心、弘扬中华文化指明了方向。

　　2017年9月，党中央、国务院正式批复了《北京城市总体规划（2016年—2035年）》。新版北京城市总体规划明确了全国文化中心建设的时间表、路线图。这就是：到2035年成为彰显文化自信与多元包容魅力的世界文化名城；到2050年成为弘扬中华文明和引领时代潮流的世界文脉标志。这既需要修缮保护好故宫、长城、颐和园等享誉中外的名胜古迹，也需要传承利用好四合院、胡同、京腔京韵等具有老北京地域特色的文化遗产，还需要深入挖掘文物、遗迹、设施、景点、语言等背后蕴含的文化价值。

组织编撰"北京文化书系"，是贯彻落实中央关于全国文化中心建设决策部署的重要体现，是对北京文化进行深层次整理和内涵式挖掘的必然要求，恰逢其时、意义重大。在形式上，"北京文化书系"表现为"一个书系、四套丛书"，分别从古都、红色、京味和创新四个不同的角度全方位诠释北京文化这个内核。丛书共计47部。其中，"古都文化丛书"由20部书组成，着重系统梳理北京悠久灿烂的古都文脉，阐释古都文化的深刻内涵，整理皇城坛庙、历史街区等众多物质文化遗产，传承丰富的非物质文化遗产，彰显北京历史文化名城的独特韵味。"红色文化丛书"由12部书组成，主要以标志性的地理、人物、建筑、事件等为载体，提炼红色文化内涵，梳理北京波澜壮阔的革命历史，讲述京华大地的革命故事，阐释本地红色文化的历史内涵和政治意义，发扬无产阶级革命精神。"京味文化丛书"由10部书组成，内容涉及语言、戏剧、礼俗、工艺、节庆、服饰、饮食等百姓生活各个方面，以百姓生活为载体，从百姓日常生活习俗和衣食住行中提炼老北京文化的独特内涵，整理老北京文化的历史记忆，着重系统梳理具有地域特色的风土习俗文化。"创新文化丛书"由5部书组成，内容涉及科技、文化、教育、城市规划建设等领域，着重记述新中国成立以来特别是改革开放以来北京日新月异的社会变化，描写北京新时期科技创新和文化创新成就，展现北京人民勇于创新、开拓进取的时代风貌。

为加强对"北京文化书系"编撰工作的统筹协调，成立了以"北京文化书系"编委会为领导、四个子丛书编委会具体负责的运行架构。"北京文化书系"编委会由中共北京市委常委、宣传部部长莫高义同志和市人大常委会党组副书记、副主任杜飞进同志担任主任，市委宣传部分管日常工作的副部长赵卫东同志担任副主任，由相关文化领域权威专家担任顾问，相关单位主要领导担任编委会委员。原中共中央党史研究室副主任李忠杰、北京市社会科学院研究员阎崇年、北京师范大学教授刘铁梁、北京市社会科学院原副院长赵弘分别担任"红色文化""古都文化""京味文化""创新文化"丛书编委会主编。

在组织编撰出版过程中，我们始终坚持最高要求、最严标准，突出精品意识，把"非精品不出版"的理念贯穿在作者邀请、书稿创作、编辑出版各个方面各个环节，确保编撰成涵盖全面、内容权威的书系，体现首善标准、首都水准和首都贡献。

我们希望，"北京文化书系"能够为读者展示北京文化的根和魂，温润读者心灵，展现城市魅力，也希望能吸引更多北京文化的研究者、参与者、支持者，为共同推动全国文化中心建设贡献力量。

"北京文化书系"编委会

2021年12月

"创新文化丛书"
序言

习近平总书记指出，"文化是一个国家、一个民族的灵魂"，"创新是一个国家、一个民族发展进步的不竭动力"。深入把握创新文化发展规律，积极推进创新文化体系建设，激发全民族创新的热情和活力，为实现中华民族伟大复兴中国梦凝心聚力，是全面建设社会主义现代化强国的战略支撑，是实现中华民族伟大复兴宏伟蓝图的精神追求。

党的十八大以来，北京市委市政府坚决贯彻习近平总书记对北京一系列重要讲话精神，深入落实习近平总书记关于社会主义文化建设的重要论述，坚决扛起建设全国文化中心的职责使命，不断深化首都文化的内涵的认识，集中做好首都文化这篇大文章。首都文化主要包括源远流长的古都文化、丰富厚重的红色文化、特色鲜明的京味文化和蓬勃兴起的创新文化。做好首都文化建设这篇大文章，就要把上述四种文化进一步挖掘并弘扬光大。

在北京四种文化中，创新文化是富有时代感，与新时代首都发展联系紧密的一种文化形态。北京的发展史也是以创新文化为内核的城市发展史，是贯穿于不同时期、不同领域、各个方面创新实践活动之中的底蕴和精神内核，从而塑造出北京的首都风范、古都风韵和时代风貌的城市特色，缔造出首都独特的精神标识。进入新时代，放眼世界，面向未来，以创新文化引领为先导，以实现中华民族伟大复兴为己任，以高度文化自信，推动创新文化完善与弘扬，必将不断为新时代首都高质量发展开创新境界，提供新动力。

创新文化是在一定社会历史条件下，在创新实践中所形成的文化生态，以追求变革、崇尚创新为基本理念和价值取向，在促进资源高效配置中发挥着重要作用，主要包括有关创新的观念文化、制度文化和环境文化等。创新文化是以创新为内核的文化体系，为一切创新实践提供方向引领、精神动力和营造文化氛围。

北京创新文化深深根植于首都经济社会生活，她以创新理念引领新时代首都发展，以创新制度支撑新发展格局，以创新环境助力高质量发展，以创新成果促进人的全面发展。

"不忘本来才能开辟未来，善于继承才能更好创新。"北京这座历史文化名城是中华文明源远流长的伟大见证，历经3000多年建城史、860多年建都史，继承兼容并蓄的开放理念和进取精神，深厚的文化底蕴为北京创新文化的形成奠定了坚实的基础。新中国成立以来，从首都建设到首都经济，再到首都发展，北京始终坚持把传承和弘扬中华民族文化和建设全国文化中心有机统一起来，以悠久的北京地域文化为基础，涵容国内不同地域、不同民族的多样文化，吸收海外文化，特别是作为首都城市，在波澜壮阔的伟大实践中所形成的精神理念和价值追求，不仅具有开放包容和与时俱进的特征，更富有鲜明的使命担当和首善一流的特质。

使命担当是北京创新文化的固有特征。北京是伟大社会主义祖国的首都、迈向中华民族伟大复兴的大国首都、国际一流的和谐宜居之都，北京创新文化具有强烈的国家富强、民族复兴的使命感和责任感。北京创新文化始终把"四个中心""四个服务"作为定向标，自觉从国家战略要求出发谋划和推动发展，书写了从首都建设到首都经济，再到新时代首都发展的一幅幅辉煌篇章。

开放包容是北京创新文化的本质特征。在北京，传统文化与现代文化融合，东方文明与西方文明交汇，为北京注入更为丰富的创新文化内涵。中关村鼓励创新、支持创造、宽容失败，一大批高科技企业从这里走向全国、走向世界，成为北京创新文化的优秀代表。在经济全球化深入发展的大背景下，北京持续奋力深化国际交流合作，充分利用全球创新资源，在更高起点上推进自主创新。

时代引领是北京创新文化的重要特征。新中国成立初期，为彻底改变旧中国贫穷落后的面貌，北京提出"建设成为我国强大的工业基地和技术科学中心"的发展目标。改革开放初期，北京积极响应"科学技术必须面向经济建设，经济建设必须依靠科学技术"的方针要求，中关村成为中国科技创新发展的一面旗帜。新时代，北京迎接新一轮科技革命和产业变革浪潮，肩负建设国际科技创新中心重任，加快建设国际数字经济标杆城市，抓住"两区"建设重大历史机遇，为党和人民续写更大光荣。

首善一流是北京创新文化的独有特征。"建首善自京师始，由内及外"。首都工作历来具有代表性、指向性，善于在"首都"二字上做文章，始终把"建首善、创一流"作为工作标尺，先觉、先行、先倡，善于在攻坚克难上求突破，推动各项工作创先争优、走在前列、创造经验、发挥表率，努力创造多彩多样的首都特色的"优品""名品"。

北京是国家理念、制度、技术、文化创新发展主要策源地，集聚了国家级创新资源和平台。北京创新文化表现形态无比丰富，北京科技创新、城市规划建设创新、文学艺术创新、社会生活创新等领域的创新文化，是北京创新文化的重要体现，这些创新文化成果既来之于人民丰富多彩的创新实践，也得益于党和政府对创新文化的自觉建设和不懈培育。北京在创新文化培育建设中不断探索和积累，不仅善于从人民群众火热的创新实践中总结提升，更注重创新文化中的制度文化建设，注重营造鼓励创新、尊重首创的浓厚的文化氛围。

尊重首创是北京创新文化建设的首要原则。"历史是人民书写的，一切成就归功于人民"，北京在创新文化培育实践中，充分尊重人民群众的首创精神，最大程度汇聚人民群众的智慧，最大限度发挥人民群众在创新实践活动中的能动作用，将不同时期人民群众在创新实践活动中形成的创新文化予以总结、提炼和升华，形成人民群众喜闻乐见和自觉践行的文化理念和文化价值。

与时俱进是北京创新文化建设的基本要求。北京在培育创新文化实践中，始终紧扣时代发展的脉搏和国家发展的需求，与民族复兴、社会发展同频共振，积极主动承当攻坚克难重任，发力代表未来发展方向、有利于社会进步的重大创新实践活动，回应时代需求、满足人民需要。

制度保障是北京创新文化建设的重要支撑。北京在创新文化培育实践中，既注重将人民群众创新实践中的好做法、好经验制度化，使其在更大范围、以更稳定的制度形式促进和保护创新实践，更重视调查研究、重点突破制约创新实践活动的痛点、难点，在体制机制上改革创新，形成适宜于创新的制度体系，为创新实践提供动力和保障，让各项创新事业都有章可循、有法可依。

环境营造是北京创新文化建设的重要抓手。北京在创新文化培育实践中，始终以"营造一流创新生态，塑造科技向善理念"为目标，聚集全球人才、资本、技术等创新要素，健全激励、开放、竞争的创新生态，让每一个有创新梦想的人都能专注创新，让每一份创新活力都能充分迸发，为新时代首都高质量发展贡献聪明才智。

历史的北京是创新融入血脉、化为基因的文明之城；今天的北京是富有创新优势、创新实力、创新潜质的活力之城；未来的北京，是在创新引领中迈向中华民族伟大复兴的大国首都，在迈向中华民族伟大复兴进程中实现创新引领的光荣之城。

二

北京的创新文化根植于首都丰富多彩的创新实践。回顾北京创新文化的发展历程，创新文化与首都建设、首都经济和首都发展阶段的中心任务紧密联系，在促进发展的同时，形成了不同阶段创新文化的鲜明特色和亮丽成绩。

新中国成立伊始，为保卫新生政权，中国必须在较短的时期建立完整的国防体系和工业体系，由此国家确立优先发展重工业的战略。

北京加快工业项目建设步伐，建成酒仙桥电子城等六大工业基地，全力支持"两弹一星"攻关，取得一系列国防科技重大突破。北京创新文化中使命担当的精神内核正是在这个时期更加凸显出来。在这个时期，一大批科学家和首都广大建设者们以忘我的精神，艰苦奋斗，艰苦创业，体现出热爱祖国、无私奉献的爱国情怀；也是在这个时期，钱学森等一批海外爱国学子冒着生命危险辗转归国，投身新中国伟大的事业，体现出强烈的赤子情怀和爱国精神。

改革开放伊始，邓小平提出科学技术是第一生产力，开启了科技创新的新时代。"知识就是力量"成为时代信仰，"尊重知识、尊重人才"为创新文化营造了良好的发展环境。这一时期，国家提出面向经济建设的追赶战略，北京也开始积极探索经济转型之路。作为首都和全国政治中心、文化中心，北京从自身优势出发，紧抓实施"科教兴国"国家战略与"首都经济"城市发展的重大机遇，充分发挥文化、科技、教育、人才等优势，调整和限制工业结构，大力发展第三产业和高新技术产业。在这个时期，一大批科研工作者纷纷下海创业，在中关村创立了首批民办科技企业，以"勇于突破、敢为人先"的创业精神，推动中关村由"电子一条街"向北京市新技术产业开发试验区发展。中关村也成为我国科技园区建设的开拓者、先行者。此后，一大批海外留学归国人员归国创业，新浪、搜狐、百度等一批科技企业应运而生，北京发展成为全国高技术创新创业高地，鼓励创新、宽容失败、包容开放的创新文化氛围日益浓厚。

党的十八大以来，习近平总书记多次视察北京并发表重要讲话，要求北京坚持"四个中心"城市功能定位，回答好"建设一个什么样的首都，怎样建设首都"这一重大时代课题，为新时代首都发展提供了遵循。北京认真落实习近平总书记一系列重要讲话精神，以创新理论推动创新实践，以创新精神驱动创新发展，高水平编制《北京城市总体规划（2016–2035）》，以创新的规划引领首都未来可持续发展，以创新理念回答新时代首都高质量发展中所面临的挑战。具体包括以下几方面。

加强"四个中心"功能建设、提高"四个服务"水平。十八大以来，北京以创新驱动为引领，加快形成国际科技创新中心，发挥"三城一区"主平台作用，加强三个国家实验室、怀柔综合性国家科学中心、中关村国家自主创新示范区建设，逐步形成世界主要科学中心和创新高地。同时围绕"一核一城三带两区"总体框架，深化全国文化中心建设，文化事业和产业蓬勃发展，文化软实力和影响力不断提升。

主动服务和融入新发展格局，推动经济高质量发展。近年来，北京发挥科技创新优势，巩固完善高精尖产业格局，前瞻布局未来产业，培育具有全球竞争力的万亿级产业集群。同时，以制度创新为核心，高标准推进"两区"建设。坚持数字赋能产业、城市、生活，实施智慧城市发展行动，建设全球数字经济标杆城市，打造引领全球数字经济发展高地。以供给侧结构性改革创造新需求，加紧国际消费中心城市建设。坚持"五子"联动融入新发展格局，将"两区"建设、国际科技创新中心建设和全球数字经济标杆城市建设有机融合，扎实推动高质量发展。

紧抓疏解非首都功能这个"牛鼻子"、促进京津冀协同发展。北京不断进行制度创新，深入开展疏整促治理提升专项行动，高水平建设城市副中心，扎实推进国家绿色发展示范区、通州区与北三县一体化高质量发展示范区建设，疏解非首都功能取得重要进展，成为全国首个减量发展的城市，环境质量明显改善，大城市病治理取得积极成效，京津冀协同发展迈出坚实步伐。

持续推动北京绿色发展。北京以科技创新和理念创新为抓手，全面推进绿色低碳循环发展，大力发展绿色经济，倡导简约适度、绿色低碳生活方式。持续开展"一微克"行动，深化国家生态文明建设示范区、"两山"实践创新基地创建，强化"两线三区"全域空间管控，完善生态文明制度体系。

不断提升首都城市现代化治理水平。北京以民生和社会领域改革创新为切入点，将"七有""五性"作为检验北京社会工作的标尺，以"接诉即办"改革为抓手，及时回应民众诉求，提升基层治理水平，探索形成以接诉即办为牵引的超大城市治理"首都样板"，不断增强人民群众的获得感、幸福感和安全感。

三

北京创新文化不仅根植于不同时期首都创新发展的生动实践，同时也体现在首都发展的方方面面。本丛书从丰富的北京创新文化中选取了科技、文学艺术、城市规划建设、社会生活等领域的创新文化实践，从更鲜活更生动的视角反映北京创新文化的不同侧面。

科技创新领域所体现的创新文化最能够体现北京创新文化的本质特征。北京的科技创新理念从建国初期的"自力更生，军民兼顾"到改革开放时期的"敢为人先，科技与经济结合"，再到新时代的"创新驱动，高质量发展"，始终随着国家大政方针和科技战略的演进，以及北京自身发展的需要而不断发展，由此形成了特有的北京科技创新文化。中关村创新文化是北京科技创新文化的典型代表。中关村始终站在我国改革开放的潮头，是我国科技创新的领头羊，也是我国体制机制创新的试验田，是中国创新发展的一面旗帜。

文学艺术领域的创新文化既是文学创新生命力所在，也是北京创新文化的生动体现。北京文学艺术在70多年的发展进程中，引导了各种新思想、新观念和新潮流，同时充分显示出北京这座历史古城的鲜明特色。新中国成立初期，北京积极进取的文学艺术氛围，激励培育出新中国第一代作家，也产生了《雷雨》《茶馆》《穆桂英挂帅》等一批经典作品。改革开放后，北京文艺界所创作的《青春万岁》《渴望》《皇城根》等一批文学艺术精品，是北京文学艺术领域解放思想、鼓励创新文学创新的结果，同时这些成果又进一步促使人们从"文革"伤痛中解脱出来，解放思想，打破禁区，开创美好未来新生活。随着科技的进步和发展，数字技术进入人们生活的方方面面，北京文学创作与数字技术紧密结合，"新文创"成为数字文化领域的发展主流，数字赋能文化，使得北京的文化创新焕发出更为蓬勃的生机。

北京日新月异的城市面貌离不开不断创新的北京城市规划建设。在首都建设时期，北京城市规划与建设领域以创新的精神，把具有3000多年悠久历史的城市与现代城市发展要求相结合，大手笔规划城市建设，既保持了传统首都发展的韵味，又呈现国际大都市的发展气魄，尤其是这个时期建设的人民大会堂、中国历史博物馆等"十大建筑"成为世界瞩目、载入中国建筑史册的经典"名品"。在首都经济时期，北京以2008年奥运为契机，加快建设城市轨道交通，优化城市空间格局，城市面貌发生深刻变化，尤其是这个时期建设的鸟巢、水立方、国家大剧院、中央电视台等一批现代化建筑耀眼世界。新时代首都发展时期，北京城市规划建设领域遵循习近平总书记提出的关于"建设一个什么样的首都，怎样建设首都"这一指示要求，编制新的一版北京城市总体规划，坚持一张蓝图绘到底，以规划引领城市发展，统筹经济社会和空间布局优化调整，推进首都城市向减量提质方向转型发展，成功举办冬奥会和冬残奥会，成为世界上首个"双奥"之城。

北京社会生活创新文化是北京创新文化中与人民群众幸福感、获得感联系最紧密最直接的创新文化形式。北京社会生活创新与时代发展和生产力发展水平紧密关联。从新中国成立初期艰苦奋斗、"勒紧裤腰带过日子"到改革开放人民物质生活日益丰富、精神生活不断充实提高，再到新时代人们日益追求更高品质的生活，北京始终坚持以人民为中心的发展理念，以"民有所呼、我有所应"为目标，紧扣"七有"要求和"五性"需要，不断创新社会治理，切实增进民生福祉，为建设国际一流的和谐宜居之都贡献北京方案。

四

创新文化随着创新实践不断发展，同时又为创新实践提供方向引领和重要动力，加强创新文化建设也要与时俱进。

进入新时代，世界百年未有之大变局加速演进，各国围绕科技创新的竞争日趋激烈，中华民族伟大复兴也进入了新的阶段，弘扬和繁荣蓬勃向上的创新文化不仅是提升科技创新硬实力的重要基础，更是保持强劲国际竞争力和实现中华民族伟大复兴的关键所在。北京作为全国创新资源最富集的城市，要在创新驱动国家战略实施中发挥更大的作用，实现更大的作为，就必须把加强新时代创新文化建设与发展放在突出地位。

第一，坚定文化自信，强化文化引领。北京创新文化是在北京数十年伟大创新实践中形成和发展起来的，她一方面源自于中华优秀传统文化，另一方面也源自于社会主义制度巨大优越性，源自于首都广大干部群众对于社会主义事业的无限热爱和不懈追求。新时代北京创新文化建设要进一步坚定文化自信，进一步弘扬崇尚科学、大胆探索、敢于创造、自强不息、日益进取的创新文化，同时，要充分发挥北京创新文化对首都发展的精神引领作用，进一步聚集人才、资本、技术等创新要素，充分释放创新文化对凝聚人心、激励创新的价值，形成北京创造活力竞相迸发、聪明才智充分涌流，推动首都高质量发展的强大动力。

第二，坚持首都定位，牢记国之大者。首都工作关乎"国之大者"，建设和管理好首都，是国家治理体系和治理能力现代化的重要内容。进入新时代，弘扬繁荣北京创新文化要坚持首都城市功能定位，把创新文化建设与"四个中心"和"四个服务"紧密结合起来，发挥北京创新文化对北京工作的引领作用，以首善标准更好履行首都职责和使命，同时，在新的伟大创新实践中进一步丰富北京创新文化。

第三，紧扣时代脉搏，突出守正创新。北京创新文化的形成发展与北京在不同时期所承担使命责任紧密联系，与时代发展的要求相适应。新时代北京创新文化建设要与时俱进，自觉承担新时代国家发展和民族复兴对首都的新要求，自觉履行首都城市功能定位、服务国家建设。北京创新文化建设要处理好"守正"与"创新"的关系，坚持社会主义核心价值观和中国传统文化的优秀文化基因，同时，要根据变化了的形势和新时代要求赋予创新文化以新的内涵，不断丰富北京创新文化。

第四，坚持面向世界，讲好"北京创新故事"。弘扬和繁荣北京创新文化还要坚持引进来与走出去相结合。北京创新文化具有海纳百川的开放气概。进入新时代，北京创新文化的繁荣和壮大更需要文化认同感，更需要发挥走出去的作用，把北京的创新文化传播出去，一方面要总结好各行业、各领域、各群体的创新经验、创新事迹，另一方面要积极融入全球创新网络，创新载体平台和传播方式，向世界讲好"北京创新故事"。

"创新文化丛书"编委会

目 录

前　言

　　北京是伟大社会主义中国的首都。北京的城市发展和建设,一直为全国人民所关注,为世人所瞩目。新中国成立以来,党中央、国务院及历任党和国家领导人对首都北京的发展建设高度关注、倾心指导、全力支持,为城市发展指明方向,引领了规划建设的创新。

　　1949年,党的七届二中全会在新中国成立之前召开,确定了"变消费城市为生产城市"的方针,指导北京创新规划建设体制机制。20世纪50年代初期,北京市确立了"为生产服务,为中央服务,归根到底是为劳动人民服务"的"三为"方针,制定和实施了第一个城市总体规划和五年计划,在努力增强政治中心和文化中心功能的同时,大力推进工业发展,彻底改变了落后面貌,城市发展实现了重大转型。在改革开放的80年代初期,面对城市发展面临的经济结构失衡和环境污染严重、生活服务设施建设滞后等关键问题,中共中央书记处明确了首都建设的"四项指示",提出"究竟把首都建设成一个什么样的城市,应该有四条指导思想",指导北京纠偏创新,制定和实施《北京城市建设总体规划方案》,明确北京是"全国的政治中心和文化中心"的城市性质和建设方针,明确发展适合首都特点的经济发展方向,推进经济内涵发展,城市建设注重合理布局和提高环境质量。及至21世纪初期,北京市进一步创新规划建设,明确现代国际城市发展方向,推进城市发展从践行绿色、科技、人文三大奥运理念向实施人文北京、科技北京、绿色北京战略跃升,全面加强经济、社会、环境的协调与科学发展,促进城市新的转型。

党的十八大以来，习近平总书记高度重视首都规划建设，深刻阐述了"建设一个什么样的首都，怎样建设首都"这个重大时代课题，集中体现了新时代中国特色社会主义思想的丰富内涵，为做好新时代首都工作指明了方向。2014年，习近平总书记在视察北京时明确提出："首都规划务必坚持以人为本，坚持可持续发展，坚持一切从实际出发，贯通历史现状未来，统筹人口资源环境，让历史文化与自然生态永续利用、与现代化建设交相辉映。"2017年，习近平总书记在视察北京时又强调指出，北京首先要明确城市战略定位，坚持和强化全国政治中心、文化中心、国际交往中心、科技创新中心的核心功能，深入实施人文北京、科技北京、绿色北京战略，努力把北京建设成国际一流的和谐宜居之都。在习近平总书记亲自谋划、直接推动、全程指导下，北京的规划建设一直坚持以习近平总书记重要讲话精神为根本遵循，编制和实施新版城市总体规划，围绕着如何更好地推动首都发展、首都规划、首都治理工作不断谋篇布局、开拓创新。《北京城市总体规划（2016年—2035年）》《北京城市副中心控制性详细规划（街区层面）（2016年—2035年）》《首都功能核心区控制性详细规划（街区层面）（2018年—2035年）》3个重要规划，先后得到党中央、国务院批复，首都规划体系的"四梁八柱"逐步构建。党中央调整加强首都规划建设委员会，首都规划向党中央负责的体制机制不断健全，首都城市坚决贯彻落实党中央决策部署，转型发展取得变革性成就，成为全国第一个实现减量发展的城市。

新中国成立以来，在党中央、国务院的关怀指导下，在社会各方和广大市民的大力支持下，北京的城市发展与城市建设发生了沧桑巨变，取得了举世瞩目的巨大成就。广大城市规划建设者在党的正确领导下，汇聚全社会的智慧力量，在城市总体规划编制实施以及城乡发展建设方面进行了艰苦的、持续不断的探索和改革创新。纵观70余年来北京的城市发展，在不同历史时期和转型发展阶段，都始终围绕关系首都发展的重大战略问题持续展开，由此所涉及的政治文化中心建设、经济社会发展、空间布局调整、生态环境保护、城市功能提升、历史名城保护、城市管理治理、城市品质提升等重大方面的规划建设创新，为推进首都城市的可持续发展及城乡建设提供了坚强有力的保障。这些发展与创新，也为丰富党史、新中国史、改革开放史、社会主义发展史提供了北京的实践探索和北京故事，是北京创新文化的重要组成与体现。

本书对于新中国成立以来涉及面广、内涵丰富的北京城市规划建设的创新内容，从谋与略、形与神、疏与优、魂与韵、品与质五个方面进行总结、归纳、提炼，力求对规划建设创新的主要内容、基本特征、形成机制以及滋养和深刻影响这些创新的文化要素作出系统梳理，为持续的研究提供线索，为新时代更好地继承创新内涵、发展创新思想、弘扬创新文化及更加全面地推动首都规划建设事业深入发展，提供思想和认识的基础。

第一章

谋与略：建设一个什么样的首都，
怎样建设首都

北京是世界著名的历史文化古都，至1949年新中国成立之前，北京是一个有着近3000年建城史和近800年建都史的古都，城市布局规整、气魄雄伟，被称为"举世无匹的杰作"，城市文化丰富多样，历史遗存众多，底蕴丰厚；但同时，北京也是一个百业待举、百废待兴的典型的消费型城市。1949年1月，北平和平解放，拉开了新中国定都北京及开展城市规划建设的序幕。1949年9月27日，中国人民政治协商会议第一届全体会议通过了定都北平和将北平改名为北京的决议；至10月1日，中华人民共和国中央人民政府成立，开启了新中国首都规划建设的宏伟历程。

第一节　沧桑巨变，新中国成立以来首都规划建设发展历程

一、谋篇布局，新中国首都建设起步奠基到初显格局

自新中国成立至党的十一届三中全会召开前的30年间，北京的城市规划建设经历了快速发展和跌宕起伏，建设政治、文化中心和大工业城市是发展建设的主题。30年间，规划建设的创新经历20世纪50年代初期、50年代中后期和60年代初至70年代中后期三个历史阶段，在市委市政府始终坚持"用客观上可能达到的最高标准要求各项工作"的指导下取得成效。

（一）20世纪50年代初期规划建设创新

自北平和平解放至20世纪50年代初期，是新中国成立后北京第一版城市总体规划研究、编制、实施的时期，围绕首都北京怎样建设和怎样发展这一重大问题，北京的规划建设在构建城市规划工作体制、确立首都建设"三为"方针、起步开展环境整治和城市治理、组织编制城市总体规划、推进城市总体规划实施等方面都有所开拓和创新，奠定了新中国首都发展建设的重要基础。

新中国成立之前召开的党的七届二中全会，确定党的工作重心由乡村转到城市，并明确提出"只有将城市的生产恢复起来和发展起来了，将消费的城市变成生产的城市了，人民政权才能巩固起来"的基本政策。为加强和搞好城市建设与管理，1949年5月，北平市政府即成立了都市计划委员会，讨论通过《北平都市计划委员会组织规

程》①，规定都市计划委员会的主要任务是负责制定都市规划、土地使用计划等，于1949年7月公布实施。都市计划委员会和规程的面世，使北平的城市规划一开始就步入法制轨道，是北京城市规划体制的一大创新。在都市计划委员会的统筹协调下，北平开始着手城市规划相关工作。

新中国成立后，面对如何恢复与发展生产、变消费城市为生产城市的紧迫形势与任务，时任北京市委书记彭真曾多次向中央报告，这一形势决定了以后的城市建设方针和路径。1950年2月2日，彭真代表北京市委正式提出："我们的市政建设，是为人民大众服务的，为恢复发展生产服务的。北京是光荣的人民的首都，因此，我们的市政建设，同时又是为代表与领导全国人民的中央人民政府各机关服务的。服务于人民大众，服务于生产，服务于中央人民政府，这个任务是统一而不可分的。"②这一重要论断明确了首都发展的方向和重大方针，为谋划新中国首都建设蓝图，建设全国政治、文化中心和发展生产城市提供了重要的思想认识基础。1953年11月北京市委上报中央的《改建与扩建北京市规划草案的要点》，进一步明确了首都建设要"为生产服务，为中央服务，归根到底是为劳动人民服务"的"三为"方针，成为指导首都发展建设的总方针、总原则。

北平和平解放时，全市的总面积为707平方公里，人口约为200万

---

① 1949年5月22日，北平市政府成立都市计划委员会，叶剑英为主任委员，张友渔、曹言行、梁思成、林徽因、程应铨、华南圭、林是镇、王明之、钟森为委员。该委员会讨论通过的《北平都市计划委员会组织规程》规定都市计划委员会的主要任务是：关于新都市体形计划调查研究与设计，中央与地方主要建筑物的设计、监工；新建筑物与其他工程的选址及有关市容的审查；关于工商、学校及行政区、风景区的设计划分；关于城市绿地系统的计划与修整；城市交通系统的计划与发展；市政工程、公用事业的发展计划与规划，以及涉及都市名胜古迹及文物之处理计划事项；土地的处理及使用；办理土地使用之申请、勘察、审核与批复；研究各项建设用地标准、土地使用法规，拟定或修改土地使用计划等。都市计划委员会客观地提出："依据北平为一定程度的生产城市，并继续保持其为政治文化中心和为文物、古迹游览胜地的特点，从事北平市都市建设计划工作。"

② 《北京市重要文献选编》第二册，中国档案出版社2001年版，第47页。援引自：王亚春，《彭真对北京城市总体规划的贡献》（《北京党史》，2002年第3期）。

人，城市工业基础薄弱，"一穷二白"，百废待兴，全市国内生产总值仅有2亿元；城市环境脏乱，功能贫弱，面貌陈旧。为此，在恢复和发展生产的同时，搞好城市环境治理，也是一项具有创新意义的城市建设方略。对此，1949年2月2日，《人民日报》北平版代发刊词《为建设人民民主的新北平而奋斗》鲜明提出，新的北平必须努力发展各种生产和为人民服务的新文化。同年5月，时任北平市市长叶剑英提出，要考虑市民健康问题，把清洁搞好。1950年3月，在全市完成清除垃圾运动的基础上，北京市组织人力物力，拉开了环境整治与兴建的序幕。除修复下水道、疏浚明暗沟、修整改建胡同、植树绿化外，完成天安门广场修建，以及改建城市道路、开通公交线、修整内外城墙、新建改建住房等市政工程，城市环境面貌为之一新。[1]其中，最具代表性的治理工程就是始于1950年4月的龙须沟整治。龙须沟改建暗沟工程共掏挖明沟6.2公里，铺设地下水道9380米，填平暗沟土方11820立方米，不仅彻底改变了这一地区垃圾成堆、污水横流的脏乱面貌，为龙须沟居民区提供了自来水供应，解决了部分失业工人和农民的生计问题，同时也取得显著的社会效益——通过市民和各界的参与，整治工程得到百姓的高度认可。著名剧作家老舍把龙须沟的故事写成剧本《龙须沟》，搬上舞台，歌颂时代和激励人民。话剧《龙须沟》的演出经久不衰，成为具有深远影响的文化精品。从这个意义上讲，新中国成立之初北京市开展的环境治理，是城市治理的首创之举，也为发展生产和推进总规编制实施及城市建设奠定了民心基石和社会基础。

新中国成立之初，有关各方对于首都北京怎样发展建设的有关问题呈现不同的认识。鉴于北京是新中国的首都，又是一座"底子薄"、发展腹地较小的城市，总规编制需要研究的内容多且规划编制过程复杂，从新中国成立前夕至1954年10月，市委、市政府采取开放式的总规编制方式，组织国内专家团队和苏联规划专家组，由都市计划委

---

[1] 据有关文章记载：1949年至1952年，北京市进行市政建设，新建住房157万平方米，新增公共建筑228万平方米。到1953年，北京市新建各种房屋670万平方米，植树2万亩，新建改建城市道路100多条、胡同400条。

员会统筹协调，用了5年左右的时间研究制定新中国成立后的第一个城市总体规划。该规划研究编制经历方案与讨论、规划与修改两个工作阶段，先后经专家团队、苏联援建、专项建议、专家方案、初步共识，以及规划编制、上报修改、再次上报等若干过程，最终形成第一版城市总体规划——《改建与扩建北京市规划草案》（1954年），再次上报中央的《关于早日审批改建与扩建北京市规划草案的请示》和《北京市第一期（1954年—1957年）城市建设计划要点》。这一创新性的总规编制组织方式（见表1-1），既充分吸取了国内专家、苏联专家和国家计委的意见建议，通过深化研究和讨论统一思想，求同存异，也体现了市委对城市总体规划编制工作的集中统一领导，贯彻落实了中央对北京工作的要求和中央领导指示精神，把握正确的发展方向，通过总规编制与实施，初步回答了首都北京怎样建设和怎样发展这一重大问题。

表1-1　第一版城市总体规划编制工作阶段及主要过程一览表

工作阶段	工作过程	工作内容	主要特点/创新点
（一）方案与讨论	（1）专家团队	组织知名专家团队参与规划编制的前期研究工作。参与这项工作的第一批中国知名专家有梁思成、陈占祥、赵冬日、朱兆雪、华南圭、华揽洪等	专家大都有留学经历，如梁思成留美，陈占祥留英，赵冬日留日，朱兆雪留比利时，华南圭、华揽洪父子留法，确保了北京的规划建设具有国际视野和前瞻性
	（2）苏联援建	第一批苏联市政专家团于1949年9月至12月到京，以帮助研究市政和草拟城市改进计划为主。1952年后陆续来华技术援助，受聘于中央部委作为顾问的苏联规划专家，也对北京的总规方案编制进行过研究	第一批苏联专家团就城市清洁、电力供应、工业分布、城市交通、供水、河湖清淤等分别提出意见，对加强北京城市建设起到重要辅助作用。第一批苏联专家团的巴兰尼可夫，及1952年后来华受聘于中央部委的苏联规划专家，对城市总体规划的前期研究、方案拟订起到决策支持作用

工作阶段	工作过程	工作内容	主要特点/创新点
（一）方案与讨论	（3）专项建议	①苏联专家巴兰尼可夫关于北京发展建设的意见建议（1949年11月）。②《对于北京市将来发展计划的意见》（曹言行、赵鹏飞，1949年12月，北京市建设局印发）	关于争论最多的行政中心安排在旧城①或西郊的问题，提出专项建议的中方建设主管部门与苏联专家的意见趋同②，对日后形成共识和规划编制，发挥作用
	（4）专家方案	①梁思成、陈占祥联合提出的"梁陈方案"（1950年2月）。②朱兆雪、赵冬日联合提出的"朱赵方案"（1950年4月）。③其他专家方案（1953年）	以"梁陈方案"为代表，主张将行政中心安排在西郊；以"朱赵方案"为代表，主张将行政中心放在旧城。关于不同方案的争论，丰富规划内容，也为创新奠定基础
	（5）初步共识	①关于《北京市总图草稿说明》（市都市计划委员会，1951年2月）。②《关于首都建设计划初步意见》（1951年12月，北京市第三届各界人民代表会议第三次会议的报告）	至1951年年底，经过两年左右的争议和讨论，以两个报告为标志，各方面的认识大致趋于一致和统一，为日后总规编制提供了重要的认识基础
（二）规划与修改	（1）规划编制	①甲、乙方案的形成及基本要点（1953年春）。②编制完成城市总体规划初步方案（"畅观楼"方案，1953年秋）	都市计划委员会提出甲、乙两个规划方案，均将中央行政中心区设在旧城，区别在于分散与集中。之后，将甲、乙方案合并，提交市委"畅观楼规划小组"参考，为编制总规方案提供科学决策依据

---

① 旧城是指明清时期北京城护城河及其遗址以内（含护城河及其遗址）的老城区，呈凸字形，即今二环路以内约62平方公里的区域。2017年《北京城市总体规划（2016年—2035年）》，将"旧城"改称"老城"。

② 苏联专家借鉴莫斯科的建设经验，提出："北京是好城，没有放弃的必要。"曹言行、赵鹏飞在《对于北京市将来发展计划的意见》中认为：（1）行政中心设于老市区既可保留改进一切既有的设备，又可以节省经费。（2）积累资金用于发展工业，用最经济的办法搞市政，利用现有市区逐步改建，可以缓解房屋紧张问题。

工作阶段	工作过程	工作内容	主要特点/创新点
（二）规划与修改	（2）上报修改	①《改建与扩建北京市规划草案的要点》上报中央（1953年11月）。②国家计委在呈报中央审议报告中提出四点意见（1953年11月）①。③北京市委对1953年规划草案进行局部修改，提出1954年修正稿（1954年）	第一版城市总体规划在充分借鉴苏联经验、考虑各方要求及吸纳国家计委意见基础上编制完成，规划确定的关于首都地位设想和"三为"方针，提出"城市必须是一个紧凑的、有机的、有中心的整体"等具有创新性的规划思想，至今仍值得重视
	（3）再次上报	1954年10月24日，北京市委将《改建与扩建北京市规划草案》《关于早日审批改建与扩建北京市规划草案的请示》和《北京市第一期城市建设计划要点》再次上报中央	市委向中央的报告，明确规划的权威性，强调整体发展观，提出分区规划的思想，为1958年首创确立统一规划、设计、投资、建设、分配、管理的"六个统一"原则奠定了基础

注：此表系根据有关史料整理制作而成。

　　1954年编制完成并上报中央的第一版城市总体规划——《改建与扩建北京市规划草案》，确定了城市性质、发展规模及基本布局，明确了交通、市政基础设施及公用服务设施建设的规划原则和标准，设想在20年内城市人口规模发展至500万人左右，市区面积扩大到600平方公里左右。这一城市总体规划确定的关于首都

　　① 国家计委对北京市委上报中央的《改建与扩建北京市规划草案的要点》提出的主要意见有四条：一是赞成首都应成为我国政治经济文化中心，但不赞成搞"强大的工业基地"，主要是照顾到国防的要求，不应使工业过分集中，可以适当发展一些冶金工业、轻型精密机械制造业、纺织工业和轻工业。二是500万的人口规模可作为长远发展目标，15~20年内改为400万人口为宜。三是规划的居住用地定额偏高，绿化及河湖面积偏多，道路红线宽度偏宽。如：居住用地定额是根据苏联当时采用的定额拟定的。如果作为远景是合理的，但从苏联30多年的实践来看，当时也未达到该标准，我国在相当长的时间里也很难达到该标准。四是不宜单独设置文教区，除专门学校可靠近性质相近的工业区外，应主要分布在居住区内，以便学生接近社会，方便教职工生活，节省费用。

地位思想和"三为"方针，提出"城市必须是一个紧凑的、有机的、有中心的整体"，以及节约城市用地、加强绿化系统建设、紧密组织市内交通与对外交通、及早筹划地下铁道建设等具有创新性的规划思想，至今仍值得借鉴（见表1-2、图1-1），同时也为解决要不要发展大工业城市、发展多大规模的城市、如何确定城市建设标准、如何处理文化古都与首都改扩建的关系等问题，提供了规划依据。

表1-2　1954年《改建与扩建北京市规划草案》核心内容与创新点

核心	内容	创新点
城市性质	我们的首都，应该成为我国政治、经济和文化的中心，特别要把它建设成为我国强大的工业基地和技术科学的中心	城市性质的确立，为首都发展指明了方向
首都建设总方针	首都建设的总方针为：为生产服务，为中央服务，归根到底是为劳动人民服务，从城市建设各方面促进和保证首都劳动人民劳动生产效率和工作效率的提高，根据生产发展的水平，用最大努力为工厂、机关、学校和居民提供生产、工作、学习、生活、休息的良好条件，以逐步满足首都劳动人民不断增长的物质和文化需要	首都建设"三为"方针的确立，成为首都规划建设的总指导，"逐步满足首都劳动人民不断增长的物质和文化需求"的规划思想具有前瞻性和长远指导意义
六条重要原则（摘要）	（1）以中心地区作为中央首脑机关的所在地。（2）制定首都发展计划，须先考虑工业发展的计划。（3）改建和扩建首都，既要保留和发展合乎人民需要的风格和优点，又要打破旧的格局的限制和束缚。（4）对于古代遗留下来的建筑物，必须加以区别对待。（5）改造道路系统，拟定总的规划时，应主要照顾目前的发展需要和将来发展的可能。（6）北京缺乏必要的水源，气候干燥，有时又多风沙，在改建和扩建首都时，应采取各种措施，有步骤地改变这种自然条件	落实城市性质与"三为"方针的核心要义，具有前瞻性和实际指导作用，至今仍有借鉴意义

核心	内容	创新点
规划主要内容	涉及发展规划（城市规模、中央行政办公区、工业区、高校文教区等）、道路和广场系统、街坊建设、河道系统、绿化系统、铁路系统、公用事业等7个方面，确定各项规划基本原则、标准等	处理好局部与全局、近期与长远、需要与可能的关系，节约城市用地、加强绿化系统建设、及早筹划地下铁道建设等规划设想有前瞻性

资料来源：《建国以来的北京城市建设资料》第一卷《城市规划》P213-220。

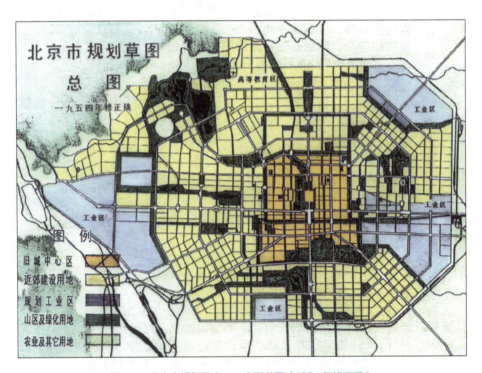

图1-1　北京市规划草案——市区总图（1954年修正稿）

　　1950年至1953年底，由于规划的不确定，北京市因避免多拆而多建房屋，造成城市用地过多过大，呈现新建房屋分散、基础和服务设施建设滞后于住宅和人口增加的局面。为此，从1954年开始，市委着手纠正建设混乱现象。首先，树立规划意识。市委书记彭真指出："总体规划就是将来要建成什么样的城市，也就是总的部署、总的安排。"他于1954年8月20日在北京市第一届人民代表大会第一次会议上进一步强调："今后必须及早确定总体规划，逐步做到统一规划，统一设计，按照社会主义城市建设原则，把城市当作统一的整体，有计划地进行建设，尽可能坚持由内向外，由近及远，集中地成片地发展的方针，并要重点地改建城区，逐步改变首都最主要交通干线的面貌。"

据此，1954年北京市委又对上报中央的规划草案进行了局部修改，制定了第一期（1954年—1957年）城市建设计划和建设用地计划，提出了近期建设的五条方针，明确指出城市规划要正确处理现在和将来、整体与局部的关系，从长远发展的观点看，城市的长远规划标准不能太低，要为后辈子孙留有更多的发展余地。1954年10月，市委在上报中央的《北京市第一期（1954年—1957年）城市建设计划要点》中明确了规划的权威性，要求"停止与规划矛盾的临时性建设"；强调整体的发展观，要求分清轻重缓急，"由内向外，由近及远，集中地成片地发展"和"填补空白，向心发展"；提出分区规划的思想，即有计划地组织力量，对若干重点发展地区逐步实行分区分段地统一设计，反对各自孤立地进行不协调的设计。在《关于北京市第一期城市建设计划要点向中央的报告》中还提出，市政建设应"逐步实现统一规划、统一建设、统一设计的原则"，"俟条件成熟后，即全部实行统一设计，统一建设，统一管理"。[①]北京市委将修改后的《改建与扩建北京市规划草案》《关于早日审批改建与扩建北京市规划草案的请示》《北京市第一期城市建设计划要点》同时上报中央，将城市总体规划与"一五计划"对接和紧密结合，初步形成首都发展的思路，是创新总规实施机制的首创之举，具有重要的历史意义。

---

① 《新中国首都第一个城市总体规划（初稿）》（北京市委党史研究室，2020-11）。

同期，在规划实施建设过程中，由市市政建设委员会负责编制市政综合建设计划，审定市政建设年度计划，安排市政管线路由位置，调整市政建设施工顺序；在原都市计划委员会用地组、建审组及建设局建管科的基础上组成市建筑事务管理局，统一管理土地划拨和建筑审批工作，加强了计划和规划建设管理。"一五计划"期间城市总体规划与《北京市第一期城市建设计划要点》同步实施，促进了北京工业和各项建设的发展。至"一五计划"期末，北京市相继建成东北郊、东郊工业区，完成了天安门广场的第一期改扩建，在旧城区形成行政办公区，着手规划建设第一使馆区，新建了大批住宅和商服设施，初步形成城市大的功能分区和道路、基础设施骨架系统，奠定了城市未来发展的基础。

（二）20世纪50年代中后期规划建设创新

20世纪50年代中后期，北京的工业发展和城市建设掀起高潮。规划建设在完善规划体制、深化总规核心方略、推进国庆十周年"十大工程"建设等方面开拓创新，城市功能大大增强，奠定了城市未来发展的重要基础。

为进一步搞好城市长远规划和近期各项建设规划的编制，1955年，市政府正式聘请苏联专家工作组（第二批）来京指导总规编制工作。[①]同时市委、市政府成立了专家工作室和北京市都市规划委员会（简称"市都委会"，与市委专家工作室"一套人马、两块牌子"），以加强市委对总规编制工作的直接领导，在苏联专家的指导下，本着苏联经验与北京具体情况相结合的原则，在1954年城市总体规划的基础上深入研究制定新一版城市总体规划。其间，在市委的领导和苏联专家的指导下，市都委会调集大批专业人才，就北京的自然条件、人口发展、城市用地、工业发展、绿化建设、交通设施、市政设施、

---

① 受聘于北京市的第三批苏联专家组为"地铁专家组"，于1956年至1957年来京，主要对北京地下铁道的规划设计及建设进行技术援助。

公共服务设施等现状情况开展了深入调查，为编制城市总体规划提供基础和支撑①，这是规划编制方法的转变与创新之处。

在全面调查研究的基础上，北京市于1956年至1957年先后举办四次大规模规划工作展览，参观展览的中央领导同志的指示和代表们的意见对丰富和完善规划内容起到重要推动作用②，也是开放总规编制的创新点。其间，北京市领导人关于城市规划的思想也日趋成熟和系统化，成为推动规划创新提升的一个重要因素。据有关文献记载：1956年10月市委书记彭真在市委常委会上谈到有关城市规划问题时提出："城市规划要有长远考虑，要看到社会主义的远景，要给后人留下发展的余地，不要只看到眼前"，对未来首都发展提出了一些具体可行的意见——如：提出近期城市人口规模500万人，未来1000万人的预测；主张城市主要道路尽可能规划得宽些，综合考虑人民的文化体育和休闲活动；要从世界上人口最众多的国家首都的角度规划天安门广场等。其他关于电气煤气、卫星城镇发展、绿化美化与生产相结合、引水入京、工业分布、精兵主义的发展方向等论述，也对以后的城市规划产生了直接有益的影响。③

1957年春，北京市经过反复研究拟定了《北京城市建设总体规

---

① 据《新中国首都第一个城市总体规划（初稿）》（北京市委党史研究室，2020-11）记载：为进一步搞好北京的城市规划，彭真特别强调要进行调查研究。他说："调查研究、了解情况是工作的出发点，情况不明，任何工作都做不好。"市都委会在市委、市人委的支持下，从全市各条战线调集了一大批专业人才，在苏联专家的指导下，就北京的自然条件、人口、城市用地、绿化、工业、交通、运力、市政设施、公共服务设施等方面的现状进行了深入调查。负责土地使用调查的同志骑车跑遍了北京城；工业调查由市计委和市都委会共同组成调查办公室，直接和间接参加调查的有6000至7000人；公共交通流量调查，3天内动员了上万人。经过半年的努力，深入调查分析了城市现状，为进一步制定北京城市总体规划提供了大量基础资料。

② 据有关史料记载：展览期间，刘少奇、周恩来、朱德、邓小平等中央领导，党的八大代表和参加党的八大的35个国家共产党和工人党的代表，北京市党政负责人和人民代表等16000多位中外各界人士参观了规划工作展览。

③ 摘自《彭真对北京城市总体规划的贡献》一文（王亚春，《北京党史》，2002年第3期）。彭真的有关论述，见《彭真文选》，人民出版社1991年版，第307—312页。

划初步方案（草案）》，初步形成较完整的规划。1958年6月，市委将该方案上报中央，同时以草案形式印发各单位研究执行。为针对性地解决城市建设中存在的分散现象，市委向中央上报的《中共北京市委关于北京城市规划初步方案的报告》首次明确提出了"六个统一"的原则，即统一规划、统一设计、统一投资、统一建设、统一分配、统一管理，成为指导总规实施和城市建设的重要方针。

1958年8月，市委根据党中央作出的关于在农村建立人民公社问题的决议，又对总规方案做了若干重大修改，并于同年9月将修改方案及《北京市委关于北京城市规划初步方案向中央的报告及附件》再次上报中央。中共中央书记处听取了汇报，原则上加以肯定，就此形成了新中国成立后北京的第二版城市总体规划——1958年《北京市总体规划方案》。这一版城市总体规划更清晰勾画了城市发展的轮廓，在明确"北京不只是我国的政治中心和文化教育中心，而且还应该迅速地把它建设成一个现代化的工业基地和科学技术的中心"这一城市性质和首都地位的同时，提出若干具有前瞻性的重大方针：其一，提出了发展北京工业"特别要同高等学校和科学研究机关结合，发展技术复杂的采用最新技术的重型机械、电机工业以及仪器仪表、电子工业和高级合金工业"的思想[1]，明确"控制市区、发展远郊"的工业布局方针[2]。其二，根据全市域范围扩大至16800平方

---

① 王亚春，《彭真对北京城市总体规划的贡献》，《北京党史》，2002年第3期。

② 1958年《北京市总体规划方案》明确提出：市区工业区已成定局，并已基本饱和，今后一般不再安排新工厂，但要做必要的调整。在远郊区则大力发展工业，新建大工厂主要分散布置在远郊区，并且围绕这些工厂形成许多大小不等的新的市镇和居民点。密云、延庆、平谷、石景山等地将发展为大型冶金工业基地，怀柔、房山、长辛店、衙门口和南口等地将建立大型机械、电机制造工业，门头沟一带的煤矿要充分开发，大灰厂、周口店、昌平等地建立规模较大的建筑材料工业，主要的化学工业安排在市区东南部，顺义、通县、大兴等地布置规模较大的轻工业，一些对居民无害、运输量和用地都不大的工业可以布置在居住区内。（摘自《北京城市总体规划回顾与反思》，北京市城市规划设计研究院，2012-12）

公里的新情况①，贯彻中央提出的实现"大地园林化"的思想，为避免城市建设"摊大饼"式发展，首次提出市区"分散集团式"的布局原则和规划方案，将市区分成十余个相对独立的建设区，中间用绿色空间地带相隔离，以及由市区和周围40多个卫星镇组成"子母城"的布局形式。市区外围建森林，加强山区水土保持，西山、北山全部绿化，形成"绿色长城"。这一具有高度前瞻性的规划方案，确保市区内保留大片绿色空间地带，始终发挥着保持良好环境、防灾避灾、为城市发展留有余地等作用（见图1-2）。其三，在居民区建设上，新居住区既要按人民公社化的原则组织集体生活，又要便

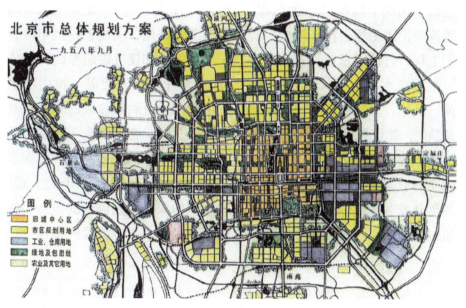

图 1-2　1958 年北京市总体规划方案市区总图

---

① 1956年3月至1958年10月，北京市先后3次对市界范围进行了调整。其中，1956年3月划入昌平全县和通县7个乡，全市总面积由3216平方公里增至4822平方公里，总人口达402万人；1958年3月划入原河北省通县、顺义、大兴、房山、良乡5个县和通州市，共增加135.8万人，全市土地面积增至8860平方公里；1958年10月划入原河北省怀柔、密云、延庆、平谷4个县，全市总人口达658万人，全市土地面积扩大到16800平方公里。

于每个家庭男女老幼的团聚。每个居住区都要有为组织集体生活所必需的完备的服务设施。农村旧式房屋要有计划地进行改建，根据条件建设市政设施，使之逐步接近城市水平。这一前瞻性原则，确保了居住区的良好环境，为今天的社区改造与治理奠定了基础。其四，对于内外交通系统，规划开辟放射路和环状路，与原有棋盘道路结合起来，形成新路网，提出了一环、二环的概念和联系卫星城的3个公路环计划。此外，提出分期引永定河、潮白河、滦河、黄河转桑干河入京的方案。直到"文化大革命"初期，北京的城市建设大体按此规划进行。

　　1958年至1960年是北京城市建设的重要阶段。在此期间，北京完成了国庆十周年"十大工程"（简称"十大工程"）及天安门广场的改建扩建工程，初步形成门类齐全的工业基地，完成了一批市政骨干工程，打通了东西长安街，建立了集中供热和煤气供应系统，建成一批重点水利工程，如怀柔、密云两大水库和十三陵等一批中小水库。其中，"十大工程"是为庆祝新中国成立10周年建成的十大公共建筑①，其规划设计与建设是北京规划建设史上的一次重大创举，是汇集工程组织、规划、设计、施工、建造于一体的集成创新，体现了那个时代规划设计与施工建设的最高水准。概括而言，"十大工程"的创新及其成效体现在：其一，高效组织的保障。独创性的组织实施机制和体制，为确保"十大工程"规划、设计、工程的紧密衔接提供

---

　　①　1958年8月，中共中央政治局扩大会议在北戴河举行，会议决定：为庆祝新中国成立10周年，在北京建设一批包括"万人大礼堂"（即人民大会堂）在内的重大建筑工程。"万人大礼堂"的地点选在天安门前，同扩建天安门广场一起考虑设计方案。同年9月5日，北京市人民委员会召开会议，中共北京市委书记处书记、北京市副市长万里传达了中央关于筹备庆祝建国十周年的通知，要求在新中国成立十周年到来之前，扩建好天安门广场，并建好"万人大会堂"、革命博物馆、历史博物馆、民族文化宫、科技馆、国家剧院、美术馆等十大公共建筑。由于一年工期十分紧迫，国家剧场未能建设，科技馆只完成了基础部分，美术馆也无法在十年大庆前如期完成。最后，"十大工程"项目改为人民大会堂、革命历史博物馆、民族文化宫、工人体育场、农业展览馆、军事博物馆、华侨大厦、北京火车站、民族饭店、钓鱼台国宾馆。

坚实保障。其二，集体智慧的结晶。"十大工程"的规划设计与建设汇集了党和国家领导人、中央各部委、北京市各部门、社会各界以及来自全国的建筑工人、建筑师、专家学者的智慧与力量，是集思广益的集体创作成果。其三，科学设计的创新。"十大工程"从设计竞赛到方案优选，从专业设计到设计综合，从结构设计到建筑形式，都有独特的中国首创和科学创新，保证了国际领先。其四，建筑技术的革新。来自全国的能工巧匠群策群力，创造了钢架跨越、放大样技术等多项建筑技术的革新，展现了建筑施工的高超技艺，攻克了建筑施工遇到的多个难关。其五，拆迁安置可持续。在"十大工程"建设的背后，在拆迁安置、多建民居、妥善善后方面，采取了具有创新性的工作方法，体现出为劳动人民服务的思想和价值观，是完善城市管理与治理的首创之举，具有可持续性（见表1-3）。总之，"十大工程"成为记录新中国发展和规划建设创新历程的载体，承担了重要的首都功能，更成为独特的风景地标[①]；同时"十大工程"均已被列入"中国20世纪建筑遗产"名录，也是世界各国文化遗产保护过程中梳理建立"国家记忆"体系的典型实例，是首都城市发展建设的伟大实践。1959年国庆节前夕，北京市除完成"十大工程"建设以及天安门广场改建一期工程外，还陆续建成自然博物馆、劳动保护展览馆北馆、地质博物馆、电报大楼、广播大厦、东北郊航空港等大型公共建筑，城市功能大大增强，为发挥首都功能奠定了重要基石。

---

① 在"十大工程"中，人民大会堂于1958年10月动工，至1959年9月落成，用时仅10个月，在建筑史上史无前例。周恩来总理在《伟大的十年》中曾给予人民大会堂高度评价："它的精美程度不但远远超过我国原有同类建筑的水平，在世界上也属于第一流的。"著名作家冰心参观新建成的人民大会堂后曾描述："走进人民大会堂，使你突然地敬虔肃穆了下来，好像一滴水投进了海洋，感到一滴水的细小，感到海洋的无边壮阔。"北京火车站自1959年1月开工，当年9月10日竣工，9月15日开通运营，是当时全国最大的铁路客运车站，体现了民族特色与现代化设施的完美结合，毛主席亲自题写了"北京站"站名。北京工人体育场用时11个月零13天即告落成，占地35公顷，建筑面积8万多平方米，1959年9月13日第一届全国运动会在这里开幕。建筑风格独特的钓鱼台国宾馆于1959年国庆前夕建成，成为党和国家领导人进行国务和外事活动的重要场所。

表1-3 国庆十周年"十大工程"创新点归纳

方面	创新内容	创新成效
高效组织的保障	高效组织实施的机制和体制,为确保"十大工程"规划、设计、工程的紧密衔接提供了保障。北京市成立刘仁、万里等参加的"国庆工程"小组,在周恩来总理的关怀和指导下,在副市长万里的具体领导和负责下,开展工程建设。毛泽东等中央领导直接给予关怀和指导	(1)虽采取"边设计、边备料、边施工"和人海战术,但做到科学民主决策及高效组织实施,按科学和经济规律进行建设。(2)建设期间,数以万计的工人和劳动者夜以继日连续作战,各界共30万人参加工地义务劳动,工程得到全国各地大力支持,18个省市自治区派送数千名优秀工人参加建设,23个省市提供运送物资材料,勘察、设计、施工、安装等各有关部门密切合作,在不到1年时间内完成10座共67万平方米的大型公共建筑,是中国及北京城市建设史上的奇迹
集体智慧的结晶	"十大工程"是中国人民集体智慧的结晶。仅建筑设计,除组织北京34个设计单位外,还邀请上海、南京、广州等地30多位建筑专家共同进行建筑方案创作。专家、教授、工人、市民都提出各自建议,对各项工程提出400个方案。集思广益的集体创作,决定了建筑作品的先进性,确保其科技含量、技术创新、艺术风格居于国内最高水平	以人民大会堂设计方案为例,前后进行7轮评比论证。1958年9月,根据周恩来总理的指示精神,北京、上海、南京、武汉、天津等省市的建筑师、各方专家、艺术家和教授,开展"百花齐放、百家争鸣"设计竞赛,一个多月就提出84个平面方案和189个立面方案。之后,精选出清华大学、北京市建筑设计院、北京市规划局3个推荐方案,经批准上报。1958年10月14日,周恩来总理审了3个设计方案,经仔细比较选定了北京市规划局方案——采用欧洲古典立柱造型的方案。其后,鉴于各方面仍有不同意见,1959年1月20日,周恩来、彭真、万里又召集在京的建筑、结构专家和美术家进行座谈,进一步统一了思想

方面	创新内容	创新成效
科学设计的创新	设计竞赛倡导大协作精神，为不束缚参赛者聪明才智和独特见解，对工程只列名称、项目、规模，不提具体功能要求，不发计划任务书，可由建筑师自定。对"十大工程"设计，周恩来总理多次到现场视察或审查设计模型，给予自始至终的关心和具体指导，堪称"总设计师"。"十大工程"全部由中国本土建筑师、设计师设计，风格多元，兼收并蓄，营造出独特的建筑风格和美学特征	（1）人民大会堂采取2层挑台3层座席的设计，缩小观众与主席台的视线间距和视线高差。在周恩来总理启示下，采取"水天一色"处理方法，将大礼堂顶部设计成球面穹隆形状，采用创新的大跨度、穹隆顶、无立柱结构。"等电位笼式避雷网"防雷建筑设计，也是中国电气工程师的首创，比国外理论做法早了19年。（2）建筑艺术形式创作多样化是值得推崇的创新点，是很多建筑暗合国际潮流，以新结构为切入点进行中国建筑文化的探索，如薄壳结构、预制装配结构及其他悬索结构的应用，加上对民族形式的探索，是中国现代建筑发展史上的新亮点，极具进步意义。（3）在设计与施工的配合上，采取由设计负责人带领设计组配合各施工单位的方式，便于及时解决问题，加快出图速度，确保各项工作有序推进
建筑技术的革新	"十大工程"建设，在当时劳保条件差、机械化水平低以及全部建材均为国产并厉行节约、量力而行的情况下，来自全国各地的能工巧匠们群策群力，创造了多项建筑技术的革新，充分体现了我国建筑施工的高超技艺和建筑工人的非凡智慧，创造了中外建筑界的奇迹	建工集团三建公司的张百发钢筋工青年突击队，在大会堂施工中合理划分流水段，争分夺秒奋战九昼夜，绑扎完原计划16天完成的680吨钢筋。同为三建公司的李瑞环木工青年突击队，在铺设大会堂木地板施工中独创一套地板拼接的计算公式和放线新方法，研制出推车式地板刨，大大提高了刨地板工作效率，仅用8天半就完成了原需45天工期的拼花地板工程。这两个青年突击队，还分别攻克了钢架跨越难关和放大样技术难关

方面	创新内容	创新成效
拆迁安置可持续	加强领导、深入动员，压缩工程、多建民居，多方使力、妥善安置，"十大工程"拆迁安置工作自1958年9月10日开始，工作人员夜以继日地苦战，到10月10日基本完成，共拆房18053间，合计使用面积221530平方米，拆移居民2976户13324人。"一年拆迁五年善后"，安置工作落实"三为"方针，妥善解决拆迁安置及善后问题，得到市民支持	（1）落实周恩来总理指示，压缩国庆工程，多建居民住宅，解决困难户居住问题[①]。（2）多措施解决安置用房缺口大。重工业部、建设部、市人委、市教育局等单位积极献房，动员私房主出租住房1165间，居民投靠亲友自行安置498间，被迁机关自找上级主管单位拨房调剂迁出。（3）1959年至1963年，多次组织力量对拆迁善后进行检查、访问及落实来信来访，妥善处理租金标准、水电费、暖气费、拆迁费、补助费问题。1961年，对1097户的居住拥挤，增拨1088间房屋重新安置；1962年，对1052户居民有质量等问题的2326间住房进行重新安置；1962年至1963年，经核实对要求增房的57户居民增加住房100.5间。1963年，再次复查，分期分批解决拆迁安置遗留问题

注：此表内容根据《建国初期的首都建设和"国庆十大工程"》（张崇）、《新中国的建筑奇迹"国庆十大工程"中的人民大会堂》（苏峰）、《重提"国庆十大工程"，再议老一辈设计师》（金磊，李沉）、《国庆十大工程建设中的拆迁安置工作》（张惠舰）等文章和记载整理。

（三）20世纪60年代初至70年代中后期规划建设发展

20世纪60年代初期，受三年自然灾害影响，北京城市建设进入低潮期。在"文化大革命"期间，城市建设更是备受冲击，受极

---

① 1959年2月，针对压缩国庆工程周恩来总理指出："我们推迟一些建筑项目建设，把材料和劳动力省下来，解决人民的居住问题是完全必要的。1959年，北京计划新建30万平方米住宅，实在太少了，我看至少应新建50万平方米，并争取在国庆节前建成，以便能让困难户早日搬进新居。"

左思想干扰，城市总体规划一度被暂停执行，很多方面陷入停滞状态。虽然形势跌宕起伏，但客观来看，北京城市规划建设仍在艰难中前行，在研究提出《北京市城市建设总结草稿》（简称《十三年总结》，1962年）、《关于北京城市建设工作的报告》（李富春，1964年）、《北京城市建设总体规划方案》（1973年）、《关于解决北京市交通市政公用设施等问题的请示报告》等方面，都有所发展创新（见表1-4、表1-5）。上述研究、规划、报告及批复的创新，其共同之处在于，在城市发展的低潮期和停滞期，超前思考城市发展的未来，实事求是、客观准确地分析和把握城市发展建设面临的主要问题和关键矛盾，提出具有前瞻性的解决办法和对策，取得多方共识，促进城市建设和管理治理，为日后城市总体规划的编制和推进城市的转型发展，提供了值得借鉴的经验和内容，值得认真总结和载入史册。

"文化大革命"期间，城市建设一再压缩，基础设施投资大为减少，虽然出于备战考虑地铁一期工程（北京站至古城）建成通车，地铁二号线开工建设，并开始修建二环路北半环道路路面，以及复兴门、阜成门、西直门等立交桥工程，但总的来讲，受城市建设中无政府主义泛滥以及对首都特点认识不够、对建设现代化大城市缺乏经验等多种因素综合影响，至20世纪70年代末期北京城市建设面临着经济结构失衡、环境污染严重、市区建设过分集中、生活服务及基础设施欠账较多、分散建设矛盾突出、城市管理工作薄弱等严重问题与矛盾，对城市的健康发展产生负面影响和制约。如何解决好这些问题与矛盾，是20世纪80年代城市发展面临的挑战。

表1-4　20世纪60年代初至70年代中后期
北京规划研究编制主要创新点归纳

方面	背景	特点	内容
《北京市城市建设总结草稿》（《十三年总结》）	1961年至1962年，面对建设低潮，根据市政府要求，为迎接日后新的建设高潮做好准备，北京市规划局对1949年以来城市建设13年情况进行总结，提出了《北京市城市建设总结草稿》	系统总结了建国13年来北京城市规划与建设中取得的成就及存在的问题。在当时的条件下，能够客观地认识城市建设中存在的问题十分可贵，是认识上的创新之处，也为日后的一些对策、规划的形成奠定了基础	归纳分析城市建设存在的6方面问题：（1）工厂过分集中在市区，占地过大，布局过乱，致使城市用地紧张，水源不足，交通混乱，工厂相互干扰。（2）冶金、化工等工业对城市造成严重污染。（3）不少工厂、单位挤占规划居住用地，搞乱了居住区的布局，造成工作和居住用地不平衡。（4）分散建设，城区改建速度缓慢，形不成完整面貌。（5）卫星城建设摊子铺得过大、过散。（6）城市基础设施投资占整个基本建设总投资的比重过小，远不能适应需要
《北京城市建设总体规划方案》	1971年，召开北京城市建设和管理工作会议，提出重新拟定首都城市建设总体规划，成立了城市规划领导小组。1973年10月，拟定《北京城市建设总体规划方案》，并草拟《关于北京市建设总体规划中几个问题的请示报告》上报市委	立足"治乱治散"的城市总体规划，针对城市规模过大、工业过于集中及工业大发展带来的用地紧张、布局不合理、"三废"污染等问题，提出控制市区规模、工业布局调整、工作与居住配套等思路原则，具有前瞻性。这些规划思路在日后的城市总体规划中得到继承和发展	规划确定了城市的性质、规模、布局，对加强住宅和生活服务设施的配套建设及地下工程建设提出原则要求。其中，明确治乱治散、合理布局的规划原则：（1）新建工厂到远郊，原则上不再在北京放"三废"危害大、占地多、用水多的工厂和事业单位。（2）市区原有工厂发展生产，主要靠挖掘潜力、技术改造、采用先进技术，一般不增加职工和用地，把"三废"危害大而且又难以治理的工厂和在居住区易燃、易爆、严重噪声振动的工厂，有计划地调整改造、转产或外迁远郊。（3）结合工业调整和发展，逐步建设一批小城镇

表1-5　20世纪60年代初至70年代中后期
北京城市建设管理主要创新点归纳

方面	背景	特点	内容	中央批示/批复
李富春《关于北京城市建设工作的报告》及中央批示	1964年底，随着国民经济进入新时期，首都建设出现转机。面对新情况下北京的发展方向等问题，中央有关部门与北京市共同分析存在的主要矛盾并取得共识。时任国务院副总理的李富春向中央报送了《关于北京城市建设工作的报告》	总结1949年以来城市建设经验，概括城市建设存在的四个主要矛盾，提出克服建设分散现象的6条建议。1964年3月，中央批转了这一报告，明确了"有计划地多快好省地进行首都建设"的发展方向。《报告》和中央批示的提出与落实，是"文化大革命"前中央单位与北京市取得共识，合力推进首都规划实施与建设管理的创新	概括四个主要矛盾：（1）国家建设占用近郊农田同农民和城市蔬菜供应之间的矛盾。（2）城市发展规模同各单位发展计划之间的矛盾。（3）统一规划同分散建设之间的矛盾。（4）建筑任务同施工力量和地方建筑材料供应之间的矛盾。提出有关克服城市建设工作中分散现象的建议①，并针对中央在京单位建设、外迁、扩建等，提出6条具体建议	中央在批转报告的批示中指出：必须下决心改变北京市现在这种分散建设、毫无限制、各自为政和大量占农田的不合理现象，凡是不应该在北京建设的单位，不要挤在北京进行建设；凡是不应该扩大建设的单位，不许进行扩大建设；要切实做到有计划地进行首都建设。中央同意富春同志的报告，望即遵照执行。中央批转的这一报告，明确了首都的建设和发展方向

---

① 具体建议为："采取革命的措施，克服城市建设工作中的分散现象，各级国家机关和企、事业单位必须继续实行精简政策，严格控制城市人口的发展，切实贯彻执行'调整、巩固、充实、提高'的方针，实行房屋的统一建设和统一调配，在现有的基础上填平补齐，有计划地、有重点地进行城区改建，逐步把首都建设成为一个庄严、美丽、现代化的城市。"

方面	背景	特点	内容	中央批示/批复
《关于解决北京市交通市政公用设施等问题的请示报告》及国务院批复（国发〔1975〕85号文件）	"文化大革命"后期，为解决城市基础设施滞后、生活服务设施紧张、工作与居住不配套（"骨头"和"肉"不相适应）等问题，1974年12月19日北京市向党中央、国务院上报了《关于解决北京市交通市政公用设施等问题的请示报告》	《报告》实事求是地反映了制约北京城市发展建设的三方面问题，体现出朴素的建设持续发展、关注百姓生活、提升发展质量的价值观，认识上不断提升；1975年5月，国务院以国发〔1975〕85号文件对《报告》做了批复。《报告》及国务院批复的提出，是特定历史时期推进北京城市建设的创新举措	（1）解决交通市政公用设施全面紧张问题，长期以来投资在整个基本建设中比例从"一五"时期7%下降至3%左右。（2）解决职工宿舍和生活服务设施配套建设问题，生活服务设施建的不够，比重不断下降，跟不上各项事业的发展和人口的增长。（3）解决北京建设中"骨头"和"肉"不相适应的矛盾，提出必须压缩生产工作用房的5条具体建议	国务院的批复指出："北京是我国的首都，一定要建设好，应该结合我国在本世纪内发展国民经济两步设想的宏伟目标，把北京逐步建成一个新型的现代化社会主义城市。"批复还就首都建设实行一元化领导、严格控制城市发展规模、建设中注意处理好"骨头"和"肉"的关系、解决建筑市政施工力量不足，以及认真执行勤俭建设国家的方针等提出5条指示，对北京的建设给予极大支持，使各方面的建设有了起色

二、探求首都发展定位，建设现代国际城市

20世纪80年代至党的十八大召开前的30多年间，北京的城市发展经历了又一次重大转型，坚持改革开放、建设现代国际城市是城市发展的新主题。30多年间，规划建设的创新历经20世纪80年代、90年代和21世纪前十余年3个阶段，在坚持"四个服务"方针指导下，取得新的成效。

（一）20世纪80年代规划建设创新

20世纪80年代，是新中国成立后研究编制、推进实施北京第四版城市总体规划（即1983年《北京城市建设总体规划方案》）的时期。在改革开放、拨乱反正的背景下，围绕着新时期首都城市的发展建设这一重大战略，北京的规划建设贯彻中共中央书记处"四项指示"要求，编制新一版城市总体规划，按照党中央、国务院对城市总体规划批复的要求，在建立首都规划建设委员会体制、推进规划法治化建设与实施等方面，继续开拓创新，奠定了新时期首都城市由大工业城市向服务型城市转型发展的重要基础。

1980年，北京的GDP总量为139亿元，人均GDP刚刚超过1000美元，三次产业比重4.3：68.9：26.8，全市总人口904.3万人。1980年4月，在改革开放的大背景下，中共中央书记处对北京工作提出了明确指示要求（史称"四项指示"），明确指出首都的特点：第一是全国的政治中心，是神经中枢，是维系党心、民心的中心，不一定要成为经济中心。第二是中国对国外的橱窗，全世界就通过北京看中国。指出"究竟把首都建设成一个什么样的城市，应该有四条指导思想"，即：（1）要把北京建设成为全中国、全世界社会秩序、社会治安、社会风气和道德风尚最好的城市。（2）要把北京变成全国环境最清洁、最卫生、最优美的第一流的城市，也是世界上比较好的城市。（3）要把北京建成全国科学、文化、技术最发达，教育程度最高的第一流城市，并且在世界上也是文化最发达的城市之一。（4）要使北京经济上不断繁荣，人民生活方便、安定。要着重发展旅游事业，服务行业，食品工业，高精尖的轻型工业和电子工业。下决心基本上不发展重工业。"四项指示"高屋建瓴，针对性强，内涵丰富，具有鲜明的战略性和前瞻性，明确了新时期首都建设的方向和重大方针，是国家层面的重大创新与重要指导，为新形势下北京城市总体规划的重新编制提供了明确指导。至1982年3月，在中共中央书记处"四项指示"指导下，在北京市规划部门主持下，组织多次座谈讨论会、汇报会及展览，听取社会各方面意见，在完成人口发展、城市用地、住宅建设、生活服务设施建设以及各项交通、市政基础设施建设等21项专业规划的基础上，编制完成第四版城市总体规划——《北京城市建设总体规划方案》，并于1982年12月上报国务院。

20世纪80年代初期，受60年代中期至70年代中后期的"文化大革命"影响，北京的发展建设面临着城市规模过大、人口增长过快、布局过于集中、建设中"骨头"和"肉"比例严重失调、环境污染严重、建设体制分散、建设法制不健全、管理工作薄弱等很多问题与矛盾。为了切实解决好这些问题，统一各方面对城市性质、发展规模、总体布局、旧城改建等关系首都建设方针重大问题的认识，1983年《北京城市建设总体规划方案》认真吸取历史发展的教训，借鉴国外大城市的发展经验，站在城市转型发展的起点和高点，从七个方面继承、发展规划理念，确定规划原则和相关标准，创新规划内容，为指导新时期首都发展建设提供了重要的指导和规划基础。主要创新是：（1）吸取以往工业大发展所带来的重工业比重过大而产生的资源紧缺、污染严重①，以及工业布局过度集中于市区产生的用地紧张、环境脏乱、污染突出等教训，根据中央要求和首都资源环境特点，确定了城市性质——"北京是我们伟大社会主义祖国的首都，是全国的政治中心和文化中心，各项事业的建设和发展都要适应和服从这样一个城市性质的要求"，确定了首都建设方针及旧城保护、文化教育发展、经济事业发展的各项要求，明确了城市发展的方向。（2）认真总结过去30多年对人口发展和城市规模"大控制小发展，小控制大发

---

① 据统计，1957年北京工业中轻工业占58.2%，重工业占41.8%；到1965年，轻工业比重降低到45.1%，重工业比重升高到54.9%；到1979年，重工业比重升高到63.7%，仅次于重工业城市沈阳，高于上海。重工业过大发展，不仅与北京地区严重缺水及没有动力用煤、炼焦用煤资源等产生矛盾，城市环境也受到严重污染，与首都地位不相适应。

展，不控制乱发展”的经验教训①，强调必须高度重视对城市规模的控制，控制人口规模是关键。规划确定按照中共中央书记处关于不超过1000万人的要求，严格控制城市人口规模。(3)纠正以往对提高环境质量、维持生态平衡缺少整体认识，没有把城市环境作为一个重大专题进行研究的失误。在城市总体规划中，把城市环境放到突出地位加以分析论述，明确提出了"治山治水，绿化造林，防治污染，兴利除弊，提高环境质量"的方针，要花大力气搞好环境建设，实现把北京建成全国最清洁、最优美的第一流城市的奋斗目标，以及提高绿化覆盖率，实现大地园林化和城市园林化，大力治水，保护水源，严格控制、治理污染源等具体的规划对策。(4)总结历史发展的经验教训，为尽快扭转建设过分集中在市区的状况，规划提出跳出市区的框框，面向16800平方公里，采取旧城、近郊、远郊不同策略的建设方针，合理调整城市布局。在城市结构上强调多中心布局方式，即市区继续保持"分散集团式"布局；近郊地区划分成10个新建区，每个新建区都规划有不同规模的文化、商业、服务中心；对远郊城镇布局，则采取沿主要交通干线发展的方式，综合考虑水源、地震地质、工程地质、环境等因素，形成合理的城镇布局。(5)吸取历史经验教训，针对旧城改建与保护古都风貌的关系问题，提出5点具体要求：扩大保护范围，重视保护环境，注意保护整体风貌，保护古建筑要与园林水系结合，保持旧城格局严整。针对旧城改建的速度问题，分析主要原因，提出"旧城要改建，但在近期看来不可能太快，并且只有把旧城改建与近郊区新建相结合，才能逐步实现"。在改建步骤上，明确了

---

① 在20世纪80年代以前，1958年和1973年的城市总体规划，都是按照全地区总人口控制在1000万人的规模进行规划。到80年代初，这个规划估计的规模已提前实现。据统计，截至1981年底，北京市区常住城市人口已达到432万人，全市常住户籍人口900多万人，加上常住北京但没有户口的人口、流动人口等，实际已达到1000万人左右。城市规模的急剧扩大，造成人口密集、用地紧张、交通拥堵、供水不足、环境恶化等问题，已不能适应首都政治中心和文化中心的需要。随着城市的发展，对城市规模的控制越来越引起重视，人们逐渐认识到，对城市人口的发展既要严格控制，又很难完全控制得住。发展的经验教训表明，对城市人口不加严格控制是根本不行的。

近期改建的重点。(6)针对30多年来新建房屋中"骨头"与"肉"比例失调——即生产工作用房建得多,生活居住用房建得少;生活居住用房中住宅建得多,生活服务设施用房建得少——的问题,总体规划方案突出强调了要逐步解决居住紧张和生活不便的状况、扩大住宅和生活服务设施建设的方针,提出了明确的规划目标和指标。同时,提出以居住区和小区为基本单位组织居民生活,为居民创造舒适方便环境的新规划设想。(7)认真总结以往规划实施的经验教训,首次提出保证实施城市总体规划的措施,关键是必须解决法制、领导、体制等问题,明确了健全法制、加强领导、改革体制、分期实施、落实到基层5条具体措施,是具有前瞻性的规划创新(见表1-6)。对于加强城市基础设施和环境建设,城市总体规划也提出了"大力发展公共交通""对水源的建设和利用,要贯彻开源、节流、水源保护并重的方针""市区下水道要实行雨污分流""大力提倡节约和合理使用能源""要把首都变成全国环境最清洁、最卫生、最优美的第一流城市,根本的途径之一是引进天然气"等具有前瞻性的创新规划理念和原则,沿用至今。

表1-6　1983年《北京城市建设总体规划方案》创新点归纳

方面	创新特点	创新内容
城市性质与经济发展	确定北京的城市性质是"全国的政治中心和文化中心",不再提"经济中心"和"现代化工业基地",明确了发展适合首都特点的经济发展方向	对于经济发展,(1)强调经济发展要充分考虑首都的特点,调整结构、扬长避短、发挥优势,不断提高经济效益。(2)对工业、交通运输业、建筑业、农业、旅游业、内外贸易、公用事业、服务行业等各项经济事业的发展,提出原则要求。(3)明确工业发展要按照中央确定的方针进行调整,着重发展耗能低、用水省、占地少、运量小、不污染、不扰民的行业,重工业大力进行技术改造,积极治理污染,降低能耗和水耗。今后工业的发展主要不能靠大量的投资搞"外延",而是靠挖掘潜力和技术改造搞"内涵",努力向高、精、尖的方向发展

方面	创新特点	创新内容
城市规模	强调严格控制城市人口规模方针,坚持中共中央书记处提出的人口规模1000万人左右要求,随着城市建设发展变化,对城市规模的发展与控制,在认识上也发生很大变化	(1)提出通过限制新建或扩建中央机关下属企事业单位等措施严格控制人口机械增长,逐步实行疏散人口的方针。(2)当时的流动人口仅为18.6万人,规模不大,但规划充分考虑了城市各项设施的承载能力,提出近期和远期、控制与引导相结合的规划理念。(3)规划明确提出人口规模控制是城市规模控制的关键但不是全部,对控制城市规模提出多项综合措施,如严格控制建设占地、保留成片好菜地、卫星城建设要节约用地、加强用地管理等
环境绿化	加强对城市环境绿化的认识,明确了提高环境质量的目标和具体措施	(1)针对地区环境存在的风沙危害大、土地盐碱化、地下水面临枯竭、环境污染严重的问题,提出规划方针和对策。(2)突出提高环境质量、维持生态平衡需要综合施策的规划理念,明确采取提高绿化覆盖率、建立若干自然保护区、建设风景游览区、大力治水、积极保护水资源、严格控制和治理污染源、城市垃圾实现清运机械化和桶装化等规划措施,前瞻性提出逐步做到城市垃圾有机、无机分类排除和清运的对策。(3)关注区域协作,提出对水源不足、风沙危害、生态平衡失调等问题,要结合京、津、唐、冀北地区区域规划进一步研究解决
城市布局	提出"旧城逐步改建,近郊调整配套,远郊积极发展"的建设方针,合理调整城市布局	(1)分别对旧城逐步改建、近郊调整配套以及在远郊地区有计划发展卫星城和规划安排好村镇建设提出明确要求,形成大、中、小相结合的城镇体系。(2)明确要按照集中力量、因地制宜、统一开发的原则建设卫星城镇的要求,首次提出建设要"搞好环境评价"。(3)对山区建设与保护提出要求,保持水土,发展生产,改善市政,提高服务,体现城乡协调发展的内涵要求

方面	创新特点	创新内容
旧城改建	根据北京历史文化名城的地位，对保留、继承和发展文化古都风貌，提出了更高的要求	（1）明确改建旧城的目标为：必须从整体着眼，注意保留、继承、发扬旧城原有的独特风格和优点，又要有所创新，反映出首都的新格局。（2）明确旧城改建的重点，提出完成天安门广场和长安街改建、旧城关厢地区改建、重要历史街区保护、历史文化名城保护、旧城建筑高度控制、河湖水系整治、旧城交通改善、土地使用调整、成街成片改建等11条具体要求，首次提出历史文化名城保护要求，抓紧制定名城保护规划
生活居住	坚持按比例建设住宅和生活服务设施的原则，明确以居住区作为组织居民生活的相对独立的基本单位	（1）明确新建住宅标准和生活服务设施配套建设原则，城市居民人均居住面积从5平方米左右提高至9平方米左右，首次提出"多数职工在工作地区就近居住"的规划原则。（2）明确居住区是组织居民生活的基本单位，居住区的建设，包括住宅及生活服务设施建设、市政公用设施的建设，要和基层政权建设结合起来，形成能行使各项城市管理职能、设施比较齐全、居民日常生活要求基本满足、有一定相对独立性的社会细胞，是城市治理单元的雏形。规划提出基层政权的区划，要尽量与居住区的划分相一致，并对居住区及居住小区的各项配套设施建设提出明确要求
规划实施	总结实施城市总体规划必须具备的条件，提出了城市总体规划实施的五项措施，针对性强，具有很强的前瞻性和可实施性。规划提出的一些观点原则，其基本精神延续至今，为统筹推进规划实施奠定了基础	（1）"总体规划报经国务院审查批准后，就应成为指导北京城市建设的法定文件，作为城市建设和城市管理工作的基本依据"，其原则沿用至今。（2）"北京的总体规划，许多问题涉及华北地区，尤其是京、津、唐地区，雁北地区，张家口和承德地区。建议国务院主管部门加强区域规划工作的领导，统筹安排"，被认为是规划界最早提出的"首都圈"概念及其区域协调规划原则，具有重要的理论创新意义。（3）"制定分期实施的详细规划和基本建设计划。城市规划经批准后，规划确定的城市建设项目，要由各级计划部门根据具体情况，分期、分年纳入基本建设计划，逐步实施"，是最初的"两规合一"的实施基础。（4）"城市总体规划的实施、城市建设的管理与基层政权的建设关系十分密切，必须紧密结合起来"，把"城市规划的实施、城市建设管理和组织人民生活的职责落实到基层"，是构建总规实施与城市治理相结合、落实基本单元及职责的探索和构想

资料来源：《建国以来的北京城市建设资料》第一卷《城市规划》。

1983年7月14日，党中央、国务院作出关于对北京城市建设总体规划方案的批复，原则批准城市总体规划并做了10条重要批复。批复的主要精神是：北京的城市建设和各项事业的发展，都必须服从和充分体现城市性质的要求，要加强对首都规划建设的领导；采取强有力的行政、经济和立法的措施，严格控制城市人口规模；北京城乡经济的繁荣和发展，要服从和服务于北京作为全国的政治中心和文化中心的要求；北京是历史文化名城，规划和建设要反映出中华民族的历史文化、革命传统和社会主义国家首都的独特风貌；大力加强城市基础设施的建设，继续兴建住宅和文化、生活服务设施；搞好郊县的村镇建设；大力加强城市的环境建设；积极改革城市建设和管理体制，解决条块分割、分散建设、计划同规划脱节等问题；安排好城市建设资金。对于切实加强对首都规划建设的领导，批复特别指出：城市建设总体规划具有法律性质。北京市委和市人民政府要认真抓好规划的实施，严格按照规划办事，把首都建设好、管理好。要抓紧制定城市规划、城市建设和管理的各项法规，建立法规体系，做到各项工作都有法可依。中央党、政、军、群驻京各单位，都必须模范地执行北京城市建设总体规划和有关法规。党中央、国务院的批复，深刻总结了首都建设30多年正反两方面的经验，明确指出了首都今后一个时期城市建设和其他各项工作的方向，进一步充实和发展了中共中央书记处关于首都建设方针的"四项指示"，对开创首都建设的新局面具有重大意义。

　　为了从根本上解决北京城市建设中存在的条块分割、分散建设、计划与规划脱节等问题，1983年7月14日，党中央、国务院在对《北京城市建设总体规划方案》批复的同时，还作出了关于成立首都规划建设委员会的决定（简称"决定"）。这是新中国首都规划建设发展史上一次重要的体制创新，体现了中央治理首都建设问题的坚定决心和大格局、大战略，影响深远。决定高度概括了北京城市建设中存在的建设体制不合理、缺乏统一科学的规划和领导、各搞一套盲目发展以及由此造成的人口膨胀、建设凌乱、资源紧缺、交通拥堵、环境污染等"城市病"问题，强调指出：北京是我们伟大社会主义祖国的首都，是我国面对世界的窗口。为了使北京的城市建设充分体现这个特点，符合这个要求，从根本上解决北京市建设上存在的问题，必须有一个统一的规划，一套保证统一规划得以实施的法规，一个合理的建设体制，协调各方面关系、具有高度权威的统一领导。决定明确了首都规划建设委员会（简称"首规委"）的主要任务是负责审定实施北京城市建设总体规划的近期计划和年度计划，组织制定城市建设和管理的法规，协调各方面的关系，确定了首规委的组成，并指定由时任国务院副总理万里分管首规委工作。决定要求中央各单位都要切实服从首都规划建设委员会的统一领导，模范地执行北京城市建设总体规划和有关法规，"对于那些表现不好、不顾大局、执意违背首都规划建设委员会统一领导的单位负责人，中央将执行必要的纪律"。

至20世纪80年代末期，贯彻党中央、国务院批复和深化落实城市总体规划，北京的社会经济和城市建设有了较快发展，开创了首都社会主义现代化建设的新局面。在实施决定的进程中，北京市继续创新建设体制机制，如加强对中央在京建设项目的统一管理、颁布实施《北京市城市规划管理暂行办法》、设立首规委专家委员会制度等，严格城市管理，推进城市治理，取得初步成效。自1984年起，北京市组织各区县政府及相关部门全面深入开展了市区分区规划及远郊各县县城总体规划的编制，其中分区规划为国内其他城市开展此类工作提供了经验。至1987年，完成市区1/10000、市区中心地1/5000的土地使用规划，细化土地使用功能，对城市公共设施、基础设施、城市绿化、居住、工业等各类建设用地进行具体规划安排，对市区城市建设区特别是旧城区提出建筑高度控制方案，为开展详细规划和规划管理提供依据，指导城市建设，严肃规划法治管理，是北京规划建设的一个创新。1985年北京市委、市政府组织开展的《首都发展战略研究》，是北京城市发展领域的又一创新成果，不仅在现代决策方法上进行了探索创新，而且在将战略研究与当前工作研究和政策研究结合起来，推进各项工作上也有了新的突破——研究形成的对首都发展建设的新认识，很多都被各级领导用以指导具体工作，并在北京"七五"计划中得到了体现①，促进了城市发展建设。至80年代末期，在城市总体规划深化实施过程中，北京市还陆续完成了大量各类专业规划及详细规划的编制，为经济社会发展和各项基础设施、公共服务设施的建设提供具体依据，在初步构建城乡规划体系上有所发展和创新，为首都经济社会发展和各项城乡建设提供了有效保障。至1989年底，北京市常住总人口为1075万人，地区生产总值（GDP）455.9亿元，人均GDP超过1000美元（约为1134美元/人）。通过起步推进产业结构调整，建设亚运村和举办1990年北京亚运会，带动了城市功能的完善和布局的优化。全市文化、体育、商业各类公共服务设施，居住区及配套设施的建设，以及交通、市政基础设施及环境绿化建设，也都取得了长足进步，北京市开始迈向国际化。

（二）90年代规划建设创新

20世纪90年代，是研究编制和推进实施北京第五版城市总体规划（即1993年《北京城市总体规划（1991年至2010年）》）的发展阶段。在国家加快改革开放和北京经济社会、城乡建设进一步加速发展的背景下，北京的规划建设坚持"四个服务"，在城市总体规划修编、大力发展首都经济、建设现代国际城市方面发展创新，开创首都发展建设的新局面，持续推进城市转型发展。

90年代初，北京市开展城市总体规划修编。为此，根据邓小平南方谈话及党的十四大精神，为解决城市规模扩大和社会经济加快发展后城市面临的新问题及满足发展对各项基础设施及城市环境提出的

---

① 在开展《首都发展战略研究》过程中，注意运用现代决策科学方式，积极探索。其方法创新主要体现在：其一，在众多的工作决策中，领导者首先要抓好战略性和全局性的决策；其二，以科学化、民主化、社会化方式进行决策分析，是决策科学重大的进步；其三，必须坚持把决策建立在对客观的全面正确的认识上；其四，积极采用现代化方法和手段进行决策分析；其五，把长远决策和近期工作决策结合起来。——摘编自《首都发展战略研究中现代决策方法探索》（陈元）。

更高要求，解放思想，深入研究，广泛合作，社会各方广泛参与，组织24个专题组提出70多份专题研究报告，在编制完成29个专业规划基础上综合，完成了城市总体规划修编。1993年10月，修订后的城市总体规划得到国务院批复。

1993年《北京城市总体规划（1991年至2010年）》适应新的形势要求，进一步解放思想，扩大视野和开放度，依据我国现代化建设"三步走"发展战略目标，以及市委、市政府关于加快改革开放步伐、促进经济发展的战略部署，确定了新时期北京发展建设的方向与重点。与以往相比，本次修订的城市总体规划在以下几个主要方面提出新思路，有了新的发展和创新：（1）明确提出建设全方位对外开放的现代化国际城市的目标。基于对世界政治经济格局演变和世界经济全球化发展，以及随着社会主义市场经济体制建立和全方位对外开放，我国走向世界的步伐将进一步加快，未来中国在世界发展中地位作用将不断增强的趋势分析，作出了将首都北京建设成为现代化国际城市，不仅是城市功能自身发展的要求，也是时代赋予的历史使命，是十分必要的基本判断。为此，对城市性质的确定除了继续坚持"全国的政治中心和文化中心"，增加了"世界著名古都"，还着重明确北京将是一座"现代化国际城市"，并在城市发展的基本目标中提出，"为在二十一世纪中叶把北京建设成为具有第一流水平的现代化国际城市奠定基础"[①]。这是北京城市总体规划演进中的重要创新和发展。（2）进一步论证了城市性质与发展经济的辩证关系，突出经济发展体现首都的特点。在深化经济发展专题研究基础上，总结历史上北京工业和经济发展的经验教训，转变思想观念和规划理念，统一了两种不同的认

---

① 总规确定的城市发展的基本目标是：进一步加强和完善全国政治中心和文化中心的功能，建设全方位对外开放的国际城市，成为文化教育和科学技术最发达、道德风尚和民主法制建设最好的城市；建立以高新技术为先导，第三产业发达，产业结构合理，高效益、高素质的适合首都特点的经济。到2010年，北京的社会发展和经济、科技的综合实力，达到并在某些方面超过中等发达国家首都城市水平，人口、产业和城镇体系布局基本得到合理调整，城市设施现代化水平有很大提高，城市环境清洁优美，历史传统风貌得到进一步的保护和发扬，为21世纪中叶把北京建设成为具有第一流水平的现代化国际城市奠定基础。

识^①，突出牢牢抓住全国政治、文化中心所带来的优势条件和加快改革开放步伐的机遇，推动第三产业和高新技术产业加快发展，促进北京经济跃上新台阶的规划思想。对于发展适合首都特点的经济，规划强调了要在构建整体经济格局、调整产业结构和布局的过程中，抓住影响经济发展的6个关键因素和体现发展的特点（见表1-7）。（3）适应城市发展的新形势，调整城市规模。认真总结北京几十年来在人口发展方面的经验教训，确立了人口增长既要与社会经济发展相适应，又要与城市建设水平和资源容量相协调；既要承认人口增长是城市发展的实际需要，又丝毫不能放松对人口的控制的规划理念。据此，把流动人口作为确定城市规模的重要因素，明确了对北京人口的发展实行有控制有引导的方针，尤其要严格控制市区人口规模，积极发展远郊城镇，逐步实现人口的合理分布。（4）提出"两个战略转移"方针，调整城市结构、功能和布局。坚持问题导向，着眼城乡统筹和区域协调，规划在城市总布局上提出的一个基本方针是要实行"两个战略转移"，即城市建设的重点从市区向远郊区转移，市区建设的重点从外延扩展向调整改造转移，以解决人口和产业过于集中在市区而引起的各种问题和矛盾。此外，在名城保护、基础设施、环境建设、规划实施等方

---

① 在80年代初期编制城市总体规划时，对待工业发展有两种不同的认识：一种是强调工业生产是城市主要功能以及对城市发展的决定性意义，认为它与城市性质没有根本矛盾，不应在规划中限制工业的发展；另一种则是强调工业生产已对政治、文化中心这一城市性质造成直接或间接的消极影响，主张发展工业应对其内容、规模和区位加以控制，提出了一些限制性的措施。1983年，党中央、国务院作出对《北京城市建设总体规划方案》的批复，但这两种认识并未完全统一起来。到90年代初期，随着市场经济的发展，人们越来越清楚地认识到，北京要为全国的经济建设服务，也要发展自身的经济；北京的经济发展了，物质基础雄厚了，才能加快城市现代化的进程，更好地保证政治、文化中心功能的发挥。各方一致认识到，一方面必须对首都的经济发展提出更高的质的要求，要调整产业结构，大力发展第三产业，同时要把部分工业生产功能逐渐分散到卫星城，带动远郊经济发展，实现生产力的合理布局；另一方面也不能消极地把经济发展与政治、文化中心对立起来，应强调积极地看到并充分利用城市性质给发展经济带来的优越条件，比如国内国际交往、宏观经济管理、人才荟萃、知识密集、科技发达，以及有大量名胜古迹和丰富的自然风景资源，具有发展高新技术产业、第三产业和旅游业得天独厚的条件等。

面，也较之以往的规划有所发展创新，如对历史名城突出整体保护要求，形成完整的保护体系，提出了按照市场经济规律引导和推动城市总体规划实施的措施等，为指导新时期北京城市发展与建设提供依据。

表1-7 1993年北京城市总体规划关于经济发展的创新点归纳

方面	关键要素与特点	规划内容与要求
经济格局	经济发展面向全国，走向世界	（1）北京的经济发展，要加快改革，扩大开放，面向全国，走向世界，不断推向新水平。力争在20年内实现国民生产总值翻两番以上。（2）建立社会主义市场经济体制和运行机制，形成多层次、全方位对外开放格局和适应国际经济运行的能力，为建设具有现代化水平的、运转灵活的市场体系提供发展空间
资源优势	适应首都具有科技、人才、信息等优势的特点	集中力量发展微电子、计算机、通信、新材料、生物工程等高新技术产业，办好北京市新技术产业开发试验区，建设上地信息产业基地、丰台和昌平科技园区，以及亦庄北京经济技术开发区。同时，带动各区、县经济技术开发事业的发展
国际城市	适应北京作为全国首都和国际交往中心并要努力建成现代国际城市的特点	大力发展第三产业，建立服务首都、面向全国和世界、功能齐全、布局合理、服务一流的第三产业体系。适应进一步扩大国际、国内经济活动的需要，建设具有国际水平的商务中心区和现代化的商业服务设施，逐步形成发达的消费资料市场、生产资料市场、房地产市场、金融市场、技术文化市场、信息服务市场和劳务市场。同时，把北京建设成第一流的国际旅游城市
环境要求	适应首都缺水、缺能而环境质量要求又比一般城市高的特点	（1）工业要按照技术密集程度高、产品附加值高和能耗少、水耗少、排污少、运量少、占地少的原则进行调整。广泛利用高新技术改造传统产业，加快技术结构和产品结构的调整改造，形成适合首都特点的工业结构。重点发展电子、汽车工业，积极发展机械、轻工、食品、印刷等行业，冶金、化工和建材工业要严格控制发展规模，积极治理污染，在控制总能耗、物耗、水耗和污染物排放标准、排放总量的前提下求发展。（2）逐步改变工业过分集中在市区的状况。在防止污染转移和产生新污染的条件下，20年内基本完成市区内污染扰民工厂和车间的改造或迁移。大力发展远郊工业，建立各县（区）的工业区。集中建设乡镇工业小区，努力改变"村村点火、处处冒烟"的状况

方面	关键要素与特点	规划内容与要求
农业基础	适应北京郊区农业基础好和首都市场发达的特点	（1）加强农业的基础地位。调整结构和布局，抓好基础设施建设，引进和利用先进技术，大力发展农副产品深加工，使农村经济走上高技术、高质量、高效益的发展道路。在服务首都的同时，积极拓展国内、国际市场。（2）积极开发山区。注意生态环境和自然资源的保护，加强公路、供水、供电、通信等基础设施建设，大力造林绿化，把山区建设成首都的生态屏障。因地制宜，发展林牧副业、旅游业和符合山区特点的乡镇企业，尽快改变山区落后面貌
区域协作	加强经济发展的区域合作	利用首都的科技、人才优势，按照自愿互利、平等协商、优势互补、协调发展的方针，促进和加强与津、冀地区的经济技术协作，为区域经济的繁荣发展作出贡献

　　20世纪90年代，根据城市经济社会发展和各项建设的需求，在城市总体规划深化实施进程中，北京市组织编制完成了大量各类发展建设、资源环境保护、历史文脉保护的专项规划，各项交通、市政基础设施建设的专业系统规划，与各区"九五计划"纲要紧密结合，完成各分区规划方案的编制，于1999年编制完成《北京市区中心地区控制性详细规划》（简称《市区控规》）并推进实施。各项规划的内容都有所创新，初步形成以城市总体规划为核心，以《分区规划方案》《市区控规》为落地建设管理重点，以大量的各类专项和专业系统规划为具体建设依据的城乡规划编制与管理体系，为经济社会发展和城乡建设提供依据和保障，也为不断推进规划建设与管理的创新提供了基础。

　　从大力发展适合首都特点的经济到发展首都经济，推进产业结构与产业布局的调整，转变经济发展模式，是20世纪90年代北京经济发展和规划建设的一大创新之处。继1982年中共北京市第五次代表大会正式提出"发展适合首都特点的经济"方针，1983年城市总体规划明确了发展适合首都特点的经济发展方向及各项规划原则后，进入90年代后进一步落实1993年城市总体规划所确立的突出经济发展体现首都特点的各项规划方针和原则，加大产业结构调整力度，大力发展适合首都特点的经济，逐步增强了城市发展的整体实力与活力。据统计，1995年北京市第二产业在地区生产总值中的比重已降至35%，第三产业的比重从1978年的23.7%提高到52.3%。但同期，全市按产值顺序排名的前8种行业中，排在前3位的机械、石化、冶金工业，都是高能耗、高污染的行业。重工业产值在全市工业中的比重仍占63%左右，其中钢产量800多万吨，生产能力位居全国前列，石化、造纸、水泥、原煤、焦炭等仍维持上升发展。重工业的发展带来的生态、环境等一系列问题，加上服务业、城市基础设施建设滞后，与首都之需及国际化大都市的要求相比，矛盾和诸多不适应显而易见，需要进一步推进产业结构的升级调整。为此，90年代中期以来，北京市加大了产业结构调整的力度，通过实施"退二进三""退三进四"[①]等措施，工业结构调整速度逐步加快。与此同时，1997年北京市第八次党代会正式提出了"首都经济"的概念，强调必须把集中力量发展首都经济摆在首要地位。市八次党代会指出，首都经济"应当是立足首都、服务全国、走向世界的经济；是充分体现北京城市的性质和功能，充分发挥首都比较优势，充分反映社会主义市场经济规律的经济；是向结构优化、布局合理、技术密集、高度开放、资源节约、环境洁净方向发展的经济；是既保持较高增长速度，又体现较好效益的经济"。实践证明，"首都经济"的提出，对后来北京经济的发展特别是结构调整，起到了至关重要的作用[②]，是北京城市发展史上的重大理论和实践创

---

① "退二进三""退三进四"是20世纪90年代中期以后北京市为加快产业结构和产业布局调整而采取的措施。"退二进三"是指"从第二产业退出，进入和发展第三产业"，其后也有"优二兴三"的提法，指"调整优化第二产业，振兴发展第三产业"。"退三进四"是指"工业企业退出三环路，在四环路以外发展"，即通过调整产业布局，工业企业退出市区，在四环路以外整合发展。

② 资料来源：温卫东，《"首都经济"的提出与北京产业结构的调整》，《北京党史》，2008年第6期。

新。追根溯源，20世纪80年代中期北京市委、市政府组织开展的《首都发展战略研究》和90年代中期组织开展的《北京经济发展战略研究》，对认识北京城市发展规律，特别是端正北京经济发展的思路和形成首都经济这一重大理论与实践创新，起到了重要作用。首都经济战略的提出，沿用和发展了这两个重要战略研究的主要内容。从50年代提出发展北京工业，到80年代初期明确发展适合首都特点的经济方针，再到90年代中后期确立首都经济的发展方向，理论与实践创新的内涵逐步丰富，并为今后的进一步发展创新奠定了基础。

20世纪90年代，北京规划建设的另一个重大创新，是科学决策起步建设北京商务中心区（CBD）、北京经济技术开发区、中关村科技园区等重点功能区，推进国际城市建设的实践创新。1993年国务院批复的《北京城市总体规划（1991年至2010年）》，明确提出建设北京商务中心的要求并确定了选址。1996年，在编制起步区控规的基础上，市规划部门向市政府提交了关于《积极培育新的经济增长点，加快建设北京商务中心区的建议》的报告，受到重视。1997年初，基于对国际国内形势发展及北京建设国际城市必要性、紧迫性的判断，市政府办公会议决定全面启动CBD的建设，并成立了CBD建设领导小组及办公室，但不久受到亚洲金融危机影响，CBD建设未能全面启动。1999年编制完成的《北京市区中心地区控制性详细规划》进一步确定了总占地面积近4平方公里的商务中心区规划建设范围，确定了CBD的起步区、发展区和储备区，北京市据此编制了CBD控规方案。1999年底，市规划部门再次向市政府提交报告，建议面对金融危机的转机全面启动和推进北京CBD的建设。2000年6月，市政府召开专题会议研究加快商务中心区建设问题；为落实城市发展定位要求和加快北京国际城市建设，转危为机，扩大开放，发展经济，增强功能，同年8月召开的第82次市长办公会决定重新全面启动CBD的建设，成立了北京商务中心区建设领导小组，下设领导小组办公室，同时成立北京商务中心区管理委员会，具体负责商务中心区的开发建设和管理工作。由此,商务中心区建设进入快速发展阶段,为增强首都城市功能和迈向国际城市奠定了重要基础。

此外,北京市自1992年起开始推进北京经济技术开发区(即亦庄新城核心地区)建设。1994年8月,北京经济技术开发区被国务院批准为北京唯一的国家级经济技术开发区。1999年6月,经国务院批准,开发区范围内的7平方公里被确定为中关村科技园区亦庄科技园。1999年6月,国务院正式批复北京市政府和国家科学技术部《关于实施科教兴国战略,加快建设中关村科技园区的请示》,批准建立中关村科技园区,要求"建设成为推动科教兴国战略、实现两个根本转变的综合改革试验区;具有国际竞争力的国家科技创新示范基地;立足首都,面向全国的科技成果孵化和辐射基地、高素质创新人才培养基地"。同年,市政府组织编制了《中关村科技园区建设总体规划(1999年—2010年)》,对中关村科技园区的功能定位、用地功能分区、生态环境、基础设施、近期建设重点作出了总体安排,确立了"中心区—发展区—辐射区"总体功能分区和规划指导,对科技园区建设、产业空间资源整合、空间布局结构优化起到创新指导作用。

综上,20世纪90年代以城市总体规划落地实施为统领,将自下而上的发展动能与自上而下的科学决策及机制创新结合起来,推进北京商务中心区、中关村科技园区核心区、北京经济技术开发区等重点功能区建设,是北京规划建设创新的重要实践,促进了城市功能优化及环境改善,大大提升了城市的国际化程度。此外,面向京津冀加强郊区发展和卫星城、小城镇建设,推进城乡协调发展也取得新成效。至2000年底,北京市常住总人口为1363万人,地区生产总值(GDP)3161.7亿元,人均GDP接近3000美元,开始了迈向现代化国际城市发展的新阶段。

(三)21世纪初期规划建设创新

2001年至2011年的11年间,是北京经济社会和城乡建设发展速度最快的时期。城市规划建设贯彻科学发展观，在第六版城市总体规划（即2005年《北京城市总体规划（2004年—2020年）》）修编及总规深化创新，以及紧紧围绕城市总体规划实施协同推进奥运建设创新、应对金融危机政策创新、行政管理体制改革创新、法治政策环境创新、规划公众参与的机制创新等方面，不断开拓，取得新的成效，城市功能进一步增强，基础设施条件与环境状况进一步改善，促进了城市的进一步转型发展。

自2001年起，在党的十六大确立全面建设小康社会战略部署、我国加入WTO、北京经济社会进入快速发展的新时期这一背景下，为了更好地解决城市发展中面临的中心区功能过度聚集、交通拥堵日趋严重、环境污染依然严重、城乡发展差距明显等问题，充分利用举办2008年夏季奥运会的发展机遇，进一步推进现代国际城市建设和城市的转型发展，建设好大国首都，开展了新一轮北京城市总体规划的修编。2005年1月，《北京城市总体规划（2004年—2020年）》得到国务院批复。

《北京城市总体规划（2004年—2020年）》全面贯彻落实科学发展观和中央对北京工作的一系列方针指示，对新中国成立以来历次城市总体规划，特别是改革开放以来的两次城市总体规划的科学内容、实施经验及教训等进行了认真研究、总结、归纳，在继承、发展的基础上创新规划，与以往历次总规编制与修编相比，本次总规修编在将编制方法、规划内容、总规深化紧密结合及取得创新成效等方面具有显著特点。其一，创新总规修编方法。修编总规前期，针对北京城市发展面临和需要解决的若干重大战略问题，组织开展了战略研究，在三家编制单位"背靠背"研究基础上综合汇总，于2003年编制完成《北京城市空间发展战略研究》，在有关城市性质、发展规模、城市布局等重点方面凝聚各方共识，推进规划思想与内容创新，得到国务院的肯定，为总规修编提供了重要基础。总规修编中采取"政府组织、专家领衔、部门合作、公众参与、科学决策"的工作模式及"三三四"工作机制①。其中，"政府组织、专家领衔、部门合作、公众参与、科学决策"的工作模式为全国首创，得到规划界的认可与推广，成为其后一个时期全国各地开展总规修编普遍采取的工作模式。其二，贯彻科学发展观，创新规划内容。针对快速发展中面临的问题矛盾，借鉴发达国家国际大都市的经验，规划内容在确立城市发展目标定位及"两轴—两带—多中心"空间结构②，突出新城发展策略，确定中心城"六个调整与六个优化"③原则，建立更完善历史文化名城保护体系，加强社会事业发展及公共服务设施建设，加强生态环境建设与保护，建立市政基础设施、综合交通体系、综合防灾减灾等支撑体系，推进城市总体规划依法有效实施等方面都有所发展和创新（见表1-8）。其中，规划优先关注生态环境保护与建设，优先关注资源节约与有效利用，在全国率先提出"建设限制分区"的要求，确定了"规划明确划定禁止建设地区、限制建设地区和适宜建设地区，用于指导城镇开发建设行为"的原则，为推进限建区规划编制与落地实施提供了上位依据和指导，是一项重大创新成果。其三，依照总规原则深化编制控规及各类特定地区规划和专项规划，是推进总规实施的第一步。国

---

① "三三四"的工作机制：（1）三家编制单位，即中国城市规划设计研究院、北京市城市规划设计研究院（简称"市规院"）、清华大学建筑学院。（2）三级例会制度，即市委市政府专题会议、重要工作协调会议、日常工作协调推进会议。（3）四种参与方式，即中央部门参与、市相关部门（区县）参与、中外专家参与、公众参与。

② 两轴：指沿长安街的东西轴和传统中轴线的南北轴。两带：指包括通州、顺义、亦庄、怀柔、密云、平谷的"东部发展带"和包括大兴、房山、昌平、延庆、门头沟的"西部发展带"。多中心：指在市域范围内建设多个服务全国、面向世界的城市职能中心，提高城市的核心功能和综合竞争力，包括中关村高科技园区核心区、奥林匹克中心区、商务中心区（CBD）、海淀山后地区科技创新中心、顺义现代制造业基地、通州综合服务中心、亦庄高新技术产业发展中心和石景山综合服务中心等。

③ 城市总体规划确定的中心城"六个调整"为：调整人口分布，调整工业用地比例，调整仓储物流设施布局，调整迁出部分行政办公、教育、科研、医疗等设施，调整改造与城市整体发展不协调的地区，调整威胁城市公共安全的设施布局。中心城"六个优化"为：优化行政办公用地布局，优化文化产业发展环境，优化城市职能中心功能，优化涉外设施和用地的配置，优化空间结构，优化交通及市政基础设施。

务院批复后，落实城市总体规划要求，陆续编制完成中心城控制性详细规划，新城、镇及村庄体系规划，以及大量的功能区建设、交通市政、生态保护、公共服务、名城保护等各类专项规划，实现城乡规划全覆盖和深化规划创新，基本构建起较为完善的城乡规划体系。其中，率先在全国编制完成的《新城规划》《北京限建区规划》，在理论创新、内容方法创新及推进规划实施机制创新方面走在前列①。与此同时，创新规划实施机制，转变观念和树立"落地、协同、共赢"的规划实施理念，加强与发改、国土、城建、环保等各相关部门及各区县政府的工作协同。如：将编制推进近期建设规划及年度实施计划作为实施管理的抓手，建立统筹协调平台和加强用地与产业协调；通过合作开展《北京城市南部地区发展规划实施纲要》研究，为形成《促进城市南部地区加快发展行动计划》（即《城南行动计划》）及举全市之力推进南城及南部地区发展建设提供支撑等，体现了规划的新理念、新观念、新做法，发挥了带动和推进全市产业结构与空间布局的战略性调整、加强区域协调发展的作用。此外，通过建立完善中心城控规实施管理动态维护机制及"绿色通道"审批机制，创新完善审批管理程序和工作机制，完善实施管理，推进规划实施。其间，2003年发布的《北京地区建设工程规划设计通则》（试行）和《北京地区城市规划管理守则》，是十分重要的管理创新举措，成为规划设计、规划申报、规划审批的重要依据和办事指南，对北京行政区域内建设工程的规划管理和规划设计

---

① 2007年，编制完成《北京市限建区规划》，经过对5组、16大类、56个限建要素、110个限建图层的综合分析，将全市域划分为近30万个限建单元，划定了禁止建设区、限制建设区、适宜建设区的限制分区。根据相关法律法规，提出市域范围内各类建设用地的建设限制要求和对城市活动的限制要求，从限制建设内容、限制城市活动内容、缓解冲突的途径方面制定了限建规划方案，为各项规划编制优先确定限建要素提供了规划依据，是集技术、方法、内容、政策、机制于一体的集成创新，发挥了指导规划编制、严格规划管理、严守发展底线的作用。

发挥了重要的指导和规范作用。①

表1-8 2005年北京城市总体规划的主要创新内容归纳一览表

方面	主要创新点	相关规划内容
城市性质与发展定位	规划对北京城市发展的优势条件和限制性因素进行了全面客观分析，明确规划的指导思想和城市性质，确立"国家首都，国际城市，文化名城，宜居城市"这一城市发展的定位与目标	确定城市发展的阶段目标及经济发展目标，明确经济、社会发展策略及城市发展的方向与基本方针
城市规模与生态环境	根据资源环境容量及生态承载力，确定了规划期内适度的人口、用地规模，划定生态限制性分区，对土地资源和水资源保护、能源建设、生态环境建设提出明确要求，到2020年空气质量指标全年绝大部分时间内满足国家标准，人均公共绿地为15～18平方米	对土地资源节约、水资源保护利用、生态环境与绿化、建设限制分区、绿化建设、环境保护、污染治理等提出规划指标，明确规划原则及实施政策，以有效控制发展规模和改善生态环境
空间结构与发展策略	提出构建"两轴—两带—多中心"的城市空间结构，实施以新城、重点镇为中心的城镇化战略，促进城乡统筹和区域协调发展。规划明确重点发展通州、顺义、亦庄3座新城，搞好中心城调整优化，改善环境，提升品质	对统筹次区域发展、城镇体系建设、新城发展建设、中心城调整优化提出规划策略，建设相对独立、功能完善、环境优美、交通便捷、公共服务设施发达的健康新城，推进中心城"六个调整和六个优化"

① 2012年，为适应规划管理和规划设计领域陆续颁发很多新的政策、法规、规范及标准的要求，体现公开、公平、公正的审批原则，指导建设单位和设计单位正确申报和设计北京地区建设工程，规划行政主管部门结合建设工程规划管理工作的实践经验，汲取《北京地区建设工程规划设计通则》（试行）和《北京地区城市规划管理守则》试行过程中的意见和建议，对《通则》《守则》进行了修编，并明确：在北京市行政区域范围内进行规划设计时涉及的有关技术用语和技术标准均按本次修编的规定执行，建设单位和设计单位应按照本次修编的有关规定进行规划设计和规划申报。对于不符合《北京地区建设工程规划设计通则》和《北京地区城市规划管理守则》（修编）的有关要求而又未征得市规划行政主管部门同意的设计方案，设计单位承担有关责任。

方面	主要创新点	相关规划内容
名城保护与更新发展	确立加大历史文化名城整体保护力度、促进旧城整体保护与复兴的方向，明确整体保护的内涵、要求、重点，及人口疏解、改善市政基础设施、完善交通政策等具体政策措施，坚持有机更新，逐步改善保护区内居民的居住和生活条件	建立更完善历史文化名城保护体系，明确旧城整体保护十项原则，积极疏散旧城的居住人口，提升旧城的就业人口和居住人口的素质，提高生活质量
交通优先与基础设施	将公共交通发展作为城市发展战略，确立公共交通为主导的城市交通体系，实施公共交通优先，加强轨道交通系统建设，2020年建成轨道交通线路19条，引导小汽车合理使用，改善自行车和步行交通环境。同时，加强对外交通建设	同步建立市政基础设施、综合交通体系、综合防灾减灾等支撑体系，明确规划目标和指标，加快建立和健全现代化城市综合防灾减灾体系，提高城市整体防灾抗毁和救助能力，确保首都安全
社会事业与公共服务	突出政府的社会管理与公共服务职能，引导中心城公共服务设施合理疏散，优先保障文化、教育、医疗等重点设施建设，建成覆盖城乡、功能完善的综合公共服务体系，方便群众工作、学习和生活	明确行政办公、教育、文化、体育、医疗卫生、社会福利、社会救济等各项设施建设原则，满足"人人享有基本公共服务"要求，促进社会公平。把基层政府组织和自治组织建设、生活服务、物业管理、治安等内容统一到社区建设中
近期重点与规划实施	切实保障城市总体规划对全市经济社会发展和城乡建设的指导和调控作用。明确提出要集中力量抓好近期重点建设。同时，建立人口动态监测机制，预留并加强对远期发展备用地的控制，打破行政界限，强调对区域、市域等发展的协调与统筹，促进协调发展	建立政府对城市总体规划实施评价监控机制。通过对人口、用地、交通、环境、资源等因素的发展变化进行实时监控和评价，对规划进行校核，确保政府对规划及其实施进行动态调控

自2005年起，紧紧围绕城市总体规划实施，协同推进奥运建设创新、应对金融危机政策机制创新、深化城市行政管理体制改革创新、规划实施法治政策环境创新，以及规划公众参与、市民维权、社会监督的机制创新，是21世纪最初10年北京规划建设创新的另一特征。其间，北京经济社会和城市发展建设中最重大的创新是确立了"三个北京"的发展战略。在成功举办2008年奥运会后，北京市委、市政府通过研究新形势新问题，审时度势，果断提出了北京经济社会和城市发展建设的新战略——人文北京、科技北京、绿色北京的"三个北京"发展战略。作为奥运会结束后落实科学发展观的重要举措，北京在积极应对金融危机之时提出实施这一发展战略，实现了从特定领域的奥运会"绿色奥运、科技奥运、人文奥运"三大理念，到统领全市长远发展的人文北京、科技北京、绿色北京发展战略的升华，经济社会和城市发展的理念发生了深刻变化。"绿色、人文、科技"三大发展理念，在筹办奥运会过程中走向成熟，在应对国际金融危机中绽放光彩，人文北京、科技北京、绿色北京，成为新时期北京经济社会发展和城乡建设的指导方略，并不断融入经济发展、社会发展、城乡建设过程中，激发和带动了各领域的创新实践。这些相互关联的创新实践，在全面推进城市总体规划实施和城乡建设、促进经济又好又快发展、优化完善城市功能与环境、提升资源环境综合承载力、加强宜居城市建设、带动区域协调发展等方面取得显著成效。2010年的《北京城市总体规划实施评估研究》，站在城市转型发展的高度，对以推进总规实施为主线的多方面创新成效进行了归纳，同时总结发展的经验教训，提出了在今后城市转型发展中需要进一步关注和解决的问题，体现了发展中创新、创新中发展的规划理念（见表1-9）。

表1-9 21世纪初期10年规划建设多方面创新成效
及需要关注的问题归纳一览表

方面	主要创新内容	主要成效及特点	需要关注的问题
践行"三大理念"的奥运建设创新	奥运建设创新是践行"绿色奥运、科技奥运、人文奥运"三大理念的集成创新,主要涉及奥运和相关城乡规划及实施体制、机制、政策等环节,以及勘查、测绘、设计、建造、施工、运行等技术环节。其中,仅在2007年底至2008年初举办的第十四届首都城市规划建筑设计方案汇报展上,采用节地措施及节水、节能、节材等新技术的奥运场馆及相关设施工程创新项目就有600多项,在水资源利用、新能源利用、建筑节能、环境保护、建筑结构技术等方面进行大量创新	(1)奥运规划在优化场馆"瘦身方案"、方案征集及国际竞赛、落实无障碍设计要求、完成大量基础设施、环境建设规划等方面,创新内容方法及新机制,探索"多规合一"。(2)以31个新建、改扩建场馆为代表的奥运建筑设计与建设创新,结构先进、节能节材、功能完善。(3)技术与机制创新带动以高铁、地铁建设为代表的交通发展,通过技术及节能、节水创新,全面提升市政基础设施能力水平。(4)深入推进节能环保工程建设、奥运环境建设和整治以及住宅规划设计建设的创新[1],改善环境、优化功能、绿色发展。(5)促进经济发展,2008年北京生产总值突破万亿元大关	(1)奥运筹办和举办期间,有一些好的区域产业、生态环境等合作创新经验,但奥运会后未进一步推广形成长期固化的区域协调机制。(2)依靠举国体制办大事、搞大项目建设的"情结"具有很强的影响力,但在没有"大事件"带动的情况下,欠缺办"小事"抓细化的内在创新动力机制,不利于规划全面实施与管理治理

[1] 住宅规划设计建设的创新点主要体现在:(1)绿色建筑发展,如再生水热能利用技术、太阳能光热技术、空调冷凝水回用系统、屋顶花园节能效果、观景花房和水处理机房的结合等。(2)建筑节能,主要是外保温技术和材料的创新应用。(3)在农村住宅设计建造中,除因地制宜采取太阳能利用及节能节材措施外,还在节约利用土地、保持传统形式、维系生活方式等方面探索创新,提升农民生活质量。(4)加强了对提升住宅设计品质的创新研究,力求优质组织生活及创造更舒适环境。

方面	主要创新内容	主要成效及特点	需要关注的问题
应对金融危机政策创新	2009年，落实"人文北京、科技北京、绿色北京"发展战略，应对金融危机，市委市政府在提出两年政府投资1400亿元带动社会投资1万亿元及两年实施土地整理储备2000亿元的同时，采取系列创新政策，健全绿色审批通道机制，制定发布电子信息、生物医药、汽车、都市工业、装备制造、新能源六大重点产业调整振兴实施方案，颁布实施《关于建设中关村国家自主创新示范区的若干意见》《关于金融促进首都经济发展的意见》《促进生态涵养区协调发展的政策意见》《促进城市南部地区加快发展行动计划》《推进重点新城建设实施意见》《加快丽泽金融商务区建设的实施意见》等	（1）奥运后经济增速不减，活力不降。2009年至2010年全市经济增长率保持在10.1%～10.3%，人均GDP超过1万美元；城乡居民收入实际增长分别达8%和10%以上。（2）重点产业支撑稳固。2009年，服务业全年增长10.3%，占地区生产总值比重为75.8%。（3）城市发展活力增强，形成中关村科技园区核心区、商务中心区、奥林匹克中心区、金融街、北京经济技术开发区、临空经济区六大高端产业功能区，增加值占全市GDP的三成以上。中关村国家级自主创新示范区获准成立，出台建设示范区的若干意见，制定实施科技北京行动计划。高端要素进入势头不减，13家全球500强企业入驻CBD，25家金融企业入驻金融街，新认定跨国公司地区总部22家，累计58家	（1）增加大规模投资、土地投放、大项目带动等措施，保持了一定的经济增长速度，但在一定程度上迟滞了经济产业结构的调整，需进一步创新机制。（2）土地投放量大增，会对今后几年建设用地和产业结构的再调整及城市功能优化产生滞后影响，需加大改革，创新政策、机制。（3）土地储备在推进规划实施进程中，需要进一步改革创新，解决好相关法规、政策、体制、机制及管理不完善、不配套等问题

方面	主要创新内容	主要成效及特点	需要关注的问题
行政管理体制改革创新	（1）为增强首都经济发展新活力和推进南部地区发展，运用好大兴区的土地资源、行政资源、社会管理、公共服务等优势为亦庄开发区发展壮大提供有力支撑，带动大兴的城市化进程和地区发展，2010年初北京市推进了大兴亦庄行政资源整合。（2）为合理配置资源，提升首都功能核心区的规划建设和整体管理水平，2010年7月，北京市对首都功能核心区的行政区划进行调整，以原东城区、崇文区的行政区域为新东城区的行政区域，以原西城区、宣武区的行政区域为新西城区的行政区域	（1）整合后，明确大兴、亦庄的总体定位和空间发展战略，拓展产业发展空间及联合招商、促进大项目落地等取得实质进展，为实现两区强强联手，实现开发区的政策优势、品牌优势与大兴区资源优势互补，加快建设北京南部现代制造业新区奠定新基础。两区融合发展，站在更高起点上。（2）首都功能核心区的行政区划调整，有利于落实科学发展观，推进区域均衡发展。核心区行政区划的合并调整，有利于对现有的空间资源进行有效整合，推进核心区南北均衡发展；有利于提高核心区的承载能力和服务水平，加强历史文化名城的整体保护；有利于降低行政成本，提高行政效率	（1）行政资源整合后，对亦庄开发区空间拓展如何与通州区所辖的站前区发展建设相衔接，统筹实施亦庄新城规划等，应加强研究，创新体制机制来解决。（2）对行政区划调整后，新东城、新西城如何在各自发展基础上协同做好旧城整体保护，共同发挥好首都功能核心区的作用，应予足够关注和推进机制再创新。疏解旧城人口和低端服务业是旧城整体保护和优化提升新功能的前提，仍面临困难

方面	主要创新内容	主要成效及特点	需要关注的问题
规划实施法治政策环境创新	（1）法治环境完善。《物权法》《城乡规划法》实施，北京市陆续颁布《北京历史文化名城保护条例》（2005年3月）、《北京市城乡规划条例》（2009年5月）、《北京市绿化条例》（2010年3月）等地方法规。（2）政策环境完善。在中央方针政策指导下，北京市陆续出台有关节能减排、产业调整、城乡发展、城乡接合部改造、拆迁安置和保障农民利益，以及有关新农村建设、生态涵养区建设的大量政策，为促进总规实施提供重要的机制保障和依法行政依据	（1）首都城乡规划更加关注城乡统筹发展，规划的公共政策属性凸显，规划编制和实施更加重视土地权属和利益相关人的权益，更加关注规划实施的可操作性以及实施过程中对农民和弱势群体利益的保护，对公共利益的维护，对规划严肃性的维护。（2）从城乡规划的角度讲，对总规实施及城乡建设影响较大的创新政策，除应对金融危机政策外，还有2010年3月实施的房地产政策，如《关于促进本市房地产市场稳定发展的若干意见》《促进房地产市场健康发展实施意见》等	法规和政策的完善，起到了为经济社会发展和城乡建设保驾护航的作用，但同时也存在两方面值得关注的问题：一是法规政策制定需要根据首都发展实际再细化完善，形成法规实施细则，细化政策规定。二是在法规政策执行方面，还存在不少有法不依、违法不究以及违反政策的现象和问题
公众参与、市民维权社会监督机制创新	（1）2008年11月，首次在东城交道口街道举办了"菊儿社区活动用房高效规划利用"的公众参与活动①。	（1）以朝阳区劲松、东城区南锣鼓巷等街道办事处为试点，搭建"社区规划公众参与平台"，规划倾听群众意见的渠道	公众参与在推进城市总体规划实施和促进城乡建设方面发挥了重要作用，但是与

---

① "菊儿社区活动用房高效规划利用"公众参与活动，由市规划院与东城区（规划）分局、交道口街道办事处、NGO组织共同协作举办，参与活动的居民就"如何充分利用空间扩大老年人活动区域、增加活动室的安全性和舒适度、增加健身器材和阅读书籍"等达成共识，提出解决方案和详细行动计划，明确了实施的责任主体。2009年11月，社区活动用房完成改造，成为居民闲暇的好去处及令居民满意并感到自豪的公共活动空间。项目的成功实践，参与各方都受益，是搭建"社区规划公众参与平台"的尝试，对于后来的公众参与规划的社区实践产生了良好示范作用。

方面	主要创新内容	主要成效及特点	需要关注的问题
公众参与、市民维权社会监督机制创新	陆续开展"规划下基层、规划进社区"活动，建立责任规划师制度以及"一师两员"制度①，推进公众参与，强化外部监督。（2）针对变电站、垃圾处理厂、垃圾焚烧厂、污水处理厂等敏感性基础设施建设在规划选址论证和公示阶段遭到周边居民反对的难点问题，从完善规划和开放纳言两方面创新管理，广纳众议，推进建设和相关立法。（3）每年市人大和市政协提出大量的建议和提案，体现出聚焦城市发展热点、关注民生重大问题、形成政府决策行动的创新特点。2010年，市人大常委会把听取和审议市政府关于城市总体规划实施情况评估工作的报告，作为当年市人大常委会一项监督工作，历史上尚属首次	更加直接和畅通。（2）规划部门重点对敏感性基础设施的规划用地和建设要求进行系统梳理，根据具体情况调整用地布局，明确用地控制范围，完善管理办法。同时，就完善投资机制、制定补偿标准及信息公开透明等明确规范性要求，避免引发社会矛盾，为设施落地创造条件。政府主动采取更为公平、开放和人性化的实施管理措施，通过邀请居民参观垃圾处理场建设运营、组织居民代表赴国外进行考察参观等方式，获得百姓对敏感性市政设施建设的理解和支持。（3）多年来"两会"期间集中形成的人大建议和政协提案，每年市、区人大和政协各专业委员会通过专项调研形成的建议提案，凝聚了专家学者和百姓智慧的创新成果，也为政府各部门改进工作、推进建设的创新提供了源泉，是城市发展建设的重要创新	城市发展建设的速度规模节奏相比较，公众参与的力度、广度、深度等仍需要加强。同时，也需要切实搞好规划公众参与的相关立法工作，进一步明确公众参与规划编制与实施的相关权利、义务及其范围，避免"一刀切"，使城乡规划切实起到面向公众、服务百姓、改善民生的作用

---

① 责任规划师制度，指在控规编制的每一个街区聘任一位责任规划师，负责听取和协调该区域内各方群众利益诉求，平衡规划范围各项用地规划指标。"一师两员"制度，即在新城每个街区，建立起责任规划师、社区民意调查员和市民监督员的制度，搭建政府、社会公众、规划技术人员之间常态化沟通平台，规划工作更公开、公正、透明。

21世纪最初10年，在城市总体规划和国务院批复的指导下，北京的经济社会发展和城乡建设不断取得新发展和新成效。至2011年底，北京市常住总人口为2018万人，地区生产总值（GDP）16252亿元，人均GDP突破1.2万美元，北京现代化国际城市建设步入新阶段，为迎来经济社会和城市发展的新时期奠定了重要基础。但是，随着经济社会和城市的快速发展，受多种因素综合影响，特别是人口、用地、建设规模的快速扩张，发展中积累的一些深层次问题愈加突出，人口、资源、环境的矛盾不断凸显，北京在新时期的发展面临着新的挑战。

第二节　新时代减量提质转型发展，建设国际一流的和谐宜居之都

一、着眼转型发展，明确新版总规编制的方向和总体思路

2012年11月，党的十八大胜利召开，开启了中国特色社会主义新时代。21世纪以来经济社会发展与城乡建设取得显著成效，伴随着成功举办2008年奥运会、应对国际金融危机、举办APEC峰会和"一带一路"峰会等，北京的发展开始步入现代化国际大都市行列。作为首都城市和迈向现代化国际城市的特大城市，其经济社会和城市发展，也开始步入具有鲜明历史特征的转型发展新阶段。但同时城市发展也面临着新的挑战，主要是城市在快速发展过程中积累了一些深层次矛盾与问题，如人口增长过快与资源承载能力有限的矛盾凸显、生态环境压力愈发突出、中心城区单中心过度聚集状况仍在延续、新城疏解中心城人口效果不够明显、城市"摊大饼"的蔓延方式没有根本性改变、交通拥堵现象愈演愈烈、公共设施服务水平有待进一步提高等，推进新时期经济社会的全面转型发展面临种种困难。这些"大城市病"问题的凸显[①]，都在倒逼城市发展的全面转型，需要从战略性、

---

① "大城市病"问题的凸显主要表现为：一是人口增长过快与资源承载能力有限的矛盾日益凸显。人口调控手段的失灵加大了以水资源为主的资源支撑的压力。二是产业发展与城市功能定位之间出现偏差。2008年北京奥运会之后，一些为了应对金融危机，振兴产业的大工业、大项目成为各区优先选择的发展方向，在客观上迟滞了产业结构调整的进程，增加了发展方式转型的难度。三是生态环境压力愈发严重。大气和水污染物排放总量远远超过环境容量，生态用地不断被挤占和蚕食。四是城市空间结构战略的调整遭遇严峻挑战。中心城区单中心过度聚集的状况仍在延续，新城疏解中心城人口的效果不够明显，城市"摊大饼"的蔓延方式没有发生根本性的改变。五是城乡二元分割问题依然突出。城乡一体化发展亟待破题。六是宜居城市建设依然任重道远。居住水平还有较大的提升空间，交通拥堵现象愈演愈烈，公共设施服务水平有待进一步提高。七是规划体制机制与经济社会发展还有不相适应的地方，各规划间的统筹协调机制还有待进一步完善。城乡规划编制、建设、管理还需要更广泛的社会参与。

全局性角度，转变观念，提升理念，改革体制，创新机制，需要通过2014年起步开展的新一轮城市总体规划修编，寻求综合解决方略。

在此背景下，习近平总书记于2014年、2017年两次视察北京并发表重要讲话，揭示北京发展面临的"大城市病"问题及其背后的原因，阐释首都发展与城市发展的内在联系，为北京下一步发展指明了方向，成为编制新版城市总体规划的总指导。

2014年2月，习近平总书记在视察北京时把脉日趋严重的"城市病"，指出北京的问题从表面上看是人口过多带来的，其深层次上是功能太多带来的。习近平总书记指出：北京首先要明确城市战略定位，坚持和强化全国政治中心、文化中心、国际交往中心、科技创新中心的核心功能，深入实施人文北京、科技北京、绿色北京战略，努力把北京建设成国际一流的和谐宜居之都。在此基础上，要调整疏解非首都核心功能，优化三次产业结构，特别是工业项目选择；有效控制人口规模，增强区域人口均衡分布。习近平总书记还提出要坚持规划先行："考察一个城市首先看规划，规划科学是最大的效益，规划失误是最大的浪费，规划折腾是最大的忌讳。"在2015年12月召开的中央城市工作会议上，习近平总书记发表重要讲话，分析城市发展面临的形势，明确做好城市工作的指导思想、总体思路、重点任务。2017年2月，习近平总书记在视察北京工作时进一步指出："城市规划在城市发展中起着重要引领作用。北京城市规划要深入思考'建设一个什么样的首都，怎样建设首都'这个问题，把握好战略定位、空间格局、要素配置，坚持城乡统筹，落实'多规合一'，形成一本规划、一张蓝图，着力提升首都核心功能，做到服务保障能力同城市战略定位相适应，人口资源环境同城市战略定位相协调，城市布局同城市战略定位相一致，不断朝着建设国际一流的和谐宜居之都的目标前进。""总体规划经法定程序批准后就具有法定效力，要坚决维护规划的严肃性和权威性。"

2014年，北京开始的新一轮城市总体规划修编，深入分析了北京城市发展中所面临的"大城市病"问题背后的原因，认为分散建设现象普遍以及总规实施体制、机制、政策的缺位和不完善，导致城市总体规划权威性、严肃性不足，实施重点不突出，实施效果不佳，是造成"大城市病"问题凸显的内在原因之一。北京市认真总结并吸取因长期以来统一规划与分散建设矛盾突出、规划与建设不统一所造成的"大城市病"问题凸显的历史教训，深入学习和落实习近平总书记的指示精神，对新时代北京经济社会和城市转型发展的根本要义、主体特征、根本出路、根本逻辑等问题进行了深入研究与思考，转变思想观念和规划理念，明确了"首都发展是主体要义，减量集约发展是主体特征，创新驱动发展是根本出路，坚持治病和改善民生是根本逻辑"的转型发展思路，强调了几方面紧密结合的方针——首都发展与城市发展紧密结合，城市发展与区域协同发展紧密结合，创新驱动与深化改革紧密结合，经济发展与社会、文化、绿色、人文、科技发展紧密结合，减量集约与提质优化紧密结合，治理治病与改善民生紧密结合，专项保护与多元发展紧密结合，总规编制与规划实施紧密结合。同时，北京市也明确了编制总规的方向与重点，为新版城市总体规划编制及其之后的重大规划编制及落地实施，提出了系统性和引领性的要求，是新时代首都规划理念与思想的一大创新。

2014年至2017年，在市委、市政府的领导下，北京市认真贯彻习近平总书记的指示精神，在全面总结反思"大城市病"凸显问题根源的基础上，进一步学习借鉴国际先进经验，把握北京城市的发展规律，把握中央对首都发展建设的特殊要求，以及百姓对城市发展建设的新的期待，创新工作机制和广泛发动全社会各方面力量参与，深入推进新版总规编制工作。在深入研究和完成20多项专题研究和专项规划编制的基础上进行综合，形成总体规划方案，在广泛征求各方面意见和经市政协、市人大审议等法定程序后，北京市完成第七版新总规的编制，于2017年上报中央。2017年9月13日，党中央、国务院作出对《北京城市总体规划（2016年—2035年）》的批复，明确了总规的意义作用、城市规划建设方针，对加强"四个中心"功能建设、优化城市功能和空间布局、严格控制城市规模、科学配置资源要素、统筹生产生活生态空间、做好历史文化名城保护和城市特色风貌塑造、着力治理"大城市病"和增强人民群众获得感、高水平规划建设北京城市副中心、深入推进京津冀协同发展、加强首都安全保障、健全城市管理体制、坚决维护规划的严肃性和权威性等提出要求。中共中央、国务院的批复指出："北京城市的规划发展建设，要深刻把握好'都'与'城'、'舍'与'得'、疏解与提升、'一核'与'两翼'的关系，履行为中央党政军领导机关工作服务，为国家国际交往服务，为科技和教育发展服务，为改善人民群众生活服务的基本职责。要在《总体规划》的指导下，明确首都发展要义，坚持首善标准，着力优化提升首都功能，有序疏解非首都功能，做到服务保障能力与城市战略定位相适应，人口资源环境与城市战略定位相协调，城市布局与城市战略定位相一致，建设伟大社会主义祖国的首都、迈向中华民族伟大复兴的大国首都、国际一流的和谐宜居之都。"党中央、国务院的批复，为深入落实城市总体规划、推进新时代首都北京的长远持续发展指明了方向。

二、把握首都战略定位新要求，明确城市发展的未来担当

2017年《北京城市总体规划（2016年—2035年）》（以下简称"新版城市总体规划"）以习近平总书记系列讲话精神为根本遵循，与党的十八大以来中央的治国理政新思路一脉相承，紧紧扣住迈向"两个一百年"的奋斗目标和中华民族伟大复兴的历史使命，以国际一流的和谐宜居之都作为总目标，深入思考"建设一个什么样的首都，怎样建设首都"这一重大时代课题，坚持首善，服务大局，谋划长远，做到"世界眼光、国际标准、中国特色、高点定位"，努力让首都的建设成为推进国家"五位一体"总体布局和"四个全面"战略布局的典范。新版城市总体规划理念、重点、方法的创新重点体现在以下两个方面：

（一）紧紧围绕首都城市战略定位谋划首都发展

牢固确立首都城市战略定位，加强"四个中心"功能建设，提

高"四个服务"水平，是首都职责所在，也是首都发展的要义。新版城市总体规划牢牢把握首都发展的要义，立足"四个中心"的城市战略定位，在处理好"都"与"城"、"舍"与"得"辩证关系的基础上，从更大的区域着眼谋划首都发展。城市总体规划紧紧围绕首都城市战略定位开展，在规划定位、规划目标上贯彻习近平新时代中国特色社会主义思想。新版城市总体规划明确提出："北京的一切工作必须坚持全国政治中心、文化中心、国际交往中心、科技创新中心的城市战略定位，履行为中央党政军领导机关工作服务，为国家国际交往服务，为科技和教育发展服务，为改善人民群众生活服务的基本职责。"规划紧紧围绕城市战略定位组织城市功能，有所为、有所不为，突出首都功能，有序疏解非首都功能，不断提高服务水平，确保北京作为国家首都发挥其应有作用。

新版城市总体规划提出的三个阶段发展目标改变了以往空间规划的专业思路，立足首都战略定位新要求，紧紧围绕统筹推进经济建设、政治建设、文化建设、社会建设和生态文明建设"五位一体"总体布局进行系统谋划，紧扣"两个一百年"目标和"两个阶段"工作要求，确定了5个方面的发展目标。同时，新版城市总体规划在发展指标上也跳出了传统物质空间规划的局限，遵从"创新、协调、绿色、开放、共享"发展理念确立了五大方面、42项发展指标，充分体现了习近平新时代中国特色社会主义思想的要求，使城市发展处处体现"都"的理念和标准，处处彰显国家精神、国家形象。

（二）立足转型发展，明确新时代首都城市发展的未来担当

新版城市总体规划立足城市转型发展的新要求，将基于首都战略定位的未来谋划具体化，从相互关联的六方面提出新时代首都城市发展的新思路、新理念、新任务，明确了城市发展的未来担当。如确立城市战略定位、京津冀协同发展策略，以资源环境承载力为刚性约束条件，确定人口总量上限、生态控制线、城市开发边界，优化"三生"空间，加强文化传承，针对市民关心的住房、交通、大气污染等

问题，从完善城市治理体系入手提出了有针对性的策略和规划政策，转变动力、创新模式、提升水平。明确六方面的未来担当，也是新版城市总体规划的核心内容与创新体现（见表1-10）。

表1-10　2017年北京城市总体规划核心内容与创新归纳一览表

未来担当	总体要求与原则	发展策略及规划政策
第一，坚持"四个中心"战略定位，强化首都功能，引领城市发展	北京的一切工作必须坚持全国政治中心、文化中心、国际交往中心、科技创新中心的城市战略定位，履行为中央党政军领导机关工作服务，为国家国际交往服务，为科技和教育发展服务，为改善人民群众生活服务的基本职责。落实城市战略定位，必须有所为有所不为，着力提升首都功能，有效疏解非首都功能，做到服务保障能力同城市战略定位相适应，人口资源环境同城市战略定位相协调，城市布局同城市战略定位相一致	总规提出"四个中心"建设内容与要求：（1）政治中心：要为中央党政军领导机关提供优质服务，全力维护首都政治安全，保障国家政务活动安全、高效、有序运行。严格规划高度管控，治理安全隐患，以更大范围的空间布局支撑国家政务活动。（2）文化中心建设：要充分利用北京文脉底蕴深厚和文化资源集聚的优势，发挥首都凝聚荟萃、辐射带动、创新引领、传播交流和服务保障功能，把北京建设成为社会主义物质文明与精神文明协调发展，传统文化与现代文明交相辉映，历史文脉与时尚创意相得益彰，具有高度包容性和亲和力，充满人文关怀、人文风采和文化魅力的中国特色社会主义先进文化之都。（3）国际交往中心建设：要着眼承担重大外交外事活动的重要舞台，服务国家开放大局，持续优化为国际交往服务的软硬件环境，不断拓展对外开放的广度和深度，积极培育国际合作竞争新优势，发挥向世界展示我国改革开放和现代化建设成就的首要窗口作用，努力打造国际交往活跃、国际化服务完善、国际影响力凸显的重大国际活动聚集之都。（4）科技创新中心建设：要充分发挥丰富的科技资源优势，不断提高自主创新能力，在基础研究和战略高技术领域抢占全球科技制高点，加快建设具有全球影响力的全国科技创新中心，努力打造世界高端企业总部聚集之都、世界高端人才聚集之都。坚持提升中关村国家自主创新示范区的创新引领辐射能力，规划建设好中关村科学城、怀柔科学城、未来科学城、创新型产业集群和"中国制造2025"创新引领示范区

未来担当	总体要求与原则	发展策略及规划政策
第二，立足首都可持续发展，深入推进京津冀协同发展	发挥好北京一核的辐射带动作用，携手津冀两省市推进交通、生态、产业等重点领域率先突破，着力构建协同创新共同体，推动公共服务共建共享，对接支持河北雄安新区规划建设，与河北共同筹办好2022年北京冬奥会和冬残奥会，强化交界地区规划建设管理，优化生产力布局和空间结构	总规提出深入推进京津冀协同发展的各项要求：（1）建设以首都为核心的世界级城市群。明确发展目标，促进北京及周边地区融合发展，推动京津冀中部核心功能区联动一体发展，构建以首都为核心的京津冀城市群体系；构筑协同一体的城市群空间体系，充分发挥北京一核的引领作用，强化京津双城在京津冀协同发展中主要引擎作用，实现北京城市副中心与河北雄安新区比翼齐飞，共同构建京津冀网络化多支点城镇空间格局；共建城市群可持续发展的支撑体系。总规提出加强生态体系、产业空间体系、基础设施体系、文化体系、公共服务体系五方面的协同建设。（2）全方位对接，积极支持河北雄安新区规划建设。主动加强规划对接、政策衔接，积极作为，全力支持河北雄安新区规划建设，推动非首都功能和人口向河北雄安新区疏解集聚，打造北京非首都功能疏解集中承载地，与北京城市副中心形成北京新的两翼，形成北京中心城区、北京城市副中心与河北雄安新区功能分工、错位发展的新格局。具体对策：建立与河北雄安新区便捷高效的交通联系，全方位对接，积极支持河北雄安新区规划建设，支持在京资源向河北雄安新区转移疏解，促进公共服务等方面的全方位合作等。（3）推进重点领域率先突破，包括推进区域交通一体化、强化区域生态环境联防联控联治、加强区域产业协作和转移、精准开展对口帮扶、坚持统一规划和发展跨界城市组团、保障统一政策和加强跨界协同对接、实现统一管控和有序跨界联动、高水平规划建设2022年北京冬奥会赛事场馆以及提供优良保障和服务、提升京张地区整体生态环境质量、延伸体育产业链条和推动群众性冰雪运动等

续表

未来担当	总体要求与原则	发展策略及规划政策
第三，坚持以资源环境承载能力为刚性约束条件，确定人口总量上限、生态控制线、城市开发边界，实现由扩张性规划转向优化空间结构的规划	以资源环境承载能力为硬约束，确定人口规模、用地规模和平原地区开发强度，切实减重、减负，实施人口规模、建设规模双控，倒逼发展方式转变、产业结构转型升级、城市功能优化调整，实现各项城市发展目标之间协调统一。加强自然资源可持续管理，严守生态底线，优化生态空间格局。科学划定城市开发边界，实现城镇集约高效发展	（1）确定人口总量上限。总规明确：按照以水定人的要求，根据可供水资源量和人均水资源量，确定全市常住人口规模到2020年控制在2300万人以内，2020年以后长期稳定在这一水平。规划同时对调整人口空间布局、优化人口结构、改善人口服务管理、完善人口调控政策机制以及转变发展方式、大幅提高劳动生产率提出明确要求。（2）确定生态控制线。总规确定：以生态保护红线、永久基本农田保护红线为基础，将具有重要生态价值的山地、森林、河流湖泊等现状生态用地和水源保护区、自然保护区、风景名胜区等法定保护空间划入生态控制线。全市生态控制区面积占市域面积的比例，2035年提高到75%，2050年提高到80%以上。总规还明确了划定永久基本农田保护红线、划定并严守生态保护红线、强化生态底线管理、加强生态保育和生态建设、加强浅山区生态修复和建设管控的具体要求与指标。（3）确定城市开发边界。总规提出：严格管控城乡建设用地规模，确定城镇建设空间刚性管控边界和约束性指标，永久性城市开发边界范围原则上不超过市域面积的20%，要严格管控城镇建设空间。总规明确：以资源环境承载能力为硬约束，划定城市开发边界，结合生态控制线，将16410平方公里的市域空间划分为集中建设区、限制建设区和生态控制区，实现两线三区的全域空间管制，遏制城市摊大饼式发展
第四，注重可持续发展，科学配置资源要素，优化"三生"空间	统筹把握生产、生活、生态空间的内在联系，增加生态、居住、生活服务用地，减少种植业、工业、办公用地，形成生活用地和办公用地的合理比例。	（1）坚持生产空间集约高效，构建高精尖经济结构。具体对策：压缩生产空间规模，大力疏解不符合城市战略定位的产业，提高产业用地的利用效率，到2035年城乡产业用地占城乡建设用地的比重下降到20%以内；高水平建设三城一区，优化科技创新布局，打造经济发展新高地；发挥中关村国家自主创新示范区主要载体作用，强化中关村战略性新兴产业策源地地位，提升制度创新和科技创新引领功能，建设国家科技金融创新中心；形成央地协同、校企结合、军民融合、全球合作的科技创新发展格局，优化创新环境，服务科技人才；

未来担当	总体要求与原则	发展策略及规划政策
第四，注重可持续发展，科学配置资源要素，优化"三生"空间	综合考虑城市环境容量和综合承载能力，加强城市生产系统和生活系统循环链接，实现更有创新活力的经济发展，提供更平等均衡的公共服务，形成更健康安全的生态环境，提高可持续发展能力	突出高端引领，优化提升现代服务业，建设好商务中心区、金融街、中关村核心区、奥林匹克中心区等发展较为成熟的功能区，城市副中心运河商务区和文化旅游区、新首钢高端产业综合服务区、丽泽金融商务区等有发展潜力的功能区，以及首都国际机场临空经济区和北京新机场临空经济区；腾笼换鸟，推动传统产业转型升级。（2）坚持生活空间宜居适度，提高民生保障和服务水平。具体对策：适度提高居住及其配套用地比重，城乡居住用地占城乡建设用地比重到2035年提高到39%—40%，促进职住平衡，改善人居环境；构建和完善覆盖城乡、优质均衡的教育、健康服务、养老服务、公共文化服务、全民健身公共服务、社会救助和助残服务等公共服务体系；提高生活性服务业品质，建设均衡完善的便民服务网络，提供优质绿色的便民服务、旅游服务等。（3）坚持生态空间山清水秀，大幅度提高生态规模与质量。具体对策：提高生态质量，划定生态控制线、永久基本农田保护红线、生态保护红线，强化生态底线管理，加强生态保育和生态建设，加强浅山区生态修复和建设管控；健全市域绿色空间体系，构建"一屏、三环、五河、九楔"的市域绿色空间结构，建设森林城市，全市森林覆盖率到2035年不低于45%，构建由公园和绿道相互交织的游憩绿地体系，优化绿地布局，建成区人均公园绿地面积到2035年提高到17平方米，建成区公园绿地500米服务半径覆盖率至2035年提高到95%
第五，加强历史文化名城保护，强化首都风范、古都风韵、时代风貌的城市特色	历史文化遗产是中华文明源远流长的伟大见证，是北京建设世界文化名城的根基，要精心保护好这张金名片，凸显北京历史文化的整体价值。	总规提出四方面对策：（1）构建全覆盖、更完善的历史文化名城保护体系。具体对策：以更开阔的视角不断挖掘历史文化内涵，扩大保护对象，构建四个层次、两大重点区域、三条文化带、九个方面的历史文化名城保护体系，让名城保护成果惠及更多民众；拓展和丰富历史文化名城保护内容，更加精心地保护好世界遗产，加强大运河、长城、西山永定河三条文化带整体保护利用，加强历史建筑、工业遗产及名镇名村、传统村落保护，保护和恢复老字号等文化资源。（2）加强老城整体保护，即

未来担当	总体要求与原则	发展策略及规划政策
第五，加强历史文化名城保护，强化首都风范、古都风韵、时代风貌的城市特色	传承城市历史文脉，深入挖掘保护内涵，构建全覆盖、更完善的保护体系。依托历史文化名城保护，构建绿水青山、两轴十片多点的城市景观格局，加强对城市空间立体性、平面协调性、风貌整体性、文脉延续性等方面的规划和管控，为市民提供丰富宜人、充满活力的城市公共空间。大力推进全国文化中心建设，提升文化软实力和国际影响力	传统中轴线、明清北京城"凸"字形城郭、明清皇城、历史河湖水系、老城原有棋盘式道路网骨架、街巷胡同格局及传统地名、胡同—四合院传统建筑形态、老城平缓开阔的空间形态、重要景观视廊和街道对景、老城传统建筑色彩和形态特征、古树名木及大树十方面重点的整体保护；加强文物保护与腾退，完善保护实施机制。（3）加强三山五园①地区保护。构建历史文脉与生态环境交融的整体空间结构，形成南北文化带，突出西部生态休闲游憩区、中部历史文化旅游区、东部教育科研文化区三个特色分区，塑造若干关键节点；保护与传承历史文化，加大文物和遗址保护力度，保护历史风貌和重要历史文化节点，活化非物质文化遗产；恢复山水田园的自然历史风貌，保护西山山脉生态环境，恢复大尺度绿色空间，开展综合整治和功能提升，实现三山五园地区环境景观和城市功能全面提升。（4）加强城市设计，塑造传统文化与现代文明交相辉映的城市特色风貌。具体对策：进行特色风貌分区，即中心城区形成古都风貌区、风貌控制区、风貌引导区三类风貌区，中心城区以外地区分别建设具有平原特色、山前特色、山区特色的三类风貌区；构建绿水青山、两轴十片多点的城市整体景观格局，即突出两轴统领城市空间格局、串联重点景观区域与景观节点的骨架作用，打造老城、三山五园地区、长城北京段、大运河北京段、京西古道等十片传承历史文脉、体现时代特征的重点景观区域，集中展示国家形象、民族气魄及地域文化多样性；加强建筑高度、城市天际线、城市第五立面与城市色彩管控；贯彻适用、经济、绿色、美观的建筑方针，打造首都建设的精品力作；优化城市公共空间，提升城市魅力与活力；高水平建设重大功能性文化设施；推进首都文明建设，激发文化创意产业创新创造活力，提升文化国际影响力

① "三山五园"是对位于北京西北郊，以清代皇家园林为代表的各历史时期文化遗产的统称。"三山"指香山、玉泉山、万寿山，"五园"指静宜园、静明园、颐和园、圆明园、畅春园。

未来担当	总体要求与原则	发展策略及规划政策
第六，突出问题导向，提高城市治理水平，让城市更宜居，推进国际一流的和谐宜居之都建设	以制约首都可持续发展的重大问题和群众关心的热点难点问题为导向，以解决人口过多、交通拥堵、房价高涨、大气污染等"大城市病"为突破口，以改革发展为手段，标本兼治，综合施策，全面提高城市治理水平，构建超大城市治理体系。	总规提出的对策：（1）划定城市开发边界，遏制城市摊大饼式发展。（2）标本兼治，缓解城市交通拥堵。具体对策：坚持以人为本、可持续发展，将综合交通承载能力作为城市发展的约束条件，坚持公共交通优先战略，着力提升城市公共交通服务水平；加强交通需求调控，优化交通出行结构，提高路网运行效率；完善城市交通路网，加强静态交通秩序管理，改善城市交通微循环系统，塑造完整街道，各种出行方式和谐有序，构建安全、便捷、高效、绿色、经济的综合交通体系；到2035年轨道交通里程不低于2500公里，集中建设区道路网密度力争达到8公里/平方公里；提升出行品质，实现绿色出行、智慧出行、平安出行，到2035年城市绿色出行比例不低于80%。（3）完善购租并举的住房体系，实现住有所居。具体对策：健全和优化住房供应体系，扩大居住用地与住房供应，合理布局居住用地，未来5年新供应住房中，产权类住房约占70%，租赁类住房约占30%，到2035年规划城乡居住用地约1100平方公里；建立房地产基础性制度，提高住房建设标准和质量，完善住房租赁体系，建立房地产市场监管常态化机制；有序推进城镇棚户区改造和老旧小区综合整治。（4）着力攻坚大气污染治理，全面改善环境质量。具体对策：综合施策，通过控制燃煤污染物排放、推进交通领域污染减排、削减工业污染排放总量、严格控制扬尘和农业面源污染等措施，全面推进大气污染防治，到2035年大气环境质量得到根本改善，到2050年达到国际先进水平；严格控制能源消费总量，优化能源结构，构建多元化优质能源体系；加强农业土壤污染防治工作，实施污染地块风险管理，到2035年农用地和建设用地土壤环境安全得到全面保障，土壤环境风险得到全面管控；加强固体废弃物收运，提升处理处置能力，以减量化、资源化、无害化为原则，高标准建设固体废弃物集中处理处置设施，推进危险废物和医疗废物安全处理处置，提高生活垃圾处理水平，完善生活垃圾管理体系；防治噪声和辐射污染，降低环境风险水平，降低环境噪声水平，加强辐射环境安全监管。

未来担当	总体要求与原则	发展策略及规划政策
第六，突出问题导向，提高城市治理水平，让城市更宜居，推进国际一流的和谐宜居之都建设	到2035年"大城市病"治理取得显著成效，到2050年全面形成具有首都特点、与国际一流的和谐宜居之都相适应的现代化超大城市治理体系	（5）借鉴国际先进经验，提升市政基础设施运行保障能力。具体对策：建设国际一流、城乡一体的基础设施体系，全面提升基础设施建设标准，保障城乡供水安全，2035年全市供水安全系数达到1.3；建设污水处理与再生水利用设施，完善雨水排除工程体系，打造安全高效、能力充足的绿色智能电网，完善多源多向、灵活调度的天然气输配系统，发展多种方式、多种能源相结合的安全清洁供热体系，建成宽带、泛在、融合、安全的信息基础设施；科学构建综合管廊体系；促进基础设施功能融合，构建生态共生的新型市政资源循环利用中心，完善城市公厕规划布局，创新集成多维服务的公共空间模式。此外，总规还对健全公共安全体系、提升城市安全保障能力，健全城市管理体制、创新城市治理方式提出具体要求

资料来源：根据《北京城市总体规划（2016年—2035年）》等内容整理。

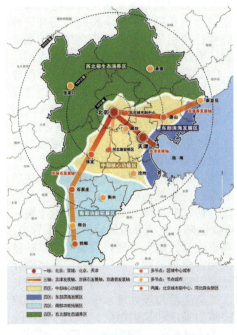

图1-3 京津冀区域空间格局示意图

总之，新版城市总体规划的内容，体现出更坚决的态度——落实城市战略定位、更长远的眼光——建设迈向中华民族伟大复兴的大国首都、更宽广的视野——放眼京津冀广阔空间谋划首都未来、更刚性的底线约束——划定三条红线、更科学的要素配置——统筹"三生"空间、更高的标准——确定城市发展各项指标、更真诚的态度——着力改善民生、更深化的改革——构建规划统筹实施机制等8个方面的特点，是规划内容创新的具体体现。

三、创新规划深化实施及建设管理机制，推进总规落地实施

2017年9月党中央、国务院批复《北京城市总体规划（2016年—2035年）》后，市委、市政府即召开实施动员和部署大会，对中央和国务院的要求进行周密部署，通过创新建设管理机制，推进城市总体规划落地实施，在初步构建首都规划体系的"四梁八柱"、创新体制机制和协同推进规划实施、建立和实践城市体检评估新机制等方面取得新创新。

（一）"三步走"构建首都规划体系的"四梁八柱"

继2017年编制完成城市总体规划和党中央、国务院作出关于对《北京城市总体规划（2016年—2035年）》的批复后，市委、市政府即与河北省委、省政府编制的《河北雄安新区发展和建设规划纲要》同步，组织开展了北京城市副中心控规等规划的编制工作，从更大尺度空间上系统谋划首都的功能体系和空间布局，确立规划的目标、策略、政策、指标等[①]。2018年12月27日，党中央、国务院对《北京城市副中心控制性详细规划（街区层面）（2016年—2035年）》（简称"副中心控规"）作出批复，对城市副中心发展建设和规划实施提出11项要求。其后，在强化非首都功能疏解和推进"两翼"集中承载地规划建设进程中，市委、市政府审视首都功能集中承载区

---

① 《北京城市副中心控制性详细规划（街区层面）（2016年—2035年）》的编制，从以下七个方面统筹确立副中心发展建设与管理的规划目标、规模、布局、策略、政策、指标：（1）落实城市战略定位，明确发展目标、规模和空间布局；（2）紧紧抓住疏解非首都功能这个"牛鼻子"，建设新时代和谐宜居典范城区；（3）突出水城共融、蓝绿交织、文化传承的城市特色，形成独具魅力的城市风貌；（4）坚持绿色低碳发展，建设未来没有"城市病"的城区；（5）推动通州区城乡融合发展，建设新型城镇化示范；（6）推动城市副中心与廊坊北三县地区统筹发展，建设京津冀区域协同发展示范区；（7）保障规划有序有效实施，实现城市高质量发展。

的发展，组织编制首都功能核心区规划，明确发展定位、目标及各项规划政策①，确立规划指标体系。2020年8月21日，党中央、国务院作出对《首都功能核心区控制性详细规划（街区层面）（2018年—2035年）》（简称"核心区控规"）的批复，对把握首都功能核心区战略定位、突出政治中心的服务保障、坚定有序疏解非首都功能、加强老城整体保护、突出改善民生工作、加强公共卫生体系建设、坚决维护规划的严肃性权威性和推进规划实施等提出11项要求。

新版城市总体规划、副中心控规、核心区控规3个重要规划一脉相承，在围绕首都发展要义、精心规划一张蓝图方面创新规划。其一，在规划编制上紧紧围绕首都城市战略定位谋划发展。牢固确立首都城市战略定位，加强"四个中心"功能建设，提高"四个服务"水平，是首都职责所在，也是首都发展的全部要义。3个重要规划均紧紧围绕首都城市战略定位开展编制，在规划定位、规划目标上切实贯彻习近平新时代中国特色社会主义思想，紧紧抓住"四个中心"和"四个服务"这条主线开展工作，提出的发展定位、发展目标和发展指标聚焦到服务保障能力与城市战略定位相适应，人口资源环境与城市战略定位相协调，城市布局与城市战略定位相一致（见表1–11）。其二，在规划编制、深化及实施中围绕首都发展要义推动首都发展转型，体现了北京的发展寓于"四个中心"功能建设和"四个服务"之中，核心是深刻把握好"都"与"城"、"舍"与"得"、疏解与提升、"一核"与"两翼"的关系（见表1–12）。

---

① 《首都功能核心区控制性详细规划（街区层面）（2018年—2035年）》的编制，从以下五个方面统筹确立核心区发展建设规划定位、目标、规模、布局及其规划策略、政策：（1）落实城市发展定位，明确发展目标、规模和空间布局；（2）提高为中央党政军领导机关工作服务水平，打造优良的政务环境；（3）加强老城整体保护，建设弘扬中华文明的典范地区；（4）推动精治共治法治，建设人居环境一流的首善之区；（5）保障规划有序有效实施，维护规划的严肃性和权威性。

表1-11　3个重要规划确定发展定位及规划目标、指标的创新归纳一览表

规划	规划确定的发展定位	规划目标、指标
新版城市总体规划	北京是中华人民共和国的首都，是全国政治中心、文化中心、国际交往中心、科技创新中心。北京的城市规划发展建设，要履行为中央党政军领导机关工作服务，为国家国际交往服务，为科技和教育发展服务，为改善人民群众生活服务的基本职责	提出三个阶段发展目标，围绕统筹推进"五位一体"总体布局和协调推进"四个全面"战略布局进行系统谋划，紧扣"两个一百年"目标和"两个阶段"工作要求，确定5个方面的发展目标。在发展指标上跳出传统物质空间规划的局限，遵从"创新、协调、绿色、开放、共享"发展理念，确立5方面、42项发展指标，充分体现习近平新时代中国特色社会主义思想的要求
副中心控规	"要努力建设国际一流的和谐宜居之都示范区、新型城镇化示范区和京津冀区域协同发展示范区"，提出处理好城市副中心和中心城区的关系，带动中心城区功能和人口向城市副中心疏解，同时更好地加强对中心城区首都功能的服务保障，实现"以副辅主、主副共兴"的发展要求	遵从"五大发展理念"，提出建设绿色城市、森林城市、海绵城市、智慧城市、人文城市、宜居城市的目标，围绕"六个城市"提出了76项发展指标
核心区控规	首都功能核心区是全国政治中心、文化中心和国际交往中心的核心承载区，是历史文化名城保护的重点地区，是展示国家首都形象的重要窗口地区。要深刻把握"都"与"城"、保护与利用、减量与提质的关系，把服务保障中央政务和治理"大城市病"结合起来，推动政务功能与城市功能有机融合，推动老城整体保护与有机更新相互促进	在发展目标上，充分体现城市战略定位，全力做好"四个服务"，明确了建设政务环境优良、文化魅力彰显、人居环境一流的首善之区的工作要求，提出了国家中枢、千年古都、文化名城、宜居城区和人居画卷的发展目标。围绕文化传承、绿色交通、可靠市政、公共服务、绿化环境、安全智慧和规模管控7个方面提出了39项指标

表1-12　3个重要规划围绕首都发展要义推动首都发展转型创新归纳一览表

关系把握	规划深化、实施创新要点
（一）落实首都发展要求，首要的是把握好"都"与"城"的关系	（1）在提供支撑服务首都功能的配套环境、保障首都功能上下大力气，做文章。如：把保障中央政务环境作为核心区的重要责任，着力优化核心区中央政务功能；系统开展国际交往中心专项规划等"四个中心"建设相关的规划编制；以"三城一区"为重点深入推进自主创新能力提升，构筑北京发展新高地，加快建设具有全球影响力的全国科技创新中心。（2）以"城"的更高水平发展服务保障"都"的功能。如：新版城市总体规划中确定的推进城市修补和生态修复等重点工作要求；副中心控规确定的"以行政办公、商务服务、文化旅游为主导功能，以承接市属行政功能为主打造首都新的一翼，使城市建设发展与现代化经济体系相辅相成、相互促进"等要求；核心区控规明确了金融街等现有功能区和王府井、西单等传统商业区，要在符合城市总体规划定位的前提下优化提质的要求
（二）落实减量发展要求，把握好"舍"与"得"、疏解与提升的关系	（1）新版城市总体规划明确到2035年全市常住人口规模控制在2300万人以内，城乡建设用地规模减少到2760平方公里左右，生态控制区比例提高到75%。（2）副中心控规明确提出人口调控和用地管控目标，到2035年城市副中心常住人口规模控制在130万人以内，就业人口规模控制在60万—80万人。（3）核心区控规的调控指标更加精细，到2035年核心区常住人口规模控制在170万人左右，到2050年控制在155万人左右，常住人口密度由现状2.2万人/平方公里下降到1.7万人/平方公里。3个重要规划均强调严格控制人口规模、用地规模、建筑规模，严守红线，做好战略留白，为未来预留发展空间。同时，充分体现减量发展的要求，注重非首都功能疏解，通过疏解整治促提升为城市存量发展谋空间、为城市转型提升加动力，倒逼城市整体走向高质量发展的道路
（三）落实协同发展要求，把握好"一核"与"两翼"的关系	（1）通过国际商务区、国际旅游区的建设与河北雄安新区共同构成北京新的两翼，实现错位发展比翼齐飞的新格局，在这一格局中，大兴国际机场起到举足轻重的支点作用。（2）充分发挥城市副中心的示范带动作用，实现与廊坊北三县地区统筹发展，加强与顺义、亦庄以及大兴、平谷等东部各区的联动发展。（3）通过非首都功能疏解，让首都功能核心区"静"下来，实现"一核"与"两翼"的联动

通过以上重大规划编制的"三步走"，构成以新版城市总体规

划、副中心控规、核心区控规3个重要规划为主体的首都规划的核心内容，初步搭建起了首都规划体系的"四梁八柱"。在3个重要规划编制实施的统领下，近年来市政府及规划主管部门还在总规深化实施过程中，组织编制和实施了13个分区规划和亦庄新城规划，"四个中心"专项规划，"三城一区"、新首钢地区、雁栖湖国际会都等20余项重点功能区规划及教育、医疗卫生、物流、体育等市级专项规划，老城整体保护规划、历史文化街区划定和历史建筑确定工作，长安街及其延长线品质提升详细规划及"三山五园"地区整体保护规划，街区控规和规划综合实施方案及集中建设区控制性详细规划，城市副中心相关建设规划，通州区与廊坊北三县协同发展规划，以及大量的交通和市政基础设施建设、绿化建设等专项规划，通过各类规划编制深化规划政策、细化规划指标、服务规划管理。3个重要规划及其大量相关空间规划的研究编制与实施，为推进首都发展和城市各项建设提供了规划依据，也为初步构建新时代首都空间规划体系奠定了基础。

（二）创新体制机制，协同推进规划实施

以改革的精神推进城市规划管理体制机制的创新，统筹政策、协同行动，抓好严格落实规划工作，推进城市总体规划的有效落地实施，是新时代北京规划建设创新的重要特征之一，主要创新及其成效体现在5个方面。

其一，完善首都规划建设委员会运作机制，健全首都规划向党中央负责的体制机制。2017年新版城市总体规划经党中央、国务院批复实施后，党中央对首都规划建设委员会（简称首规委）的人员组成进行了重要调整，由中共中央政治局委员、中共中央书记处书记、中共中央办公厅主任丁薛祥，中共中央政治局委员、北京市委书记蔡奇共同担任首规委主任，以落实首都规划事权属党中央，维护和加强党中央对首都规划建设的集中统一领导。同时，审议通过《首都规划建设委员会全体会和主任办公会议规则》《关于首都规划建设重大事项向党中央请示报告制度》等章程，进一步完善了首都规划建设委员会

的会议保障机制、重大事项请示报告办理机制、专家咨询机制、督查督办机制、规划管理协调机制、调查研究机制，注重发挥首都规划建设委员会的职能作用，经首规委全会审议首都发展重大事项，加强与在京中央国家机关和部队的沟通协作，使首都的各项建设按照中央批准的城市总体规划及相关重要规划有序进行。

其二，强化监督问责机制。市委进一步明确"市纪委、市监委要强化城市规划建设管理领域的监督执纪问责和监督调查处置"的要求，建立事中督查问责机制，将推进实施城市总体规划重点任务情况列为全市各区、各有关部门年度绩效考评任务，出台监督办法，将新版城市总体规划执行情况与各区、各部门及领导干部绩效考核挂钩，并与北京市审计监督工作相衔接，进一步强化监督问责，保障各项任务切实落实，维护规划的严肃性和权威性。通过"增强首规委职能"和"强化市纪委、市监察委执纪问责"两种方式，为有效落实城市总体规划及各项规划提供体制机制和工作方式方面的重要保障。

其三，建立健全市委、市政府统筹推进规划实施和建设管理的协同机制。注重市级层面的系统性协调，市委成立城市工作委员会，主要职责是研究确定规划建设管理和城市治理方面的方针政策、工作计划和重点任务，研究审议重要的规划设计建设方案，指导推动和督促政策措施的组织落实，更好地发挥总体安排、统筹协调、整体推进和督促落实的作用；通过系列改革，改变了总规实施作为单一规划部门权责的惯性思维和理念，加强条块统筹、专项协调。

其四，创新规划实施机制，加强工作组织保障。借鉴总规编制专班的工作经验，在城市总体规划实施工作中设立规划实施工作专班，构建"一个综合协调办公室+8个专项工作组"的总规实施专班组织体系，城市副中心、首都功能核心区亦成立规划实施专班，加强统筹，提高效率，集中统一负责指导和落实各项任务清单相关工作的开展。

其五，加强规划法治建设。2017年新版城市总体规划经党中央、国务院批复后，北京市正式启动《北京市城乡规划条例》的修订工作，2019年完成对《北京市城乡规划条例》的修订，经市第十五届人大常委会第十二次会议通过公布，自4月28日起施行，为推进城市总体规划依法实施和保障全市城乡发展建设提供了法规依据。《北京市城乡规划条例》的修订及与新版城市总体规划实施相互衔接，是贯彻落实党中央、国务院批复精神，按照新思想新理念新要求指导首都发展新实践、确保"一张蓝图干到底"的制度和法规保障，在全国属首例，是一大创新。《北京市城乡规划条例》施行后，印发任务清单，明确62项工作任务并持续督促推进，为总规实施提供法规保障和制度支持。至2020年，陆续制定出台《北京市生态控制线和城市开发边界管理办法》《北京市战略留白用地管理办法》《推动生态涵养区生态保护和绿色发展的实施意见》《加快科技创新构建高精尖经济结构用地政策的实施意见》《关于加强新时代街道工作的意见》等政策和规范性文件，推进政策法规创新，完善总规实施的政策保障机制与法治环境，使其成为一版落实力度最强、约束力度最为严格的北京城市总体规划。

（三）建立和实践城市体检评估新机制

开展城市体检，是新版城市总体规划的一大创新。北京的城市体检工作于2017年在党中央、国务院批复《北京城市总体规划（2016年—2035年）》后起步，2018年建立了"一年一体检、五年一评估"的常态化城市体检评估新机制，至2020年连续三年开展了城市体检评估工作，2021年开展了总规实施5年评估，开启了总规实施评估的新模式。城市体检主要围绕首都功能、减量提质、底线约束、空间布局、城市治理等重点工作进行评价，对总规的实施情况进行实时监测、定期评估、动态维护，客观了解城市的发展及存在的问题，对规划实施进行修正，为下一年度实施计划编制提供了重要依据。2019年，重新修订并颁布施行的《北京市城乡规划条例》，确立了城市体检评估机制的法定地位。北京市开展的城市体检评估，主要创新体现在以下两个方面：

其一，工作模式的制度创新。《北京城市总体规划（2016年—2035年）》第125条对于"建立城市体检评估机制"提出了实时监测、定期评估、动态维护的城市体检的工作模式①，是具有前瞻性的顶层设计和制度设计的创新。同时，针对以往总规实施中存在的问题，在新版城市总体规划确立的"多规合一——任务分解—体检评估—督查问责—综合治理"的规划统筹实施机制中，体检评估（包含年度体检和五年评估）作为其中的重要环节，优化了机制中不同环节的相互联系与相互反馈，其衔接的下一个环节是督查问责，由此加强了规划与督查、执法的衔接，为落实新版城市总体规划提出的"加强对规划实施的督导和考核，将考核结果作为各区、各部门及领导干部绩效考核的重要依据"要求以及实现"监测—预警—调控"的有效循环，提供了依据和基础，也为解决规划实施中责权不分等问题、增强总规的权威性和严肃性奠定了基础。这样，就从评估机制本身和整体制度安排上，确立了城市体检的政策属性及其地位作用，为后续工作方法与政策机制创新提供了条件。

其二，工作方法与机制的创新。以2018年度城市体检为例，2018年是新版城市总体规划全面实施的第一年，城市体检重在建章立制，从制度上明确了城市体检的基本工作框架和方法体系，制定了《北京城市体检评估工作方案（试行）》等四个规范性文件，探索创建了体检工作组织、数据信息获取、技术工作协作以及体检成果的形成、输出、应用等六方面的新机制。其主要创新点为：（1）引入第三方评估机制和持续推进第三方评估的路径探索，并在评估工作组织

---

① 城市总体规划提出的城市体检工作模式为：（1）实时监测。"对城市总体规划中确定的各项指标进行实时监测。定期发布监测报告，将监测结果作为规划实施评估和行动计划编制的基础"。（2）定期评估。"建立一年一体检、五年一评估的常态化机制，年度体检结果作为下一年度实施计划编制的重要依据，五年评估结果作为近期建设规划编制的重要依据"。（3）动态维护。"采取完善规划实施机制、优化调整近期建设规划和年度实施计划等方式，确保城市总体规划确定的各项内容得到落实，并对规划实施工作进行反馈和修正"。

上积极探索各区、各部门全面参与自评估的方法①，将自评估与第三方评估有机结合，促进多元共治，保障体检客观公正，体现了城市体检在评估理念上的进步。（2）在体检内容及成果构成上，2018年度城市体检创新确立了"五个一"的核心内容——"一张表、一张图、一清单、一调查、一平台"②，包括"指标体系全面量化观测、各空间圈层发展全面检视、实施任务清单全面梳理、居民满意度全面调查、多源数据全面校核"，形成"核心指标监测——重点专项体检——年度结论建议"的内容框架；2019年度城市体检则重点聚焦"首都功能、城市规模、底线约束、空间结构、城市韧性、运行体系"六大领域。对此，协同加强了系统衔接、过程调控，构建多维度多层次综合分析方法，侧重机理探究，为增强评估的科学性奠定了基础。（3）为推动体检工作有效实施和保障体检成果发挥应有作用，北京市在政府工作体系中，从机构保障、责任落实、成果审议、监督检查四个环节加强

---

① 2018年度城市体检的自评工作由北京市规划和自然资源委员会及北京市统计局共同牵头开展，各部门、各区政府根据要求开展自评，提交年度体检指标数据、体检报告及相关基础资料，由市规划院作为主要技术支撑单位，开展总报告的撰写。

② （1）"一张表"即指标体系：对城市总体规划中"建设国际一流的和谐宜居之都评价指标体系"（42项）、"北京城市总体规划实施指标体系"（60项）及其他文本中提出明确要求的指标（43项）组合形成的117项指标开展持续监测。（2）"一张图"即空间发展：在确定分圈层差异化的评价标准基础上，研判首都功能核心区、中心城区、城市副中心、平原"多点"地区、生态涵养区的年度发展情况，主要涵盖各圈层功能定位实现情况、"人—地—房—业"核心指标变化、落实总规的各项分区规划和详细规划编制情况、重大项目和大事件进展、重点功能区建设情况等。（3）"一清单"即重点任务：按照《北京城市总体规划实施工作方案（2017年—2020年）》确定的规划编制、重点功能区和重大项目、专项工作、政策机制四个方面102项重点实施工作任务，对照完成时限判断进展情况。（4）"一调查"即居民满意度调查：在2005年、2009年、2013年已开展过三次"宜居北京"问卷调查的基础上，设计"国际一流和谐宜居之都社会满意度年度调查"，获取市民对总规实施和城市工作的年度评价，并通过数据库长期建设，跟踪记录市民满意度变化脉络。（5）"一平台"即体检数据平台：在传统数据的基础上，广泛收集城市运行大数据，形成多源数据互为支撑、互为补充、互为校核的工作平台。

相关措施保障①，同时立足国土空间规划体系加强制度保障，建立了主体责任清晰的体检工作保障机制，促进城市体检成果的及时有效应用，提高了城市总体规划的权威性。

城市体检结果表明：2017年至2020年，北京市全面组织实施城市总体规划，深化规划编制实施、推进重点功能区和重大项目建设、推进"疏解整治促提升"多项专项行动计划、推进政策法规创新等各项工作取得新进展新成效，首都功能不断优化提升，人民群众获得感不断增强。从年度新版城市总体规划指标监测结果看，2018年95项指标按照城市总体规划确定目标取得较好进展，全社会劳动生产率、PM2.5、河湖水质达标率等15项指标提前实现了2020年的规划目标；2019年绿色发展、资源利用、生态环境、治安安全等方面的35项指标提前实现了2020年规划目标，减量提质发展取得切实成效。同时，通过城市体检也发现，北京在全面实施城市总体规划、实现高质量转型发展过程中，仍面临非首都功能疏解难度加大、城乡建设用地减量难度加大、系统治理"大城市病"任务艰巨等问题和挑战，建设国际一流的和谐宜居之都、实现高质量发展面临的任务仍很艰巨。年度城市体检工作在对接政府施政关键环节，有效支撑总规实施、政府决策方面发挥了重要作用。如：对于体检报告暴露的问题等，市政府明确要求相应主责部门作为专项工作推进；体检结果与下一年度的总规实施计划挂钩，体检结果作为计划编制的重要依据；针对城市体检反映

---

① 政府推进的四个环节保障措施为：（1）机构保障。成立城市体检评估专项工作组，由主管城乡规划建设的副市长负责，加强统筹协调。由市统计局牵头负责各部门数据上报工作，统一数据标准，提高数据采集效率。（2）责任落实。建立部门专项责任制、区级责任制、央地联动制，明确责任主体。要求各部门和各区一方面专人负责，配合体检工作，另一方面组织开展详细自查自评，支撑体检专项。（3）成果审议。年度体检报告由市委、市政府审定，报市人大常委会及主管部委备案，同时向首都规划建设委员会全会进行报告。五年期评估作为实施城市总体规划的阶段性评估，评估报告由市委、市政府、市人大常委会审定，报主管部委备案，并履行报首都规划建设委员会全会审议并上报党中央、国务院的程序。（4）监督检查。将体检评估结果纳入各部门、各区及领导干部绩效考核，并与北京市审计监督工作相衔接。

出的实施方案中一些涉及面广、难度大、需要大力改革创新的任务，建立市领导协调机制，加快推进实施。2018年11月，市委常委会会议专题审议城市体检报告，将解决好城市体检发现的问题作为下阶段工作重点，纳入市委十二届七次全会报告和2019年度市政府工作报告。2020年11月，市政府召开常务会议研究新版城市总体规划实施情况，对夯实主体责任、创新工作方法、确保总规各项任务落地见效及持续提升城市管理精细化水平等提出要求；同月召开的市十五届人大常委会第二十六次会议，听取了市政府关于新版城市总体规划实施情况的报告。体检结果也及时反馈给陆续开展的分区规划、控制性详细规划等各项规划编制工作，发挥了对规划编制工作的指导作用。城市体检的成果应用得到实践检验和各方认可，在促进规划实施和提高规划实施为民服务力度、促进经济社会及城市建设可持续发展方面，发挥了基础性、保障性作用。

自2017年以来，整体性、系统性、协同性的创新促进了北京规划建设各项工作不断取得新进展、新成效。至2020年北京新版城市总体规划实施第一阶段重点任务圆满完成，贯彻落实《中共中央 国务院关于建立国土空间规划体系并监督实施的若干意见》和《中共北京市委 北京市人民政府关于建立国土空间规划体系并监督实施的实施意见》，初步构建起"三级三类四体系"的国土空间规划体系的初步框架，为全面落实新版城市总体规划、推进北京经济社会发展和城乡建设提供了有力保障。

总之，"十三五"时期是北京发展史上具有标志性意义的5年，习近平总书记对首都工作高度重视、亲力亲为，亲自谋划、亲自部署、亲自推动了一系列重大改革和战略安排，推动首都城市发展和规划建设取得历史性成就。

在深化落实新版城市总体规划的进程中，北京市坚持以习近平新时代中国特色社会主义思想为指导，深入贯彻习近平总书记对北京重要讲话精神，紧紧围绕"建设一个什么样的首都，怎样建设首都"这一重大时代课题，编制完成多项重要规划并批复实施，深入落实首都城市战略定位，大力加强"四个中心"功能建设，提高"四个服务"水平，为圆满完成新中国成立70周年庆祝活动、世界园艺博览会等重大活动服务保障任务提供了有力支撑，首都功能持续优化提升；牵住疏解非首都功能这个"牛鼻子"，深入实施疏解整治促提升专项行动，成为全国第一个减量发展的城市；全力支持河北雄安新区建设，高水平规划建设北京城市副中心，首批市级机关顺利迁入，大兴国际机场建成通航，推动京津冀协同发展取得明显成效；坚持创新驱动发展战略，构建高精尖经济结构，2019年全市经济总量达到3.5万亿元，人均GDP2.4万美元，位居全国大城市前列；围绕"七有""五性"保障和改善民生，大力加强各类公共服务设施建设，加强交通、市政基础设施建设，人民生活水平不断提高；污染防治攻坚战取得新成效，实施新一轮百万亩造林绿化工程，城乡环境明显改善；搞好老城整体保护与有机更新，深入推进历史文化名城保护，文化事业和文化产业繁荣发展；北京冬奥会冬残奥会筹办工作顺利开展，首都规划体系得到历史性深化和完善，城市精细化管理水平进一步提升，为首都治理体系和治理能力现代化迈出新步伐提供保障。至2020年底，"十三五"规划主要目标任务完成，北京率先实现全面建成小康社会的战略目标，城市综合实力和国际影响力明显增强，为率先基本实现社会主义现代化奠定了坚实基础，北京城市的发展正在发生深刻转型。

四、经验总结与理论创新的探索

结合新版城市总体规划、副中心控规、核心区控规3个重要规划的编制与实施，在回答"建设一个什么样的首都，怎样建设首都"这一重大时代课题，谋划"两个一百年"建设征程上首都发展战略与推进的同时，也对城市规划建设的创新实践进行了经验总结与归纳，在空间上从更大尺度、更多层级探索了首都规划的重点和空间逻辑，在治理上从更广视野探索了首都规划的治理逻辑，在时序上从更深层面归纳了提升规划治理能力的五个环节和探索了首都规划的实施逻辑，初步构建起新时代首都规划的空间逻辑、治理逻辑、实施逻辑的基本框架，是规划理论层面的初步创新探索，为完善首都治理体系、提升治理能力提供了有力支撑。

——9个空间圈层构建新时代首都规划空间逻辑。9个空间尺度由小到大依次为：核心区、中心城区、城市副中心、多点地区、生态涵养区、都市区、首都圈、京津冀城市群、国家（见表1-13）。

表1-13　首都规划空间逻辑一览表

尺度	范围及特点	规划核心策略与重点任务
核心区（一核）	北京的老城区，全国政治中心、文化中心、国际交往中心的核心承载区，典型建成区，具有意义大、站位高、历史厚、实施重的特点	新时代核心区控规的任务要聚焦在加强政务保障、老城保护和民生改善的有机统一，处理好"三个关系"，即在理念上正确认识"都"与"城"的关系，在方法上妥善处理保护与利用的关系，在政策上积极探索减量与提质的关系
中心城区（一主）	东城、西城、朝阳、海淀、丰台、石景山城六区范围，"四个中心"的集中承载地区	要在提升首都核心功能、控制人口密度和建设总量、疏解整治促提升、城市修补、生态修复上下功夫，特别要在城市开发建设方式上加大存量发展和更新改造力度，推动由单一"项目—成本"导向转向多元"统筹—价值"导向，重点编制规划实施单元的规划①
城市副中心（一副）	北京城市副中心通州，位于30公里圈层	围绕"三个示范区"的定位，强化与中心城区、东部地区和廊坊北三县地区3个范围的联动，构建蓝绿交织、清新明亮、水城共融、多组团集约紧凑发展的生态城市布局

---

① 规划实施单元的规划编制，重点是统筹单元内建设空间与非建设空间、增量使用和存量更新、资源使用和实施任务、功能结构和质量品质、成本控制和分摊、实施方式和时序等，将规划要求与实施需求有机结合，作为实施城市更新、土地资源整理和生态环境修复的工作基础和重要依据。

尺度	范围及特点	规划核心策略与重点任务
多点地区（多点）	顺义、大兴、亦庄、昌平、房山的新城及地区，首都面向区域协同发展的重要战略门户，承接中心城区人口及适宜功能的重点地区	要坚持集约高效发展，建设高新技术和战略性新兴产业集聚区、城乡综合治理和新型城镇化发展示范区。重点是优化调整存量，高端培育增量，强化承接能力；严控城市开发边界，增加绿色空间，改善环境品质；大力提升城镇化水平，营造宜居宜业环境
生态涵养区（一区）	门头沟、平谷、怀柔、密云、延庆区及昌平和房山区的山区，首都重要的生态屏障和水源保护地，城乡一体化发展的主要着力区	要将保障首都的生态安全作为核心任务，坚持绿色发展，建设宜居宜游的生态发展示范区、展现北京历史文化和美丽自然山水的典范区。要坚守生态屏障，尽显绿水青山，培育内生活力，彰显生态价值。更要探索落实生态补偿，缩小城乡差距
都市区	以北京为中心半径50公里左右，形成北京大都市区	以市郊铁路和区域快线为主要载体，加强跨界发展协作和共同管控，促进北京与周边地区融合发展，重点是通州与廊坊北三县地区以及大兴国际机场周边地区，实现跨界的统一规划、统一政策、统一标准、统一管控
首都圈	以北京为中心半径150公里左右范围内，城际铁路30分钟可达	推动京津冀中部核心功能区联动一体发展，建设现代化新型首都圈。范围包括河北雄安新区和曹妃甸区、北京大兴国际机场临空经济区、张承生态功能区、滨海新区四个重点非首都功能承接平台，实现功能有序布局
京津冀城市群	京津冀区域范围，包括北京、天津两个直辖市，石家庄、保定、廊坊、张家口、承德、唐山、秦皇岛、沧州、衡水、邢台、邯郸等11个地级市	按照顶层设计要求，以建设世界级城市群为目标，建立大中小城市协调发展、各类城市分工有序的网络化城镇体系。实现战略的重点是构建分圈层交通发展模式①。未来交通体系发展目标是建设"轨道上的京津冀"和"一小时高铁交通圈"，实现对"一核、双城、三轴、四区、多节点"结构的支撑

---

① 分圈层交通发展模式：第一圈层是以地铁（含普线、快线等）和城市快速路为主导的30公里圈层，第二圈层（半径为50～70公里）以区域快线（含市郊铁路）和高速公路为主导，第三圈层（半径为100～300公里）以城际铁路、铁路客运专线和高速公路构成综合运输走廊。

尺度	范围及特点	规划核心策略与重点任务
国家	建设和管理好首都,是国家治理体系和治理能力现代化的重要内容,新版城市总体规划、副中心控规、核心区控规从国家赋予的使命出发,寻求在国家发展中的作用和国家治理体系中的坐标	在整个国家空间体系之中,首都北京所在的京津冀城市群与长三角城市群、粤港澳大湾区、成渝地区双城经济圈共同构造了中国东西南北四个方向上最发达的区域经济体板块;加上长江、黄河作为中华民族的脊梁,一带一路的架构蔚然成型,而首都北京在国家空间发展战略中始终发挥着最重要的龙头中枢作用

——8个维度体现新时代首都规划治理逻辑。首都规划治理具体体现在8个维度的治理逻辑中,即国家治理、综合治理、源头治理、结构治理、改革治理、协同治理、依法治理、系统治理。这8项治理是新版城市总体规划、副中心控规、核心区控规所反映出的城市治理型规划特点,从8个方面构建规划编制与实施的体系和方法,并将这些做法和理念贯穿到规划实施中(见表1-14)。

表1-14 首都规划治理逻辑一览表

维度	构建规划编制与实施体系、方法(核心策略)
(一)围绕战略定位服务保障首都功能,支持国家治理	新版城市总体规划、副中心控规、核心区控规3个重要规划的编制和实施,立足于"中国梦"和"两个一百年"的国家发展征程,充分考虑了"两个大局"和国内国际"双循环"给首都发展带来的深刻影响。因此,规划坚持以习近平总书记重要讲话为根本遵循,在凸显首都发展要义的同时,注重与国家治理体系建设的要求有效衔接,为党中央总揽全局、协调各方提供空间依托和重要保障
(二)强化规划在城市发展中的统领作用,体现综合治理	(1)新版城市总体规划全面建立起"多规合一"的规划管理体系,以城市总体规划为统领,统筹各项规划的核心要素,立足空间做到底图叠合、指标统合、政策整合,形成了统一衔接、功能互补、相互协调的空间管控"一本规划、一张蓝图"。(2)核心区控规编制过程充分考虑建成区保护更新的特征,以宗地、单体建筑为规划的最小研究单元,深入分析建成特征和运行状态,为决策提供支撑

维度	构建规划编制与实施体系、方法（核心策略）
（三）突出底线约束，强化源头治理	新版城市总体规划和副中心控规均强调严守以资源环境为硬约束的三条红线，即人口总量上限、生态控制线、城市开发边界。统筹好要素配置，坚持生产空间集约高效、生活空间宜居适度、生态空间山清水秀，集中体现了源头治理的发展思维。在规划实施过程中强化规划引领和刚性管控作用，突出严格审批、严格监管、严格执法，对于违法违规问题努力做到追根溯源、严管实督
（四）科学配置资源要素，优化结构治理	优化空间结构，处理好市域内"一核一主一副，两轴多点一区"①及"一核"与"两翼"在资源配置上的错位发展，避免功能在同一空间圈层过度聚集。新版城市总体规划提出坚持生产空间集约高效，构建高精尖经济结构，产业类建设用地占比从27%压缩至20%；坚持生活空间宜居适度，提高民生保障和服务水平，居住及配套建设用地占比从36%提升至40%；坚持生态空间山清水秀，大幅度提高生态空间规模与质量，生态控制区占比从70%逐步提升至80%。同时，要科学配置好职与住、水与城市、地上地下等不同要素的关系
（五）主动减量提质，突出改革治理	疏解减量谋发展是编制和实施城市总体规划的"牛鼻子"，更是联动城市副中心、提高首都功能核心区发展质量的关键。新版城市总体规划提出城乡建设用地减量要求；核心区控规进一步确定"以时间换空间"实现规模减量的路径，结合房屋建筑产权和生命周期，将繁重的减量任务放在大的历史周期中逐步实现，结合重点项目实施、老城传统格局保护等要求，通过多路径、分时序，稳步推动减量更新。通过建设用地减量、人口和建筑规模双控、疏解整治促提升的手段，倒逼发展方式转变、产业结构转型升级、城市功能优化调整

---

① "一核"指首都功能核心区，是全国政治中心、文化中心和国际交往中心的核心承载区。"一主"指的是中心城区（城六区），是"四个中心"的集中承载地区。"一副"指的是北京城市副中心，紧紧围绕对接中心城区功能和人口疏解，发挥对疏解非首都功能的示范带动作用。"两轴"中的"中轴线及其延长线"是体现大国首都文化自信的代表地区，"长安街及其延长线"是国家行政、军事管理、文化、国际交往功能的承载区。"多点"指顺义、大兴、亦庄、昌平、房山的新城及地区，是首都面向区域协同发展的重要战略门户，也是承接中心城区人口及适宜功能的重点地区。"一区"指生态涵养区，是首都重要的生态屏障和水源保护地，也是城乡一体化发展的主要着力区。

维度	构建规划编制与实施体系、方法（核心策略）
（六）以人民为中心保障和改善民生，走健康城市之路，创新协同治理	践行"人民至上"理念，核心是强化政府职能转变，从管理者姿态转向提升"用户"意识，即规划更多地向基层需求、基层服务、基层治理靠拢，自下而上地满足居民的内生需求。实际上无论是新版城市总体规划等3个重要规划，①还是城市体检、接诉即办、营商环境改革、责任规划师制度建设，都体现了首都治理逻辑的深度转型。从这个意义上讲，协同治理的范围还涵盖了城乡协同、区域协同、南北均衡、建筑空间与外部环境的统筹协同等
（七）切实保障规划实施，坚持依法治理	推动治理方式向法制保障转变，运用法治思维和法治方式化解社会矛盾，推进科学立法、严格执法、公正司法、全民守法。加强首都公共文明建设，提升市民的首都意识、守法意识、家园意识、公共秩序意识，使首都成为依法治理的首善之区。新版城市总体规划编制完成后，通过修订《北京市城乡规划条例》，为减量提质和城乡规划建设领域的相关改革措施提供有效的法规保障。3个重要规划编制都充分体现了依法治理②
（八）提高多元共治水平，实现系统治理	3个重要规划均坚持"政府组织、专家领衔、部门合作、公众参与"的开门编规划方针，开门问策、集思广益，把加强规划的顶层设计和坚持问计于民统一起来，把社会期盼、群众智慧、专家意见、基层经验充分吸收到规划中来，确保规划编制的科学性和有效性③。规划最显著的特征是坚持党的领导和以习近平新时代中国特色社会主义思想为指导，将首都发展和多元共治的目标统筹起来，实现了系统治理

---

① 如新版城市总体规划强调以解决"大城市病"为突破口，在各类城市病的"协同治病"过程中提升城市治理能力；副中心控规进一步强调建设未来没有"城市病"的城区，保障和改善民生；核心区控规则应对新冠疫情这一突发公共卫生事件，强化健康城市建设的重点。

② 新版城市总体规划的102项实施任务清单中属于政策机制类的有35项，副中心控规100项实施任务清单中属于政策机制类的有20项，核心区控规三年行动计划中政策机制类的有13项。以副中心规划编制为例，首先制定了《北京城市副中心规划》，提出了城市副中心发展的战略构想，初步确立了发展的主要目标。在此基础上，市委市政府坚持世界眼光、国际标准，组织了副中心城市设计方案征集及综合工作，将12家联合体的设计成果亮点融汇成为18个设计共识，直接指导城市副中心的建设。第三个阶段通过副中心控规的编制，用法定规划将战略构想、设计思路、专项规划、节点设计、发展目标、建设指标等确定下来，实现了依法治理。

③ 例如核心区控规在公示阶段，除了在市规划展览馆集中展出以外，还在32个街道设置了32个微展厅，让老城区的居民在家门口就能看到身边的变化，从而参与到规划中来。公众意见经逐条研判后纳入规划文本，实现了重点聚焦、精准施策。

——5个环节构成首都规划实施逻辑，提升新时代首都规划治理能力。首都规划实施逻辑的5个环节为：组织领导、任务清单、规划体系、改革创新、城市体检，解决干什么、谁来干、干哪里、怎么干、看成效的问题（见表1-15）。

表1-15　首都规划实施逻辑一览表

环节	方面	规划实施举措
（一）加强组织领导抓部署	规划实施需要通过周密部署、协调组织和组织领导，保障总规确定的工作落到实处	（1）周密部署。市委对党中央和国务院的批复要求进行周密部署，将城市总体规划作为全市三件大事之首，以钉钉子精神抓好规划组织实施。（2）注重协调。注重发挥首都规划建设委员会的职能作用，审议首都发展重大事项，完善工作机制，加强与在京中央单位的协调和沟通协作。注重市级层面的系统性协调，市委成立城市工作委员会，通过系列改革，加强条块统筹、专项协调。（3）领导挂帅。按照市委市政府统一部署，全市各区、各部门主管领导亲自抓规划、落规划，确保城市总体规划落到实处
	精心组织宣贯工作，营造上下齐心落实总规的浓厚氛围	（1）把新版城市总体规划作为必修课，纳入北京市各级党校、行政学院培训内容，把思想和行动统一到习近平总书记对北京工作的重要指示上来，统一到贯彻落实党中央、国务院对规划批复精神上来。（2）积极开展新闻宣传和舆论引导工作，实现形式多样、全面覆盖的宣传态势。通过规划走进社区、农村、校园和荧屏，构建系统认知，树立共同观念，培育家园意识，使规划成为每个市民心中未来城市发展的蓝图和共同遵守的共建共享行动指南，在全市范围内营造起共同落实总规的浓厚氛围
（二）细化任务清单抓落实	规划实施注重加强事前统筹部署	为切实推进规划实施，新版城市总体规划确定了102条分解任务，副中心控规确定了100条分解任务，核心区控规三年行动计划确定了80条工作任务，均明确主责部门、提出工作时限，按要求有条理、有步骤地通过规划、项目、行动和政策落实总规的具体目标
	设立规划实施工作专班，加强工作组织保障	在推动城市总体规划实施工作中，借鉴总规编制专班的工作经验，构建总规实施专班组织体系。城市副中心、首都功能核心区成立规划实施专班，加强统筹，集中统一负责指导和落实任务清单相关工作的开展

环节	方面	规划实施举措
（二）细化任务清单抓落实	建立督查问责机制，保障任务落实	将推进实施城市总体规划重点任务情况列为全市各区、各有关部门年度绩效考评任务，出台监督办法，强化监督问责，维护规划的严肃性和权威性
（三）完善规划体系抓布局	完善空间规划体系	在总规深化和各项规划编制中，建立起"纵向空间层级+横向专项支撑"的规划体系，通过两个方向上的交叉，保障城市总体规划目标和任务得到刚性传导和逐层落实①
	优化规划管理体系	（1）在空间维度上，实现全域全要素管控，加强对建设空间和非建设空间的统筹，有步骤地推动建设按照总规制定的目标分层落实。（2）在时间维度上，注重指标配给和项目审批流程的联动，形成市级层面统筹协调—区级层面快速办理的分级管理体系②

---

① 具体做法为：（1）在纵向空间层级体系上，逐步建立由"市、区、乡镇"三级，"总体规划、分区规划、详细规划"三类的规划体系。（2）横向专项支撑体系建设上，扩展专项规划的深度及广度。为落实新版城市总体规划要求，北京正在推进36项市级专项规划编制工作，并将专项规划扩展到规划编制实施管理的各阶段，编制内容从行业性专项扩展到重点领域、重点区域、重要类别以及各种实施政策、行动计划等，不断深化和修补完善各层级规划，强化专项规划对分区规划、控制性详细规划编制的支撑，实现"一张蓝图、一个数据库"。

② 具体做法为：（1）在空间维度上，结合市规划自然资源委职能调整，推动原城市总体规划和土地利用总体规划编制处室的职能整合，加强对建设空间和非建设空间的统筹。优化各层级业务衔接，有步骤地推动建设，按照总规制定的目标分层落实。（2）在时间维度上，首先，强化指标整合，统筹规划目标。市、区联合，按照近期建设规划和年度实施计划，有序开展供地指标和城乡建设用地指标的规划配置，加强对发展建设的调控引导。其次，区级层面按照规划实施单元进行综合统筹，实现指标整合，统筹规划目标。在此基础上，市、区两级联动，按照建设需求研究制定综合实施方案，按项目成熟度纳入项目库中。最后，整合规划审批和用地审批流程，提高审批效率，服务项目方案审批和项目开工建设。

环节	方面	规划实施举措
（四）深化改革创新抓突破	改革规划事权	（1）构建完善首都规划向党中央负责的体制机制，维护和加强党中央对首都规划建设的集中统一领导，进一步做实做强首规委办，健全首规委议事、协调、督导常态化机制。（2）以"多规合一"为重点，建立部门协同联动平台，实现在一个平台、一张蓝图上统筹规划实施。同时，改变以往市级"大包大揽"的工作方式，以简政放权为抓手，构建分级管理体系①
	完善审批机制，提高行政审批效率	新版城市总体规划实施中，注重紧紧围绕构建国务院提出的"一张蓝图、一个系统、一个窗口、一张表单、一套机制"的"五个一"要求，以实现"一网通办"为目标，打造全流程审批系统，提升政务服务水平，优化营商环境。规划管理工作在试点实施方案的基础上已出台多规合一、多图联审、竣工联合验收等52项相关配套政策，形成一套相对完整的工程建设项目审批制度改革机制
	推动改革和发展深度融合，破解关键问题	针对减量规划实施路径，必须认识到，规划实施对增地增规模还存在路径依赖，土地开发成本持续上升。②这些现实问题都需要以改革发展的思路来破解，逐步建立起存量更新、提质增效的市场机制

① 以城市副中心规划实施为例，为加强市委、市政府对城市副中心规划建设的统筹决策作用，市委决定设立城市副中心党工委和管委会，赋予部分市级管理权限，加强市级相关部门的统筹协调力度。通过赋能实现了"副中心的事由副中心办"，通过集中管理把"多龙治水"改为"一龙治水"，通过扁平化的管理改变了冗长的审批流程，实现了各层级共同研究决策，通过统筹加强了部门协作和专业融合。

② 研究表明：土地开发成本的持续上升，与征收补偿标准、资金使用成本密切相关。在征收补偿标准方面，标准不统一，提高了被征收方的预期收益，存在过度补偿。在资金使用成本方面，自有资金比重相对低，依赖融资、政府债券，随着开发周期延长，资金的财务费用占总成本比重不断攀高，可达到20%～30%，甚至更高。同时，需要看到2017年全市城乡建设用地地均产出约950万元/公顷，低于上海、深圳，不到东京、巴黎等国际大都市的一半。中心城区现状人均建筑规模约62平方米，是东京都、大伦敦等国际大都市的1.5倍以上，但单位建筑面积的经济密度（约0.23万元/平方米）不到国际大都市的20%。

环节	方面	规划实施举措
（五）开展城市体检抓监测	建立城市体检制度	通过一年一体检、五年一评估，对新版城市总体规划的实施情况进行实时监测、定期评估、动态调整，参照体检评估结果对总体规划实施工作进行及时反馈和修正。下一步，将结合核心区控规和副中心控规的实施开展体检工作，实现"1+2"的体检评估全覆盖
	多种方式开展评估	（1）在工作组织上，强调主观判断和客观感受相结合，开展部门自评+第三方评估的方式对城市发展动态进行诊断。（2）在工作方式上，既运用统计数据对规划指标进行检查，也采用大数据对城市发展动态情况进行监测
	预警反馈支撑决策	对城市发展的突出问题、核心变量和发展中出现的不协调不充分问题进行预警，并通过重点分析和专报制度上报城市发展决策部门，支撑城市总体规划实施
	及时维护	通过规划、项目、行动、政策的动态调整，实现对城市总体规划的及时维护

综上，首都规划的空间逻辑和治理逻辑，共同构成首都规划的治理体系；首都规划的实施逻辑，体现出首都规划的治理能力（见图1-4）。

以上创新探索与归纳，是从规划实践上升到规划理论的初步探索。虽然有些认识仍处于经验层次，需要通过进一步实践、认识得到提升，但这些有益的总结归纳和理论创新的探索为构建新时代中国特色的国土空间规划理论，提供了北京的创新实践与创新探索，也为不断深入推进新时代首都北京的城市发展和规划建设提供了可借鉴的经验和指导，对于丰富与弘扬创新文化具有重要作用①。

---

① 规划理论的创新探索，是创新文化的重要组成部分，是传承、弘扬创新文化的学习园地、载体平台，对于规划建设实践具有直接的指导、引领作用，值得认真研究、总结、提炼，并通过进一步实践不断丰富，持续发展，渐进提升。

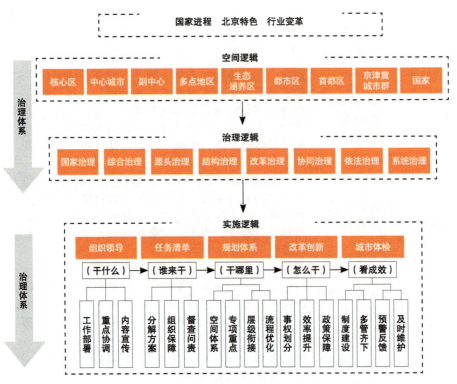

图 1-4　首都规划治理体系空间逻辑、治理逻辑、实施逻辑示意图

第二章

形与神：适应战略要求，
不断优化城市空间布局

第一节　从单核集聚到区域协同发展

一、城市布局结构的调控与优化

（一）从城市组团到城镇体系：北京城市布局结构调整的历史沿革

新中国成立后，从20世纪50年代初期到70年代末期，随着北京行政区划调整和市界范围的扩大，以及工业发展和居住区、城镇的建设，北京的城市布局结构发生了较大变化，初步形成了以市区中心地区为主体、远郊卫星城初步发展的城市布局结构。

20世纪80年代以来，北京的城市布局结构开始逐步调整，经历了从城市居住功能扩张和卫星城建设、到市区产业"退二进三"和开发区建设、再到城乡建设用地圈层式快速扩展等发展阶段。

1986年至1991年，城市居住功能扩张和卫星城建设。这一时期，按照1983年《北京建设城市总体规划方案》提出的"旧城逐步改建，近郊调整配套，远郊积极发展"的方针，意图扭转建设过分集中在市区的状况。随着人口快速增长，针对严重短缺的居住功能，城市总体规划提出，要改善人民群众生活，抓好住宅建设，缓解住房和生活服务设施严重不足的状况。在这一方针指引下，城市空间结构变化以居住功能扩展和卫星城建设为主要特点，表现出用地扩展的轴向性。在中心城地区，兴建了一批居住组团，东部朝阳区的团结湖和劲松地区、南部丰台区的方庄地区、北部海淀区的双榆树地区等一大批居住区相继建成；同时，结合北郊亚运村工程，兴建了一批大型居住社区。在远郊地区，按照城市总体规划要求，加强了4个重点卫星城建设，即北部昌平、东部通县（今通州区）、西南部燕山（位于房山区）、南部黄村（位于大兴区）。这些建设使城乡建设用地呈现出北、东、南等方向上轴向扩展。

1991年至2001年，市区产业"退二进三"和开发区建设为特征的放射状布局。1993年《北京城市总体规划（1991年至2010年）》明确了北京经济建设的"首都特点"，提出了高新技术产业和第三产业为未来的主导发展方向。在这一思想的引导下，中心城区加快了工业企业外迁的步伐。与之相呼应的是，在城市空间布局上，城市总体规划提出"城市建设重点从市区向远郊区战略转移"，明确了中心城区的建设不再增加用地，把不适合在中心地区发展的工厂、仓库、施工基地等设施有计划地迁移出去。这标志着北京的工业、制造业功能在空间上向郊区"跳跃式"布局的开始。1995年，北京市出台《北京市实施污染扰民企业的搬迁办法》，把搬迁企业范围从三环以内扩大到四环以内。东部的通州、东南部的亦庄、西南部的房山良乡、西部的石景山和门头沟、西北部的延庆、北部的怀柔和密云、东北部的顺义和平谷等各个方向均形成新的以工业为主的开发区组团。这一时期的建设用地扩展呈现出围绕中心城放射状布局的状态，与之相对应的是市区产业的"退二进三"和市域产业功能的升级。1992年，金融街正式开工建设。在此背景下中央提出，北京要"创建有自己特色的科技园区，为全国高新技术产业的发展发挥示范作用"，中关村科技园区"一区五园"格局确定。2000年，北京市正式启动CBD建设，推动了中心城东部地区的发展。同时，沙河高教园区、良乡高教园区的破土建设，强化了南北两极空间的扩展。

2001年至2006年，多重因素叠加造成城乡建设用地呈圈层式快速扩展。（1）奥运建设。2001年，北京成功申办奥运会。为迎接奥运，北京市开展了大规模的建设，完成31个比赛场馆和45个独立训练场馆的新建和改扩建工程，直接带动了奥林匹克中心区、顺义新城等奥运场馆较为集中地区的发展，使中心城呈现出以北部地区发展为主的特征。而奥运建设也成为北京城市规划建设中的里程碑。借助奥运契机，首都机场T3航站楼、北京南站、国家大剧院、中央电视台新办公楼、首都博物馆等奥运配套公建相继落成，北京地铁4号线、5号线、8号线、10号线、13号线、八通线、机场线，四环路、五环路、六环路、八达岭高速（今京藏高速）、京张高速（北京段）等一批配套基础设施建设不断竣工，这些设施的建成又进一步引领了城市空间的蔓延。（2）新城建设加快。在《北京城市总体规划（2004年—2020年）》提出的"两轴—两带—多中心"空间格局下，新城建设作为下一步空间战略调整的重点被提升到新的高度。城市总体规划指出，新城要"建设成为相对独立、功能完善、环境优美、交通便捷、公共服务设施发达的健康新城"，并确定了通州、亦庄、顺义为3个重点新城。在这种空间战略下，北京市土地投放开始向新城转移。2003年至2010年，北京市11座新城用地审批量占全市的43.5%，体现在圈层结构上，五环路以外地区的建设用地快速扩展。（3）土地和住房政策改革加速了中心城区建设用地圈层式扩展。1998年4月，中国人民银行发布了《关于加大住房信贷投入支持住房建设与消费的通知》，在全国推行购房按揭政策，鼓励住房消费，大大推动了商品房建设的投资。1998年7月，国务院颁布了《关于进一步深化城镇住房制度改革加快住房建设的通知》，开启了以"停止住房实物分配，逐步实行住房分配货币化"为核心的住房制度改革。特别是2004年国土部颁布71号令以及"8·31"大限以后，北京市居住用地得到大量投放。受这一系列政策影响，我国商品住房时代正式到来，加速了北京中心城区建设用地的圈层式扩展。（4）集体建设用地快速扩张。2000年以来，北京城乡接合部地区的集体建设用地也随着城市扩展而加快蔓延。在空间上，集体建设用地扩展集中在中心地区和边缘集团之间，以及中心城和新城之间，呈现出"填充式"发展态势，并使北京中心城和近郊新城有连成一体的趋势，这一趋势也加剧了城市空间形态以"摊大饼"形式向外蔓延。

　　"十一五"时期，北京市加快了中关村科技园、CBD、金融街、奥林匹克中心区、亦庄开发区、顺义临空经济区等"六大高端产业集聚区"以及通州高端商务服务区、新首钢高端产业综合服务区、丽泽金融商务区、怀柔文化科技高端产业新区等"四个高端产业新区"的整合与建设，与之相配套的各类功能区也逐步规划建设。但是功能区建设以现有园区整合和用地类型调整为主，新增建设用地规模相对有限。故这一阶段北京的城乡建设用地呈现出缓慢翼状扩展状态。

从以上的空间演变和不同阶段的影响因素来看，北京城乡空间形态演变受到以下几方面动力的影响：一是人口激增加大了对于空间的需求。30多年间，北京市人口持续快速增长，从20世纪80年代初的900万人增长至2012年的2069万人。其中，外来人口增长尤其显著。至2013年底，四环到六环的城乡接合部地区外来人口已接近600万人。大量外来人口的集聚产生的需求也直接推动了集体建设用地的无序蔓延。二是产业发展奠定了空间形态的基础。北京市从1990年以前产业集中布局于中心城的状况，到20世纪90年代市区产业"退二进三"和区县开发区建设热潮，到世纪之交以中关村为代表的高科技产业园区和以CBD为代表的第三产业功能区的扩张建设步伐，再到"十二五"时期以来重点功能区的建设，产业格局的调整和优化进程直接影响城乡建设用地的扩展方向和空间形态的演化方式。三是空间战略的延续维系了形态的演化。20世纪80年代以来，北京市的空间战略始终坚持"分散集团式"的发展思路：从20世纪80年代的"旧城逐步改建，近郊调整配套，远郊积极发展"向20世纪90年代的"城市建设重点要逐步从市区向远郊区作战略转移，市区建设要从外延扩展向调整改造转移"转变，再到2004年的"两轴—两带—多中心"，其核心在于，坚持处理好旧城与近郊地区、中心城与远郊区的发展关系。这种发展思路一方面直接推动了城乡建设用地向外圈层式的扩展，另一方面也持续指引着城市功能布局的优化调整。四是大事件大项目的出现给城乡空间形态带来变革。改革开放以来，从深化市场经济改革到借"科技是第一生产力"的东风来推动中关村建设，到"首都经济"发展方向确立，再到房改政策的实施，一系列国家重大政策机制改革推动了城市建设。而筹办亚运会、奥运会、新中国成立60周年庆典、APEC峰会等大型活动则成为北京城市建设的一个又一个里程碑。北京市依靠诸多大项目、大事件推动了城市建设。

2014年，随着新版城市总体规划的研究编制，在聚焦首都功能、疏解非首都功能、加强"四个中心"建设的指导思想下，北京城市空间结构开启了新一轮深层次调整。一是压缩生产空间规模。大力疏解不符合城市战略定位的产业，压缩工业、仓储等用地比重，腾退低效集体产业用地，提高产业用地利用效率。新版城市总体规划提出：到2035年，城乡产业用地占城乡建设用地比重由现状27%下降到20%以内，产业用地地均产值、单位地区生产总值水耗和能耗等指标达到国际先进水平。二是高水平建设三城一区，打造北京经济发展新高地。聚焦中关村科学城，突破怀柔科学城，搞活未来科学城，加强原始创新和重大技术创新，发挥对全球新技术、新经济、新业态的引领作用；以创新型产业集群和"中国制造2025"创新引领示范区为平台，促进科技创新成果转化。建立健全科技创新成果转化引导和激励机制，辐射带动京津冀产业梯度转移和转型升级。发挥中关村国家自主创新示范区主要载体作用，形成央地协同、校企结合、军民融合、全球合作的科技创新发展格局。三是突出高端引领，优化提升现代服务业，重点发展三类功能区。这些功能区包括北京商务中心区、金融街、中关村西区和东区、奥林匹克中心区等发展较为成熟的功能区，北京城市副中心运河商务区和文化旅游区、新首钢高端产业综合服务区、丽泽金融商务区、南苑—大红门地区等有发展潜力的功能区，以及推动建设北京首都国际机场临空经济区和北京新机场临空经济区。四是进一步抓好"两区""三平台"建设。一方面，全面推动国家服务业扩大开放综合示范区建设；另一方面，全力打造以科技创新、服务业开放、数字经济为主要特征的自由贸易试验区，高水平推进科技创新、国际商务服务、高端产业3个片区和中国（河北）自由贸易试验区大兴机场片区（北京区域）建设。可以预见，除了科技创新引领城市空间布局重构之外，政治中心、文化中心、国际交往中心等的建设也将对构建"一核一主一副、两轴多点一区"的城市空间结构发挥重要作用。

（二）从单中心到相对多中心：圈层格局的演化

新中国成立以来，北京城市道路系统逐渐形成了棋盘式与环形加放射相结合的路网结构。早在1953年，上报中央的《改建与扩建北京市规划草案的要点》中就提出增设环状路和放射路，以改善道路交通系统，奠定了北京市区道路系统规划的基本原则。1957年编制完成的《北京城市建设总体规划初步方案》，明确提出形成"7条干线、4条环路、2条辅助环路、18条放射线"的道路系统规划方案。随后，东、南、北三环于1958年建成通车，西南三环于1981年底建成通车，三环路由此成为北京第一条全线贯通的环路。随着二环路（1992年）、四环路（2001年）、五环路（2003年）、六环路（2009年）陆续全线建成通车，城市路网的环形骨架形成，成为人们认识北京城市空间格局的地理标志。伴随着北京城市规模的逐渐增大，城市建成区由内而外扩展蔓延、城市功能由内而外梯度扩散、城市人口由内而外拓展聚集。这种渐进演变过程结合到环路的特点，形成了北京城市圈层发展的基本脉络。

老城沿用——二环内。新中国成立之初，受财力限制，大量中央机关的办公需求主要通过接收的敌产和一些分散的空房解决，少数如外贸部、公安部等单位在长安街南侧建设了办公楼，形成了结合老城的行政中心布局特征。1993年国务院批复的《北京城市总体规划（1991年至2010年）》提出，在西二环阜成门至复兴门一带，建设国家级金融管理中心，集中安排国家级银行总行和非银行金融机构总部，强化了国家在金融领域的管理能力。二环内目前主导产业以公共管理、社会组织和金融业为主，是国家政治中心核心承载区，也是国家金融决策和管理的中心。

关厢填充——二环至三环。随着国民经济逐步恢复，为更好地保障服务首都功能，一些功能开始向外扩展，向着当时城市的"近郊区"即二环至三环范围建设。如：1953年，中央召开大城市工作座谈会后，北京市在三里河集中建造了首批政府办公建筑群"四部一会"

办公楼。同年，开始对新使馆区选址进行研究，并于1955年向周恩来总理呈报建国门外日坛使馆区方案。1960年，确定了东直门外三里屯的第二使馆区选址。作为明清时期老北京的关厢所在地，二环至三环范围也是北京城最早的城乡接合部。随着城市的扩张，一度杂乱的空间最终变成了整洁高效的现代化都市。

功能扩展——三环至四环。三环至四环的发展，一方面是文教区的集中建设。清朝末年，北京城西北郊建立了燕京大学、清华学堂。新中国成立后，中国人民大学、中央民族学院、中国科学院等陆续在北京城北郊、西北郊征地兴建。在此基础上，北京市都市计划委员会于1952年成立了文教区规划小组，在北太平庄至五道口地区规划指导建设了8所高等院校，形成了"八大学院"地区。另一方面，20世纪70年代至80年代，为解决职工住房紧张的矛盾，北京兴建了大量居住区和小区，成片居住区开发建设逐步扩展到当时的近郊区，即三环路内外，并延伸至四环范围。典型住宅区，如东部的团结湖、劲松、垡头，西部的西便门、马连道、古城等。20世纪90年代初，市区产业"退二进三"和区县开发区选址，也使得城市产业功能进一步向郊区蔓延。伴随着城市规模的扩张和城市功能的扩展，城市对于各类产业活动吸引力增大，促进了城市周边非正规经济的发展，为城市功能的运转提供了低成本但有效的支撑，当前意义上城乡接合部的不合理现象和问题也逐步显现，如20世纪80年代至90年代出现的木樨园到大红门的"浙江村"。

城乡转换——四环至五环。新中国成立之初，按照"变消费城市为生产城市"的方针，北京陆续建设了东北郊酒仙桥工业区、东郊通惠河两岸工业区、垡头工业区、石景山衙门口工业区等工业区。基于适当分散的原则，大部分工厂区都布置在当前四环至五环的空间中。随着城市功能演替，酒仙桥、石景山、垡头等老工厂区逐步改造，新的功能植入也带动了周边农村继续城市化。当前，除了西郊机场以西等少量范围的村庄，四环至五环其余地方已基本变为城市建设用地。

城乡交错——五环至六环。1993年北京城市总体规划提出了"两个战略转移"的目标，即城市发展重点要逐步从市区向郊区转移，市区建设要从外延扩展向调整改造转移。五环至六环包括门头沟、房山、通州、顺义、大兴、亦庄新城的全部或部分范围。当前五环至六环的城市地区与周边农村犬牙交错、利害交织。伴随着这一区域城市建设用地的快速扩张和非正规经济的迅速集聚，这里也是近年来城乡接合部诸多问题出现的区域，发生了一些备受关注的社会问题。

疏朗远郊——六环外。六环外的地区人口密度低、开发强度较低，西部、北部以生态涵养区为主，雁栖湖、北京新机场、延庆世园会等功能区更多呈现一种少而精的发展趋势。在这个城镇村分布疏朗有致的广袤空间中，城乡规划的主要任务是保护农、林、水等非建设空间，以及发展康养、休闲、度假型小城镇。

总体来看，与欧美大城市不同，北京二环以内因历史文保等原因制约而无法发展成"密实"的CBD内核，商务金融、商业办公等功能"随机性"溢出使三环四环地区成为松散的"就业办公带"。随着20世纪90年代以来就业中心的离散化发展和城市通勤半径加大，五环外成为安排低价居住区的"附属"空间，市民"四环内就业、五环外居住"特征明显。据统计，2010年以来全市就业岗位增量68%仍集中于中心城区，而约60%的新建居住区都位于五环外。在此之外，四环至六环的城乡接合部地区从新中国成立初期的远郊区演变为中心城区与新城之间的近郊区，大量自然空间极易因城市蔓延和乡村填充而被低成本占用，这也成为北京坚持发展绿化隔离带、沿用"分散集团式"布局的原因。

（三）从中心城区尺度的小"分散集团式"布局到市域区域尺度的大"分散集团式"布局

北京中心城（原规划市区）"分散集团式"布局规划设想的提出

始于1956年，最初基于备战需要①。1958年9月修改完成的《北京市总体规划方案》，基于对传统工业布局理论和北京现实发展的客观认识，借鉴国际大城市的发展经验，在城市布局上提出了既要有合理的集中、又要有合理的分散，采取"分散集团式"的布局形式，即把市区分割成许多个分散的"集团"，"集团"与"集团"之间是成片的绿地；为实现大地园林化和城市园林化的设想，中心区保持40％的绿地，近郊区保持60％的绿地；绿地内除树林、果木、花草、河湖、水面外，还要种植农业作物，并在城内星罗棋布地发展小面积丰产田，做到在市区既要有工业，又要有农业，市区本身就是城市和农村的结合体。这种富于创新的规划方法，为城市预留了发展空间，符合实际发展及环保要求，也有效控制了盲目建设。"分散集团式"布局原则自1958年提出后，在1983年、1993年、2005年、2017年的历版北京城市总体规划中都得到肯定和延续（表2-1），经受了60多年实践的检验。

表2-1　北京历版城市总体规划对绿化隔离地区的功能定位

城市总体规划	对绿化隔离地区的功能定位
1958年城市总体规划	在城市中心地区与边缘集团之间，各边缘集团之间以绿隔相隔。绿化隔离地区就是城市集团之间防止相互连成一片而规定的绿化间隔地段
1983年城市总体规划	在近郊，发展起十几个新建地区；在旧城区和各新建区之间，以及各新建区之间，保留绿化带或成片的好菜地和高产农田，使市区形成"分散集团式"的布局

① 据《彭真对北京城市总体规划的贡献》（王亚春，《北京党史》，2002年第3期）一文记载：关于北京"分散集团式"布局，最初是基于备战的需要。1956年11月市委批发的《市规划管理局党组关于当前城市建设中几个问题的报告和1957年建设用地计划要点》提出，"考虑到防空的关系，初步规划草案拟定首都近期发展采取集团式的分散发展方针"，即：从当时已经形成的布局出发，因地制宜、因势制宜地形成若干密切联系又相对隔离的各有特征的建设区。

城市总体规划	对绿化隔离地区的功能定位
1993年城市总体规划	坚持"分散集团式"的布局原则，防止中心地区与外围组团连成一片。通过严格保护和尽快实施绿化隔离地区，来保证城市地区足够的绿色空间，并形成合理的城市框架和发展格局
2005年城市总体规划	规划的两道绿化隔离地区不但是北京空间结构的重要组成部分，而且在北京的城市发展中担负着控制城市蔓延、引导空间发展方向、保护基本农田、构成生态屏障、提供景观休闲场所等多种重要的职能
2017年城市总体规划	城乡接合部地区（两道绿隔）是构建平原地区生态安全格局、防控首都安全隐患、遏制城市摊大饼式发展的重点地区，也是全市人口规模调控、非首都功能疏解、产业疏解转型和环境污染治理的集中发力地区

与分散集团发展相匹配，建设两道绿化隔离带（简称"绿隔"）、控制城市结构是历版城市总体规划空间战略中的核心内容。两道绿隔空间范围大致在四环至六环路范围规划集中建设区以外的城乡接合部地区，总面积约为1220平方公里，分为第一道绿化隔离地区（简称"一道绿隔"）、第二道绿化隔离地区（简称"二道绿隔"）两个政策区。其中，一道绿隔政策区范围约为310平方公里，二道绿隔政策区范围约为910平方公里（见图2-1）。

自新中国成立至20世纪90年代，随着持续性地进行一道绿隔建设，中心城区尺度上"中心大团+边缘集团"的"分散集团式"布局逐渐成形。一道绿隔的实施主要靠不同时段的政策来推动，旨在实现四个目标：一是全部农民妥善安置，二是区域产业健康发展，三是外来人口合理安排，四是城市总体规划确定的绿色生态空间全部实现。在后续实施过程中，任务不断增加，目标更加多元，由早期以实现绿化为重点，逐渐向环境整治、城市化、社会治理等多个维度演进。

进入21世纪以来，二道绿隔建设实现启动，目的是构建控制中心城向外蔓延以及新城之间的生态屏障，特别是2004年城市总体规

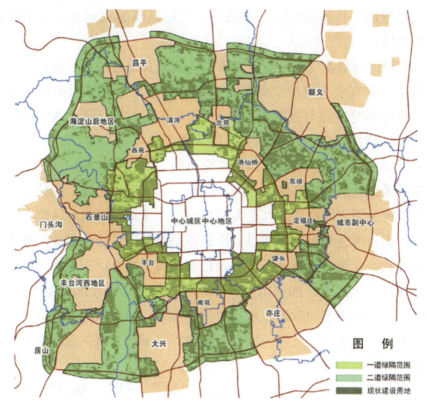

图 2-1 北京城乡接合部空间范围示意图

划巩固了"新城战略+两道绿隔"结构，从而将传统"分散集团式"布局从市区层面扩展到市域层面。二道绿隔尚未形成统一的规划和实施政策。2002年，北京市首次提出并编制了《第二道绿化隔离地区规划》，规划由两个绿环（温榆河和永定河沿岸绿色生态走廊、六环路绿化带）、九片楔形绿色限制区及五片组团间绿色限制区构成绿地系统。其后，北京市陆续开展了一系列研究，但并未系统性编制更为具体的实施规划，而是主要通过新城和重点功能区建设、城乡接合部改造试点工程等分头带动实施。由于缺乏统筹的实施政策，该地区整体建设一直处在起步阶段。2013年，北京市开展了二道绿隔地区整体性的规划研究，并以集体经营性建设用地集约节约利用为目标，开展了长辛店、金盏、宋庄、台湖、青云店、高丽营等二道绿隔6个乡镇统筹实施试点，二道绿隔的规划和政策研究进入新阶段。

在两道绿隔基础上，新版城市总体规划提出建设环首都森林湿地公园环，它将成为维护京郊及京津冀跨界地区生态格局的另一道屏障，这实际是在原有规划基础上锁定"一核一主一副、两轴多点一区"空间结构，以"一核两翼"的大手笔将"分散集团式"布局推向了区域尺度。新版城市总体规划提出的"三环"结构包括：一是推进第一道绿化隔离地区城市公园环建设，力争实现全部公园化，加强各个城市公园之间联系。二是大幅提高第二道绿化隔离地区绿色空间比重，大力推进郊野公园建设，形成以郊野公园和生态农业用地为主体的环状绿化带，加强九条楔形绿色廊道植树造林。三是推进环首都森林湿地公园建设，加强山水林田湖保护修复，构建区域生态网络，建设永定河—小清河绿楔、永定河生态廊道、南中轴绿楔、潮白河—通惠河绿楔，平谷—三河—潮白河绿楔等，推动北京生态绿楔与区域生态格局有机衔接。

绿化隔离地区建设的重点是实现"减量、提质、增绿"，推动低端产业疏解、集体建设用地腾退和集约利用，高品质建设一道绿隔城市公园环和二道绿隔郊野公园环。而推动环首都森林湿地公园建设的目标则是推进区域重点绿化工程，建设以区域生态廊道、水系湖泊为纽带的区域绿道网，共同推进跨区域生态环境治理工程，引导城市群通风廊道的合理布局。

（四）绿化实施：从以绿养绿、以地养绿到区域平衡

自1986年启动一道绿隔建设以来，要在绿隔地区实现城市总体规划确定的绿色生态空间，必然涉及农民利益。一道绿隔的实施主要靠不同时段的政策来推动，包括启动、试点推进、全面开展、深化、综合施策治理等阶段。

第一阶段："77号文"启动——大环境绿化政策。1986年至1993年，市政府从首都大环境绿化要求出发，制定了相应的政策，先后

制定颁布了"京政办发〔1990〕64号"和"京政办发〔1993〕77号"文件，提倡乡、村搞绿化，市、区政府给予适当补贴和奖励，试探性地做了绿化建设的尝试。具体做法为：以实现绿化为直接目的，用20%的开发用地带动80%的绿化，实行全部征地。在此期间，安家楼片林、洼里片林、窑洼湖公园等均是采用这种方式实现的，同时在实施过程中也出现了一些有违绿隔规划初衷的问题。

第二阶段："7号文"试点推进——国批民办，以绿养绿。1994年1月，市政府批准首都规划建设委员会办公室《关于实施市区规划绿化隔离地区绿化请示》，其被称为"7号文政策"（简称"7号文"）。该政策提出"以绿引资、引资开发、开发建绿、以绿养绿"的原则。"7号文"的发布标志着绿隔地区建设进入国批民办的试点阶段，体现了实施主体多元化的特征，核心是提出开发带绿化、算经济平衡账、全乡征地的政策。此后，陆续编制完成各试点单位的实施规划。至1997年底，市政府先后批准试点单位19个，其中已经征地启动的6个（曙光、大屯、洼里南区、草桥、太平桥、小瓦窑）。

1996年11月，市政府办公厅转发市城乡规划委员会《关于实施市区绿化隔离地区绿化建设中有关配套政策的请示》，并将其作为"7号文政策"的补充。补充文件中提出了实施绿化改造乡村的全部土地征为国有并划拨给新组建的集体经济组织、商品房部分缴纳土地出让金、商品房的10%作为安居用房、已征的绿化用地属国有城市绿地并享受市政府关于城市大环境绿化补助、当地农民实现转居转工等政策。1997年4月，党中央、国务院下发文件，冻结非农建设占用耕地的审批，因此未征地的试点单位基本处于停顿状态。"7号文"的实施对绿化建设起到较大推动作用，试点单位绿化建设和旧村改造取得初步成效。但同时，也面临缺乏资金、部分房地产项目难以开展，农村和城镇双重体制影响地区管理和农转居人员工作生活，以及缺乏对原有农村集体经济资产处置政策等问题，影响绿化建设和旧村改造深入开展。

第三阶段："20号文"全面开展——退耕还林，发展绿色产业，引资建绿。2000年申办奥运，"绿色奥运"的承诺使环境整治势在必行，绿隔地区在受政策影响实施停滞后重新启动。2000年2月，为进一步贯彻落实《北京城市总体规划（1991年至2010年）》，加快绿隔地区建设，改善城市生态环境，促进经济社会的可持续发展，经市委、市政府同意，成立北京市绿隔地区建设领导小组及总指挥部，下设规划拆迁建设组、绿化组、经济发展组和政策研究组。

2000年3月，市政府印发市绿隔地区领导小组提出的《关于加快本市绿化隔离地区建设的意见》，提出了绿隔地区建设的目标和任务、指导思想和原则，同时提出了加强控规编制及规划管理、加快绿化建设目标的实现、加快基础设施和新村建设、推进城市化进程、加强领导落实责任制等内容。同月，市政府办公厅印发市绿隔地区建设领导小组《关于加快本市绿化隔离地区建设暂行办法》（京政发〔2000〕20号）（简称"20号文"）。

"20号文"的主要精神为：明确目标任务，加强规划编制及管理，采取退耕还林、发展绿色产业、引资建绿等多种方式加快绿化建设目标的实现，通过加大政府资金投入、支持农民合作建房等途径，加快基础设施和新村建设，推进城市化进程。主要政策包括：只有商品房开发部分征为国有用地；对于绿化用地市财政给予每亩5000元的建设费和每年每亩120元的养护费，允许在绿化用地中拿出3%～5%的土地用于建设与绿地相适宜的绿色产业项目；基础设施建设中的大市政建设由市政府统一安排和落实；新村建设中农民购买自住房的建筑面积人均40～50平方米；农民自住房与上市出售以补充绿化及拆迁费用的商品房比例为1：0.5，等等。同年，完成《北京市区绿化隔离地区总体规划》和《北京市区绿化隔离地区控制性详细规划》，以进一步指导绿隔地区的建设实施工作，自此城乡接合部的绿化和新村建设大规模开展。

这一阶段的主要特征是：加强对绿化隔离地区建设的统一领导，不断深化完善规划，绿化建设和新村建设规模较之以往大幅度扩大，取得较大成效。同时，受多种因素的综合影响，旧村和企业整体拆迁实现绿化难度加大、新村建设资金不平衡、集体经济及绿色产业发展滞后、农民就业安置及转居后社会保障难以跟上以及外来人口大量集聚、社会治安管理矛盾突出等问题，在一些地区逐渐暴露并不断积累，影响到绿化隔离地区建设的持续健康发展。为此，2005年之后，市领导要求相关主管部门加强调查研究，为完善政策、制度及管理提供准备，发展建设开始呈现转型。

第四阶段："17号文"深化—— 一村一策。2008年奥运会前后，北京市绿化环境建设的重点从市中心向城中村地区和城乡接合部地区转移。政府以道路建设带动沿线开发和地区产业升级为契机，斥资百亿投入旧村改造与新村建设中，并着手解决多年来遗留下来的难题与痼疾，城乡接合部的改造进入攻坚克难的阶段。

2008年5月，市政府以"京政发〔2008〕17号"文件下发《市政府批转市发改委关于进一步推进本市第一道绿化隔离地区建设意见的通知》（简称"17号文"），是绿隔政策"20号文"实施8年后，针对实际问题所制定的新政策。"17号文"的指导思想为：以解决农民问题为根本，尊重历史、面对现实，通过分类指导、逐步实施、个案处理、逐村落实，实现绿隔地区建设规划，促进绿隔地区和谐和可持续发展。由此可见，"17号文"更加强调解决个案和逐村落实，防止"一刀切"，并且强调了解决该地区的农民问题是根本，同时强调执行该任务是一项长期的任务。"17号文"的核心内容包括：（1）在准确掌握用地现状、保证规划绿地规模总量不减少的前提下，对确实难以实现的，实事求是地调整绿地建设规划，以提高其可操作性。可采取土地置换的方式，将产业用地与绿地置换，形成具有规模效益的产业集聚区；也可与绿隔地区外的土地进行置换，安排产业用地和农民住房建设用地。（2）提高生态林地占地补偿费。由市政府提高绿化补偿，由120元/亩提高到1000元/亩（目前已提高到1500元/亩）。（3）逐步将绿隔地区基础设施建设纳入城市基础设施建设体系，所用地全部征为国有土地，对已建成的基础设施进行补征。（4）调整局部规划，研究提出新的待建绿地、产业用地、居住用地位置和规模，并研究启动剩余建设用地等工作机制。2010年启动的城乡接合部50个重点村的建设，就是在这一政策指导下开展的。

从一道绿隔建设和改造历程可以看出，前期的绿隔政策对于绿化实施任务较为关注，绿化实施率完成较好。商品房开发部分作为绿隔政策实施的主要资金来源，产生了巨大的经济利益，自然成为每一个实施主体关注的对象，实施率也很高。农民回迁房基本由集体经济组织建造（也有开发商代建的），农民户籍转居率很低，同时产生了较大的资金缺口。产业项目是最被忽视的，吸纳农民就业能力也不理想，劳动力安置率较低。产业转型是农民在城市化过程中至关重要的一个环节，绿隔地区的农民失去了原始的生产资料，新的生产方式短期难以充分衔接，产生很大的不安定隐患，城乡接合部地区的问题、难题仍然很多。

最新阶段：新版城市总体规划加强综合施策治理、完善统筹实施机制。自2017年党中央、国务院批复《北京城市总体规划（2016年—2035年）》以来，北京市在加强综合施策治理、完善统筹实施机制等方面开展了相应的创新实践：一是优化调整城乡接合部地区产业发展结构。坚决整顿、清退不符合首都功能的产业，结合不同地区资源禀赋、区位条件和功能定位，积极发展宜绿、宜游、宜农的都市型休闲产业。以承接市民游憩和休闲养生为导向，现有集体建设用地再利用和集体产业发展应充分与城市功能相衔接。第一道绿化隔离地区重点发展服务城市功能的休闲产业、绿色产业，第二道绿化隔离地区重在提升环境品质，发展城乡结合、城绿结合的惠农产业、特色产业。二是促进城乡接合部地区与集中建设区基础设施建设统一规划、统一建设、统一管理。提高城乡接合部地区基础设施建设标准，改革投资、建设和管理机制，第一道绿化隔离地区按照中心城区标准统一建设基础设施，第二道绿化隔离地区加强与集中建设区的统筹规划、建设和管理，重点提高垃圾、污水处理率和清洁能源利用比例。三是强化以规划实施单元为平台的乡镇（街道）、区、市三级统筹机制。以乡镇（街道）为基本单元，变项目平衡为区域统筹，推动集中建设区新增用地与绿化隔离地区低效用地减量捆绑挂钩，强化土地资源、实施成本、收益分配和实施监管统筹管理。针对实施任务较重的地区，探索跨区域平衡机制。创新土地收益分配方式，集中建设区的土地收益优先用于解决周边城乡接合部改造。四是加强规划实施中的资金保障和成本监控。加大城乡接合部基础设施、村庄整治、民生保障、绿化环境等资金投入。创新和统筹利用土地一级开发、集体产业用地腾退集约、国有单位自有用地自主改造等不同实施模式，细化明确拆占比、拆建比标准和农民安置标准，加强监管，降低实施成本。

（五）从亚运到夏奥、冬奥：大事件影响下首都城市空间格局的嬗变与跃升

从20世纪80年代至今，在亚运会、奥运会、冬奥会等大事件带动影响下，北京的城市空间格局发生了嬗变与跃升。

——1983年、1993年城市总体规划与1990年亚运会。1983年，北京申办第十一届亚运会，当时的北京城市格局是以传统中轴线为核心向四方均衡发展，三环外都是郊区，东西南北各有一块大型体育中心的预留用地。经过反复论证，亚运会最终选址在北中轴延长线上的北郊土城遗址以北处。这是元大都兴建以来700多年间，中轴线第一次向北延伸，其长度由过去的7.8公里增加到13公里。这次延伸使城市功能得以有机疏散。在亚运会这一大事件催化下，也为北京城市格局的后续优化调整奠定了基础。

——2005年城市总体规划与2008年夏季奥运会：空间发展战略和"两轴—两带—多中心"。进入21世纪，在2001年7月北京奥运申办成功、同年12月我国加入WTO的新形势下，北京城市发展的宏观背景发生很大变化，对新时期首都城市发展及城乡规划工作提出了更高新要求，迫切需要对城市发展面临的重大战略问题开展综合研究，为推动"新三步走"战略及"新北京、新奥运"战略实施提供决策依据，为总规修编做好准备。

2003年，由市规划委组织编制的《北京城市空间发展战略研究》

汇集了北京市、中央各领域各方面专家学者的意见和建议，在涉及城市长远发展战略的重大议题方面，形成了4点基本共识：其一，关于北京城市空间发展的制约条件与规模判断。针对21世纪初期城市发展所面临的一系列重大战略问题，首先对城市空间发展的制约条件，如土地、生态、人口密度、水资源、空间制约，进行了深入分析，对城市空间发展的规模进行了综合判断，在适宜的人口、建设用地规模问题上取得基本共识，为确立城市空间发展战略奠定了基础。其二，关于北京城市发展的定位与目标。在综合分析世界特大城市，特别是首都城市的政治经济、城市文化、生态环境、就业等方面发展趋势的基础上，提出了北京未来四个主要的发展目标定位，即国家首都（政治中心，国际交往中心），世界城市（世界级服务中心，世界级大都市地区的核心城市），文化名城（文化、教育、科技创新中心，世界历史文化名城），宜居城市（充分的就业机会，舒适的居住环境，创建以人为本、可持续发展的首善之区）。其三，关于北京城市空间发展战略。借鉴汲取世界特大城市空间发展战略的启示，综合分析京津冀区域空间发展战略、区域交通发展战略，提出了北京城市职能空间布局的总体构想，确立了完善"两轴"、发展"两带"、建设"多中心"，形成"两轴—两带—多中心"的城市空间新格局。其四，关于北京城市空间发展战略的实施。对于推进空间发展战略的实施，提出了六方面对策措施，即整体保护旧城区，提高文化品质；整治、完善"市区建成区"；多中心发展，疏解中心大团；郊区村镇适当集中；完善综合交通体系；区域生态保护与建设。战略研究对今后城市空间发展战略所做的简要归纳为：旧城有机疏散，市域战略转移，村镇重新整合，区域协调发展。空间发展战略研究的开展和2005年城市总体规划的编制实施，都是具有开创性的规划创新，对迎接2008年北京奥运会、开展各项建设部署以及延展和调整城市空间结构发挥了重要作用。

——2017年新版城市总体规划与2022年冬季奥运会："一核一主一副、两轴多点一区"。2022年北京冬奥会是我国重要历史节点的重大标志性活动。坚持绿色办奥、共享办奥、开放办奥、廉洁办奥，高水平高质量规划建设各类场馆和基础设施，提供优良的服务和保障，办成一届精彩、非凡、卓越的冬奥会，充分发挥对京津冀协同发展强有力的牵引作用。

新版城市总体规划提出，为落实城市战略定位、疏解非首都功能、促进京津冀协同发展，充分考虑延续古都历史格局、治理"大城市病"的现实需要和面向未来的可持续发展，着眼打造以首都为核心的世界级城市群，完善城市体系，在北京市域范围内形成"一核一主一副、两轴多点一区"的城市空间结构，着力改变单中心集聚的发展模式，构建北京新的城市发展格局。同时，以冬奥会设施建设和举办为契机，进一步优化区域空间结构。其主要创新思路和规划设想为：一是高水平规划建设赛事场馆。统筹考虑赛事需求、赛后利用、环境保护、文化特色、文物保护、无障碍等因素，按计划推进2022年北京冬奥会北京赛区和延庆赛区各类场馆规划建设，打造优质、生态、人文、廉洁的精品工程。比赛设施突出专业化、标准化、规范化，努力打造世界一流场馆；配套设施体现中国元素、当地特点，彰显中华文化独特魅力。严格落实节能环保标准，严把工程质量和安全关，严格控制建设成本。促进体育场馆和设施赛后综合利用，为市民提供运动休闲服务。二是提供优良保障和服务。高标准、高质量完成京张高铁、延崇高速公路建设，完善北京、延庆与张家口3个赛区之间的交通联系，为运动员、教练员、观众及媒体工作人员提供便捷顺畅的交通服务。同步推进3个赛区水利、市政、医疗、住宿、安保等设施建设。发挥首都资源优势，加强人才培养与合作，积极运用现代科技特别是信息化、大数据等技术，提高赛会运行保障和服务水平。三是提升京张地区整体生态环境质量。坚持生态优先、资源节约、环境友好，重点围绕治气、治沙、治水，深入实施大气污染跨区域联防联控联治，实施严格的环境监管，持续改善京张地区空气质量；实施风沙源治理、平原造林、退耕还林等工程，加强交通廊道绿化美化；积极推进水源地保护、湿地保护、生态小流域治理等工程，保护好首都重要水源地和生态屏障。四是延伸体育产业链条，推动群众性冰雪运动。以冰雪旅游产业协同发展为着力点，按照资源共享、政策互惠、功能互补、融合互动的原则，借助筹办2022年北京冬奥会的契机，共建京张文化体育旅游带，打造立足区域、服务全国、辐射全球的体育、休闲、旅游产业集聚区。扩大冬季运动覆盖面，夯实冬季运动群众基础，推动冰雪运动全面发展。

此外，聚焦老城复兴、提升首都文化软实力也是此次冬奥会筹备建设的目标之一。近年来，随着总规实施和首都治理结构不断下沉，疏整促工作已全面渗透到寻常巷陌。特别是老城区街巷治理效果显著，整治清理了一大批杂乱无章、藏污纳垢之所。根据城市体检阶段性成果，2017年东西城启动治理1484条背街小巷，大大改善了街巷环境。

二、城乡统筹发展

维持农村社会的稳态格局是中国发展改革的稳定器，于北京而言亦然。北京是一座大城市，也包含着一个"大农村"。一方面，北京82%的土地属于集体土地，广阔的村庄、农田、森林、山场、水域实际上都是由村镇集体经济组织管理的；另一方面，全市46%的建设用地是集体建设用地（2015年土地利用变更调查数据），已经占据北京建设空间资源的半壁江山。乡村的面貌美不美，决定了北京的底色；乡村发展得好不好，代表着首都治理的底板。新版城市总体规划讨论的起点是建设一个怎样的大国首都，还要回答另一个问题，就是建设什么样的首都乡村。乡村治理和城市更新一样，都是基础性、系统性、涉及城乡发展全生命周期的实施命题。城市每跨出一步，面对的都是农村集体土地，而农村发展的出路在于城市。唯有借助首都城市的巨大市民市场和集聚规模效应，农村地区才能实现健康、可持续发展。

（一）从城市规划到城乡规划

改革开放前，北京的规划主要围绕城市（特别是中心城区）开展编制工作。随着城市框架逐渐拉大，北京市于2001年至2004年编制完成13个卫星城镇的总体规划及大量中心镇的总体规划，2005年至2010年陆续编制完成11个新城及一批建制镇的总体规划，编制完成全市村庄体系规划及新农村和村庄建设规划，标志着城市规划从市区层面向市域层面、城乡统筹层面的跨越。同时，结合各类控规编制，分层次落实上位规划要求，深化落实产业发展、城镇建设用地控制各项指标，落实市政交通、公共服务、城市安全三大设施建设的用地安排，也大大推动了乡镇地域规划编制的深度延伸。

2008年《城乡规划法》的颁布实施，是我国社会经济发展进入新的历史时期的一件大事。从新中国成立之时，国家就建立了城市规划工作体制，开始有计划地建设城市，经过相当长时期的实践，20世纪80年代开始筹备《城市规划法》，历时10年时间，1989年12月经全国人大常委会通过，1990年4月起施行；而《城乡规划法》在法理层面明确了乡村规划建设管理的程序和规范，也促进了首都城乡规划的发展和提升。

从宏观发展趋势来看，中国的城镇化进程仍在加速，伴随着工业化、信息化、全球化和市场化的同步进行，城镇化的推动力持续加大而表现形式更加复杂。作为首都和特大城市，北京的城镇化发展既具有其自身的特殊性，对于全国城镇化发展来说又具有相当的典型性。如何提高北京城镇化的水平和质量，成为当前一个亟待回答的问题，也是北京实现城乡一体化目标的基本前提。

总体来看，尽管改革开放以来北京的经济社会发展取得了巨大进步，城乡居民生活水平不断提高，但城乡二元经济体制仍然存在，也成为解决"三农"问题的制度性障碍。例如1978年以来，北京城乡居民之间的收入差距总体呈扩大趋势（杨梦冉等，2019），2019年城乡人均可支配收入比仍维持在2.55∶1，收入差值达到44920元/人。

提振农村经济的关键是进一步统筹城乡发展，加快城乡融合进程。城乡融合是我国现代化和城市化发展的一个新阶段，是指生产力发展到一定水平，工业与农业、城市与乡村、城镇居民与农村居民作为一个整体，通过体制改革和政策调整，促进城乡人口、技术、资本、资源等要素相互融合，达到城乡之间在经济、社会、文化、生态、空间、政策上协调发展的过程，使整个城乡经济社会全面、协调、可持续发展。

城乡融合是一项重大而深刻的社会变革。党的十八大报告指出，城乡发展一体化是解决"三农"问题的根本途径。加快完善城乡发展一体化体制机制，着力在城乡规划、基础设施、公共服务等方面推进一体化，促进城乡要素平等交换和公共资源均衡配置，形成以工促农、以城带乡、工农互惠、城乡一体的新型工农、城乡关系。党的十九大报告提出实施乡村振兴战略，要坚持农业农村优先发展，按照产业兴旺、生态宜居、乡风文明、治理有效、生活富裕的总要求，建立健全城乡融合发展体制机制和政策体系，加快推进农业农村现代化。而城乡规划一体化是城乡融合发展的依据和方向，重视城乡融合，必须首先打破重城轻乡局面，认真做好城乡规划一体化。城乡规划一体化就是为实现城乡融合而对城乡发展目标、性质和规模、总体布局、功能分区、重点建筑、主要基础设施等各个方面作出合理的计划和部署。

2017年，新版城市总体规划力图实现战略上的突破，强调城乡融合和全域空间管制。在乡村振兴语境下，如何实现高水平的城乡融合、让城市带动北京的乡村高质量发展，关键是要实现两个问题的突破：一是乡村要素如何体面地进城，二是城市要素如何大方地下乡。直面城市与农村协同发展的问题矛盾，从北京的特点及特殊性出发，立足全域规划，逐步提高认识，实现城乡统筹规划的实施创新。

（二）从规划编制到规划实施

对北京市而言，统筹城乡经济社会发展，是推进"人文北京、科技北京、绿色北京"建设的重大战略任务。在新形势下积极稳妥地推进城镇化进程，加快形成城乡一体化发展新格局，就是统筹城乡发展资源，拓展城市发展战略空间；统筹城乡经济社会政策，塑造拥有集体资产的新市民；统筹城乡一二三产业的融合发展，构建有北京特色的都市型现代农业产业体系。率先形成城乡经济社会发展一体化新格局，就是加快实现城乡发展规划、产业布局、基础设施、公共服务、劳动就业和社会管理"六个一体化"，走在全国前列。

随着中心城、新城的快速发展和综合辐射能力的加强，以及郊区基础设施条件的改善，高端资源和要素向郊区加快转移聚集，农村地区面临难得的发展机遇。在新的形势下，应当将解决北京的"三农"问题与新型城镇化路径紧密结合，按照坚持大中小城市和小城镇协调发展以及城乡一体化发展的原则，积极探索符合北京经济社会发展阶段和大城市郊区特点的新型城镇化、城乡一体化之路。

为了适应城市现代化建设的需要，进一步加快城乡一体化发展进程，更好地解决"三农"问题，2005年《北京城市总体规划（2004年—2020年）》提出："统筹城乡发展，推进郊区城市化进程，实现城区与郊区的统一规划"的规划原则，着力打造"两轴—两带—多中心"的城市空间布局，形成中心城—新城—镇的市域城镇结构。

实施以新城、重点镇为中心的城市化战略，与城市空间布局和产业结构调整相适应，逐步形成分工合理、高效有序的网络状城镇空间结构；同时，建设设施配套、环境优美、各具特色的城镇，促进小城镇从数量型向质量型转变，并扩大小城镇规模，优先发展重点镇，形成重点镇带动一般镇、平原镇带动山区镇、小城镇带动农村的发展格局；合理确定和强化小城镇的产业依托，以解决农民就业为主要目标，发展符合大城市郊区特点的劳动密集型、都市型工业和第三产业；改善小城镇生态环境，提高公共设施和基础设施服务水平；推动农村人口向小城镇、中心村集中，推进村庄整合及迁村进镇，加快搬迁山区生存及发展条件恶劣的村庄，完善农村居民点的基础设施配套建设。在城市总体规划指导下，北京城乡规划一体化建设取得了初步的成效。

——建立覆盖城乡的规划编制体系。改革城乡规划体系的目标是：建立全面覆盖城乡、层级合理、相互支撑的四个层次（全市域、中心城和新城、乡和镇、村庄）、两个阶段（总体规划、详细规划）、两个补充（特定地区规划、专项规划）的城乡规划体系。在城市总体规划实施过程中，市规划委先后组织编制了中心城控规调整、新城规划、新农村规划以及特定地区规划和专项规划等，以落实科学发展观为主旨的城乡规划体系，基本实现了全覆盖，走在全国的前列。

在乡镇规划中，坚持"部门联动、市区配合"原则，创新与规范审查审批机制，建立完善相关技术标准，全面推进乡镇规划工作，为全市城乡统筹发展奠定坚实的基础。在村庄规划中，在全国率先组织编制完成了全市村庄体系规划。此外，还编制了北京市及10个远郊区县的村庄体系规划，初步实现了"一村一图"，建立了覆盖城乡的规划体系，为村镇发展建设提供了依据。

——加强城乡规划统筹力度。在城市总体规划指导下，北京市大力构建现代城镇体系，协调推进中心城区、新城和小城镇发展，实施城镇化与新农村建设"双轮驱动"，充分体现了"人文北京、科技北京、绿色北京"的内容。同时，政府通过公共财政手段不断加大投入力度、推动公共资源向农村倾斜，始终坚持协调处理市场机制与政府调控的关系。通过重点村改造和城市化拆迁工作，使农村居民市民化，完善了城乡结合改革，推动了城镇化进程和新农村建设。实施试点村庄建设和基础设施进村建设，改善了试点村的村容村貌，对村庄社会经济发展起到了促进作用。例如开展"5+3"基础设施建设工程，即包括以街坊路硬化、安全饮水、户厕改造、垃圾处理、污水处理为内容的农村五项基础设施建设工程和"让农村亮起来，让农民暖起来，让农业资源循环起来"工程，改善了农村生活用能结构，提高了农民的生活质量，减少了农村污染，取得了一定的经济、生态和社会效益。

——加强专项规划和政策研究。近年来随着全市城乡接合部矛盾问题的凸显，市规划委及市规划院着重加强了城乡接合部地区村庄改造、农民转移、绿化实施等规划研究和实施工作，大大增强了城乡统筹规划深度和实施力度。主要工作包括三个层次：一是相关规划工作，例如"以疏解中心城人口功能为目标的新城规划发展建设""第一道绿化隔离地区（城乡接合部）规划发展建设""第二道绿化隔离地区规划发展建设""小城镇规划发展建设""村庄规划实施"等；二是相关政策研究，例如"推进首都城镇化健康发展中小城镇规划实施与发展机制研究""北京市村庄规划建设管理指导意见""城镇化地区村庄发展建设时序及相关政策研究""北京农村地区集体建设用地规划管理的相关政策研究"等。

——强化城乡规划管理。现行管理模式形成了由市规划委和各区县规划分局构成的两级管理体系，各区县规划分局被授权完成一些简单项目的审批，而涉及地方政府重要的事权项目，要上报市规划委审批。同时，把农村建设的规划管理纳入规划管理体系，规定在乡、村庄规划区内，实行"一书三证"许可制度，完善了切实解决农村实际生产、生活需要的农村规划管理机制。

——加强城乡规划监督。实行由上级行政部门的全面监督、人民代表大会对规划的实施与修改的监督及全社会对违反规划行为的公众监督组成的监督制约机制，对行政权力起到有效的制约作用；并强调城乡规划制定、实施全过程的公众参与，建立了结构合理、程序严密、制约有效的"阳光规划"体系，切实保障广大群众的知情权、参与权、表达权和监督权，推进了城乡规划民主决策机制，规范了城乡规划行为，提高了规划的科学性和严肃性。

——完善城乡规划法规及规划标准。2009年5月22日，北京市第十三届人大常委会第十一次会议审议并通过《北京市城乡规划条例》，自2009年10月1日起实施，在法律层面实现了北京市城乡规划立法的统一。此外，还探索制定了一系列村庄规划编制指导意见和技术标准，保障村庄规划的规范，如《村庄试点用地分类及制图标准》《2006—2007年北京市新农村建设村庄规划编制工作实施指导意见》《北京市重点村村庄规划编制工作方法和成果要求》《北京市一般村村庄规划编制工作方法和成果要求》等，明确了村庄规划的内容、方法和标准，为规范村庄规划管理提供了依据。

（三）从城乡规划一体化到城乡融合

尽管北京城乡规划编制和管理水平取得了长足进步，但在2017年新版城市总体规划编制之前，在乡村振兴和减量发展、高质量发展的大形势下，乡村规划的体制机制还有很多不适应之处。主要体现在：

其一，城乡二元结构没有根本改变，城乡一体化发展过程呈现出新的特点。一是城乡差距问题仍然突出。农村的生活与消费水平与城市仍存在较大差距，农村居民收入与城市居民尚有50%以上的差距，农村基础设施条件及环境建设有待提升，社会服务水平有待提高。二是外来人口规模巨大。北京现有外来人口接近800万人，其中约有400万人聚集在城乡接合部地区，带来了管理困难、治安混乱、违法建设蔓延、产业发展低端、城市环境脏乱差等问题。三是城乡经济社会呈现多元化发展。城乡发展投资主体、利益主体更加多元，地区发展情况存在差异，城乡一体化发展模式更加多样化，城镇化步伐加快带来农村集体成员身份变化、就业形态、社会管理等更加复杂的问题，在关注户籍转换赋予农民平等市民权的同时，更加重视集体资产的同步市场化、城镇化，最终将农村户籍人口转变为有资产的新市民。四是户籍农民城镇化意愿不高，村庄数量和户籍农业人口转移速度也逐年下降。从村庄数量看，2018年全市现状行政村个数为3912个（2016年为3936个），1990年为4481个，1990年至2003年撤销506个，而2003年至2016年仅撤销49个。从户籍农业人口转移情况看，2000年至2005年，全市户籍农业人口从347万人减少到300万人，年均城镇化转移数量约为9.4万人，而

2006年至2016年户籍农业人口仅从292万人下降到231万人，年均6.1万人，呈逐年下降趋势。

其二，产业、用地、人口资源未得到有效配置。首先，目前城市建设用地土地利用效益远远高于集体建设用地。在地均产出与消耗方面，与市级以上工业开发区相比，乡镇工业用地还存在布局分散、土地浪费、地均产出与地均就业人数明显较低而资源消耗量明显较高的现象。其次，违法建设蔓延，农民依靠低端产业的低租金增加收入。最后，随着郊区基础设施和区位条件的不断改善，发展动力强劲，违法用地和建设增多，而且违法建设高发区域继续向近郊区与远郊区接合部蔓延。

其三，城乡协同发展机制有待强化，新城和小城镇在带动农村地区发展方面的作用尚未完全发挥。在城市发展空间不足的同时，农村土地利用效益低下，土地统筹利用机制尚未建立。具体表现在：一是中心城人口、产业和功能过度聚集的局面没有发生根本改变。新城建设尚处于起步阶段，没有形成吸纳中心城区人口和产业的"反磁力中心"，对城乡统筹的带动作用尚不明显。二是城市重要功能区、重要项目建设对城乡一体化的带动作用没有显现。三是小城镇发展定位不明确，产业集中度不够，企业数量多，单体规模小，布局分散，产业层次较低，产业发展与城镇化协同作用不够，造成农村城镇化缺少稳定的资金来源，小城镇建设对城乡统筹的带动作用不明显。

其四，规划编制及管理机制、集体建设用地相关政策尚需完善。在规划编制方面，存在城乡规划脱节、缺少有效衔接的问题。可以归纳为三个方面：一是城乡统筹一体化规划的缺位。目前，由于土地利用规划与城市规划尚未统筹覆盖集体土地，在总体定位、规模布局、实施路径等方面尚未形成统一认识，加上部门之间协同性不足，很多地区的规划处于分散实施、缺乏统筹的状态，使各类违法建设有了可乘之机。二是用地控制的缺位。规划土地分类标准不完善，在区分建设用地与非建设用地之间存在困难。一些用地功能模糊，很难界定用地性质。三是农村基础设施标准以及公共设施配置标准的缺位。在规划管理方面，偏重国有土地的管理，对集体土地管理薄弱。在集体土地管理中，宅地尚有标准和证，产业用地管理基本缺失。

其五，村庄规划不完善。主要问题为：一是村庄规划编制起步较晚、系统性不强，缺乏明细的编制标准。北京现行的新农村建设规划与城市功能区规划等仍然带有明显的城乡规划分割的痕迹，使介于城乡过渡地带的城乡接合部等城市化区域的发展处于尴尬的"空白"境地。导致这种"空白"境地的关键原因是规划没有按照城乡一体化提供的新的视野和手段，对区域内的发展进行战略性的控制和调整，使城市和乡村规划之间缺乏统筹协调，衔接不够，已经不适应经济社会迅速发展的新形势。二是村庄规划质量不高，不能有效发挥应有的指导作用。北京农村规划长期以来一直滞后于农村经济社会发展的需求，相比城市而言，农村规划任务繁重，存在起点低、水平低、层次低的现象。如：有些规划内容与发展实际脱节，与所在区县和镇的发展规划、土地利用规划等上位规划不相衔接；另有一些规划缺乏严肃性，随意变动，不严格执行规划。三是村庄规划实践性不强。北京农村地区人口的分散性、村庄的多样性和异质性，使得要保证规划切实符合当地情况并具有可操作性面临较大的挑战，还有大量后续工作有待深化和落实。四是防火规划、地质灾害防治规划、生态保护规划、矿产资源规划等各个专项规划相对滞后，缺乏统一的规划实施标准和激励机制，是当前北京村庄规划建设中的一个薄弱环节，跟不上发展的需要，也存在一定隐患。

其六，城乡规划制定和管理体制依然不完善。一是快速城镇化时期地方发展需求巨大，现行的城乡规划制度形成的总规、控规两个层面的法定规划，已经无法满足地方政府或相关部门基于市场化投资建设需求；二是规划监督及执法力度需要进一步提高。由于规划制定和管理中监督机制的不完善和部门协作联合执法力度的不够，有些规划内容未能完全按照预设方案实施，在实施过程中存在随意变更、建设、占地等违规违法现象，降低了规划的严肃性和权威性。

为此，新版城市总体规划着力突出城乡统筹发展理念，专门用一章对促进城乡发展一体化作出了安排。一是深入落实首都城市战略定位，建设国际一流的和谐宜居之都，必须把城市和乡村作为有机整体统筹谋划，破解城乡二元结构，推进城乡要素平等交换、合理配置和基本公共服务均等化，推动城乡统筹协调发展。二是充分挖掘和发挥城镇与农村、平原与山区各自优势与作用，优化完善功能互补、特色分明、融合发展的网络型城镇格局。三是全面推进城乡发展一体化，加快人口城镇化和经济结构城镇化进程，构建和谐共生的城乡关系，形成城乡共同繁荣的良好局面，成为现代化超大城市城乡治理的典范。总规明确的基本原则及主要创新体现为：

——加强分类指导，明确城乡发展一体化格局和目标任务。完善新型城乡体系，针对平原地区和生态涵养区不同资源禀赋条件，创新完善中心城区—城市副中心—新城—镇—新型农村社区的现代城乡体系，制定分区指导、分类推动、分级管控的城乡一体化发展策略，形成以城带乡、城乡一体、协调发展的新型城乡关系。集约紧凑的宜居城区、各具特色的小城镇和舒朗有致的美丽乡村相互支撑，景观优美、功能丰富的大尺度绿色空间穿插其中，着力形成大疏大密、和谐共融、相得益彰的城乡空间形态。按照不同区域资源环境承载能力、功能定位和生态保护要求，建立分区分类建设强度管控机制。

——建设绿色智慧、特色鲜明、宜居宜业的新型城镇。包括：（1）加强分类引导。重点把握好新型城镇建设的三种形态，切实发挥镇在城乡发展一体化中承上启下的重要作用。①新市镇建设：选择在城市重要发展廊道和主要交通沿线、有良好发展基础、资源环境承载能力较高的地区，建设具有一定规模、功能相对独立、综合服务能力较强的新市镇。新市镇是辐射带动和服务周边乡镇地区发展，承接中心城区部分专项功能疏解转移，具有完备的公共服务设施和基础设施的新型城镇。②特色小镇建设：依托资源禀赋和特色文化资源，着力培育特色产业功能，探索引导功能性项目、特色文化活动、品牌企业落户小城镇。塑造特色风貌形态，提升建成区环境品质，建设一批历史记忆深厚、地域特色鲜明、小而精的特色小镇。③小城镇建设：发挥小城镇促进本地城镇化的作用，着力提升基础设施和公共服务水平，加强绿色生态保护，推进城镇化和农业现代化融合发展，将镇中心区建设成为本地区就业、居住、综合服务和社会管理中心。（2）加强分区指导。位于中心城区、新城内的乡镇，重点推进土地征转、完善社会保障，实现城市化改造；中心城区、新城外平原地区的乡镇，培育强化专业分工特色，适度承接中心城区生产性服务业及医疗、教育等功能，提高吸纳本地就业能力，促进农村人口向小城镇镇区有序集聚；山区乡镇充分发挥生态屏障、水源涵养、休闲度假、健康养老等功能，带动本地农民增收。（3）加强开发建设管控。严格控制小城镇建设规模，集约紧凑与宜居适度相结合，营造疏密有致、绿色生态的景观环境。创新小城镇建设实施方式，鼓励存量用地转型升级，吸引社会资本参与，防止变相搞房地产开发。（4）推进新型农村社区建设，打造美丽乡村。全面完善农村基础设施和公共服务设施，加强农村环境综合治理，改善居民生产生活条件，提升服务管理水平，建设新型农村社区。以传统村落保护为重点，传承历史文化和地域文化，优化乡村空间布局，凸显村庄秩序与山水格局、自然环境的融合协调。完善美丽乡村规划建设管理机制，实现现代化生活与传统文化相得益彰，城市服务与田园风光内外兼备，建设绿色低碳田园美、生态宜居村庄美、健康舒适生活美、和谐淳朴人文美的美丽乡村和幸福家园。

——全面深化改革，提高城乡发展一体化水平。全面实现城乡规划、资源配置、基础设施、产业、公共服务、社会治理一体化。（1）城乡规划一体化。完善城乡规划管理体制，建立健全城乡一体的空间规划管制制度，创新集体建设用地利用模式。以区为主体制定集体建设用地规划和实施计划，以乡镇为基本单元统筹规划实施，全面推动城乡建设用地减量提质。（2）城乡资源配置一体化。推进农村土地征收、集体经营性建设用地入市、宅基地制度改革，探索建立城乡统一的建设用地市场。在符合规划和用途管制前提下，探索扩大集体经营性建设用地有序入市。深化集体产权制度改革，在农村土地确权登记颁证的基础上，积极探索农村土地所有权、承包权和经营权"三权分置"的有效形式，促进集体经济组织向现代企业转型，实现规模化、集群化发展。规范农村住房建设标准，制定农村建房和升级改造规程，多措并举盘活闲置宅基地等农村闲置资产，依法保障农民和集体合法权益，鼓励农民带着资产融入城市。（3）城乡基础设施一体化。改革基础设施投融资模式和建设方式，推进农村道路、公共交通、供排水设施、清洁能源供应、环卫设施、信息化等建设，着力提升农村基础设施通达水平，实现市政交通服务全覆盖。加强生态基础设施建设，着力改善农村生态环境。推广清洁能源和农村各项设施低碳化、生态化处理方式，推动农村面源污染治理、土壤污染治理和污水处理。（4）城乡产业一体化。切实发挥城市和重点功能区辐射带动作用，推动城乡功能融合对接，多渠道促进农民增收。坚持产出高效、产品安全、资源节约、环境友好的农业现代化道路，积极发展城市功能导向型产业和都市型现代农业。鼓励集体经营性建设用地资源与产业功能区和产业园区对接，利用减量升级后的集体经营性建设用地发展文化创意、科技研发、商业办公、旅游度假、休闲养老、租赁住房等产业。合理调减粮食生产面积，推进高效节水生态旅游农业发展，注重农业生态功能，保障农产品安全，全面建成国家现代农业示范区。利用现有农业资源、生态资源以及集体建设用地腾退后的空间，探索推广集循环农业、创意农业、农事体验于一体的田园综合体模式。（5）城乡公共服务一体化。缩小城乡基本公共服务差距，实现农村基本公共服务均等化。完善农村地区教育、医疗、文化等公共服务设施，提高公共服务水平；整合城乡医疗保险制度，构建城乡一体化医疗保险体系；完善城乡社会保障制度，实现全市低保标准城乡统一，提升农村社会福利和民生保障水平。鼓励和促进有能力在城镇稳定就业、生活的农村人口向城镇集中，实现就地就近城镇化。（6）城乡社会治理一体化。统筹城乡社会管理，建立城乡一体的新型社会管理体系，提升农村地区治安管理、实有人口管理、群众矛盾调解、环境卫生综合整治等社会治理能力。深化农村组织制度改革，完善农村治理结构，积极探索村民自治社会管理模式，多途径提高农民组织化程度，大力发展多种形式的农民专业合作组织，充分发挥农村集体经济组织、村民自治组织的作用。

——提高服务品质，发展乡村观光休闲旅游。明确发展目标，优化空间布局，加强乡村观光休闲旅游设施建设，全面提升乡村旅游服务水平。包括：（1）明确发展目标。按照城乡发展一体化方向，坚持乡村观光休闲旅游与美丽乡村建设、都市型现代农业融合发展的思路，推动乡村观光休闲旅游向特色化、专业化、规范化转型，将乡村旅游培育成为北京郊区的支柱产业和惠及全市人民的现代服务业，将乡村地区建设成为提高市民幸福指数的首选休闲度假区域。（2）优化空间布局。依托京郊平原、浅山、深山等地区的山水林田湖草等自然资源和历史文化古迹等人文资源，结合不同区域农业产业基础和自然资源禀赋，完善旅游基础设施，提高公共服务水平，打造平原休闲农业旅游区、浅山休闲度假旅游区和深山休闲观光旅游区。（3）加强乡村观光休闲旅游设施建设。推动乡村旅游与新型城镇化有机结合，建设一批有历史记忆、地域特色的旅游景观小镇。提升民俗旅游接待水平，培育一批有特色、环境优雅、食宿舒适的高端民俗旅游村。完善空间布局，建设具有高水平服务的乡村旅游咨询和集散中心。促进乡村旅游与都市型现代农业、文化体育产业相融合，发展乡村精品酒店、国际驿站、养生山吧、民族风苑等新型业态，建设综合性休闲农庄。推动乡村旅游目的地周边环境治理，推进登山步道、骑行线路和景观廊道建设。

三、南北协调发展

新中国成立后的几十年间，北京市一直重视各地区之间相互协调的经济社会发展和城市建设，通过做好城市总体规划、各项城乡规划以及经济社会发展规划、土地利用规划等，统筹协调投资计划、建设项目、各项政策等，推进产业发展和城乡建设，但由于历史原因和多种因素综合影响，南城和南部地区①的发展建设一直相对落后于北部地区。20世纪80年代末期以来，学术界、社会各界及居民百姓中，不断有"加快南城发展、缩小南北差距"的呼声。对此，1993年的《北京城市总体规划（1991年至2010年）》基于促进区域协调发展和逐步缩小南北发展差距的考虑，将东南方向确定为北京城市发展的主要方向和主要发展轴②，为加快南部地区发展创造条件；之后的2005年城市总体规划延续了这一创新规划思路，各级政府也在不断加大对南城及南部地区产业发展与基础设施建设的投入。但是，受南城和南部地区发展的基础条件较差等诸多因素影响，到2008年前后，随着奥运会的举办以及中关村核心区、商务中心区、奥运中心区等重点功能区的建设，南北地区发展的差距继续拉大。

　　自2008年以来，为进一步解决好多年来受到社会各界广泛关注，也是百姓反映最多的民生问题之一的北京南部地区发展长期滞后问题，促进城市南北均衡发展，市政府决定专项研究如何加快南城发展。至2009年，市规划部门编制完成《北京城市南部地区发展实施规划（2010年—2020年）》《北京城市南部地区发展规划实施纲要》（统称《规划实施纲要》），为市政府推进南部地区发展提供了重要依据。《规划实施纲要》的研究编制，在开展深入研究和民意调查的基

---

①　南城和南部地区，泛指北京城市中长安街以南的地区。2010年前，包括崇文、宣武、丰台、大兴、房山、石景山六区及亦庄新城地区，也是"城南行动计划"所覆盖的区域。2010年，北京市进行行政区划调整，以原东城区、崇文区的行政区域为新东城区的行政区域，以原西城区、宣武区的行政区域为新西城区的行政区域，这之后的"城南行动计划"所涉及的区域，主要是丰台、房山、大兴3个行政区和北京经济技术开发区。

②　1993年《北京城市总体规划（1991年至2010年）》提出："城市东部和南部平原地区，向东有高速公路、铁路通向天津新港、秦皇岛港、唐山港和黄骅港等出海口，向南又有主要铁路、公路干线通向广大中原腹地和东南沿海经济发达地区，具有明显的优越条件，将成为北京城市发展的主要方向。沿京津塘高速公路是城市主要发展轴。"

础上①，总结经验教训，借鉴发达国家大城市非均衡发展的经验做法，统筹协调多项相关规划，将南部地区涉及的战略思路和重要项目，统筹协调纳入加快南城发展的统一战略框架下，确定了加快南部地区发展和加强区域协调发展统筹的发展战略、规划策略、实施对策、政策保障，以及分期、分阶段实施要点等，为推进南部地区统筹发展提供了规划依据和指导。《规划实施纲要》提出，要通过规划实施逐步建立三大平台，即政府引导南部地区长远发展和近期建设规划管理平台，政府统筹南部地区各类规划、议案、计划建设实施平台，政府保障南部地区发展计划长效投资平台。

2009年11月，北京市34个部门和城南五区共同参与制定的《促进城市南部地区加快发展行动计划》（简称《城南行动计划》）正式对外公布，于2010年至2012年实施，这一重大创新机制成为统筹多项规划、协同推进城南地区发展建设的重要平台，大大促进了南城及南部地区的发展。第一阶段行动计划围绕基础设施、产业园区、主导产业培育和民生改善四大领域，集中力量推进实施了163项利于促进城南地区长远发展的重大项目，完成行动计划投资2100亿元，其中市政府投资370亿元，带动全社会完成投资4500亿元。2013年至2015年，北京市颁布实施第二阶段行动计划——《关于促进城市南部地区加快发展第二阶段行动计划（2013年—2015年）》，继续补短板、打基础，重点推动基础设施、公共服务、生态环境、产业发展等方面项目建设。

---

① 《北京城市南部地区发展实施规划（2010年—2020年）》《北京城市南部地区发展规划实施纲要》的研究编制，在开展多项专题研究的基础上，深入开展各区综合调研，了解民意，广泛征求百姓、企业、政府的意见，完成了6个人大建议案和政协提案的落实，20次调研征询（12个委办局、8个区的调研），20位专家征询及数十次专题会议研讨，完成针对100家企业、500个居民问卷意见的民意调查，夯实规划的民意基础。实施纲要提出的关于推进"亦庄、大兴行政区划资源调整"，将"加快实施南部地区产业发展纳入'十二五'规划"，关于"推进4+10战略及优先解决南部交通基础设施、公共设施建设，南部十大产业园划入中关村自主创新示范区"，以及加快"新机场临空经济区建设"等五项意见、建议被政府采纳，有效推进了规划落地实施。

针对北京南北、内外、城乡发展不均衡问题，2017年《北京城市总体规划（2016年—2035年）》提出，以重大基础设施、生态环境治理、公共设施建设和重要功能区为依托，带动优质要素在南部地区聚集，加快南部地区发展；明确各区功能定位，促进主副结合发展，加快内外联动发展，山区和平原地区互补发展。其中，南北均衡发展内容包括四个层面：一是着力改善南北发展不均衡的局面。以北京新机场建设为契机，改善南部地区交通市政基础设施条件。二是以永定河、凉水河为重点，加强河道治理，改善南部地区生态环境。三是加强公共服务设施建设，缩小教育、医疗服务水平差距。四是以北京经济技术开发区、北京新机场临空经济区、丽泽金融商务区、南苑—大红门地区、北京中关村南部（房山）科技创新城、中关村朝阳园（垡头地区）等重点功能区建设为依托，带动优质要素在南部地区集聚。从行政辖区的功能建设和实施重点看，丰台区应建设成为首都高品质生活服务供给的重要保障区、首都商务新区、科技创新和金融服务的融合发展区、高水平对外综合交通枢纽、历史文化和绿色生态引领的新型城镇化发展区。朝阳区南部应将传统工业区改造为文化创意与科技创新融合发展区。其他南部地区加强基础设施和环境建设投入，全面腾退、置换不符合城市战略定位的功能和产业，为首都生产生活提供高品质服务保障，促进南北均衡发展。

2018年至2020年，北京市颁布实施第三阶段行动计划——《促进城市南部地区加快发展行动计划（2018年—2020年）》。新一轮城南行动计划在继续补短板的同时，围绕"筑高地"，推动资源要素集聚共享，逐步将南部地区建设成为首都发展的新高地。新一轮《城南行动计划》包括53项重点任务，按年度进行细化分解和落实。至2019年，一批亮点项目在丰台、房山、大兴和北京经济技术开发区落地实施，完成投资超千亿元。《城南行动计划》这一重大创新规划实施机制和投资协调平台，为推进南城及南部地区发展提供了强大动力与支撑。

四、京津冀区域协同

从区域关系上看，北方地区总体上缺乏特大城市的"供给"，在开放的市场环境下，北京在就业吸引力、公共服务能级、文化软实力等方面具有绝对优势，从而造成了十分突出的"一极独大"效应。而另一方面，京津冀区域存在与核心城市联系微弱的环京贫困带，如何用北京的减量带动区域的增量、用北京的疏解带动区域的提升成为一个朴素的规划命题。然而，问题并非可以简单地通过功能增减和要素迁移即可解决，除了大事件、大工程的带动，完善区域空间结构成为2017年新版城市总体规划最大的手笔，"一核两翼"的提出即是在区域尺度上重构京津冀功能结构的重大举措。以区域协同引领北京城市功能与空间发展，关键是如何通过市场和政策的刺激提高京津冀范围城市之间的经济联系强度，这是北京城市规划一直在探索的问题。

（一）从首都到"首都圈"：区域空间结构战略方针的演变

北京作为首都，在服务中央、服务全国的同时，加强与周边城市和地区的协调发展，以解决好水源不足、能源紧缺、环境污染，以及经济发展、交通联系、文化交流等诸多问题，是城市发展战略必须优先考虑的问题，也是城市总体规划需要协调安排的重点内容。

从新中国成立之初到改革开放初期的30多年间，北京编制的历次城市总体规划，都对相关区域协调发展提出了规划原则与要求，体现了规划立足首都、协调区域、共同发展的创新思想和理念。如1954年《改建与扩建北京市规划草案》提出："为了减少穿城而过的货运，在规划区的外围修筑一条主要用于货运的环路，并使其与天津、保定、通县、张家口、承德等城市来京的公路连接起来。"为解决北京严重缺水和雨季易涝的问题，规划明确引永定河和潮白河水入城；以通惠河或萧太后河为基础，开辟京津运河，利用护城河开辟市内运河。1958年6月上报中央的城市总体规划方案，对于水源问题，提出从北京附近的大河引水的三步设想。其中，第一步引永定河水已经实现；第二步是引潮白河、滦河的水，解决京津两市近期用水；第三步是结合全国水利灌溉计划，把黄河水引来，彻底解决京津一带的用水问题。当时还提出引黄河水经桑干河入京的方案。1958年9月修改后的城市总体规划又提出："必须与山西省协作，以红河口把黄河水经桑干河引到北京来。争取京广运河早日建成。"1983年《北京城市建设总体规划方案》，对于京津协调发展，明确提出市区东南至天津方向，在规划的快速铁路、公路建成后，也将形成一条重要的交通走廊。对于环境保护，规划从区域角度分析了存在的问题，提出区域协调推进的规划策略，如："在北京地区的环境建设中，诸如水源不足，风沙危害，生态平衡失调和灵山、松山、雾灵山等自然保护区的划界等问题，还要结合京、津、唐、冀北地区的区域规划进一步研究解决。"规划还就对外交通建设、水源建设、能源建设等提出区域共同建设的规划对策。[①]对于京津冀区域协调发展，规划提出："北京的总体规划在实施中遇到的许多问题涉及华北地区，尤其是京津唐地区、雁北地区、张家口和承德地区，需要国务院主管部门加强对区域规划工作的领导，统筹安排。"1983年7月，党中央、国务院在对《北京城市建设总体规划方案》的批复中指出："北京的经济发展，应当同天津、唐山两市，以及保定、廊坊、承德、张家口等地区的经济发

---

① 1983年《北京城市建设总体规划方案》，对于对外交通建设，提出加强道路系统、公路系统和铁路枢纽建设的要求，逐步建设四个环路、九条主要放射路、十四条次要放射路，形成有十条铁路干线（京山、京原、京广、丰沙、京包、京承、京秦、京通、京九、京津）和两个环线，四个主要客运站，一个主要编组站和几个辅助编组站组成的北京铁路枢纽；对于水源建设，规划提出了引黄（黄河）济永（永定河）以增加官厅水库水源和从丹江口引长江水到北京的两种规划设想；对于能源建设，规划提出建议结合华北地区资源分布和能源工业的发展，全面规划、统一安排，在煤炭基地附近建设大型区域性电厂，向北京输电，以及大力加强华北地区（包括渤海）天然气资源的勘探开发工作，力争早日引天然气进北京，气化首都。

展综合规划、紧密合作、协调进行。国家计委要负责抓好这件事。"①
这体现了党中央、国务院对加强京津冀区域协调发展的高度重视，是
重要的政策机制创新，对促进和引导京津冀区域协调发展起到保障
作用。

新中国历史上一直从京津冀区域层面出发寻求首都与区域协调
发展的答案，不同历史阶段对京津冀区域的定位经历了"京津唐地
区—首都圈—环京经济协作区—环渤海地区—京津冀北地区（大北京
地区）—京津冀都市圈—环首都经济圈—首都经济圈"等的演变。具
体如下：1976年，中科院地理所对冀东工业区的研究提出京津唐地
区概念；1983年《北京城市建设总体规划方案》首次提出"首都圈"
的概念；1988年，为加快推动横向经济联合，北京和河北省六市（张
承保廊唐秦）合作组建了环京经济协作区；1996年，国家"九五"计
划提出建立7个跨省市的经济区，其中环渤海地区是重要的目标区
域；2001年，吴良镛提出"京津冀北"和"大北京地区"的概念；
2004年，国家发改委以京、津两市和河北省八地市为范围开展《京
津冀都市圈规划》；自2006年起，市规划部门参与国家建设部组织开
展的《京津冀区域城镇群协调发展规划》的研究编制，组织开展京
津冀城镇群规划调研及区域规划整合研究，陆续完成京津冀城镇体系
布局研究等多项区域规划研究；2010年，河北将环绕北京的14个县
市划定为环首都经济圈，后改为环首都绿色经济圈；2011年，国家
"十二五"规划纲要提出，推进京津冀区域经济一体化发展，打造首
都经济圈。

按照区域协作的进程，首都区域协作可分为5个阶段：

阶段一（1949年—1979年）：中央计划协调和地方自成体系。改
革开放以前，在中央计划经济管理下，以经济功能膨胀为先导，导
致该地区呈现出京津冀地区生产要素高度集中。其中，以京津两地

---

① 1983年党中央、国务院对《北京城市建设总体规划方案》的批复，分别抄送天
津市委、市政府及河北省委、省政府，体现了党中央、国务院对加强区域协调发展问题
的高度重视，是重要的政策机制创新。

的大项目集聚尤为突出，特别是水利建设方面；国家经济建设重点在大城市的原则下，资源能源优先保障京津，使河北发展受到限制，加剧了区域差异；中央提出各地建立自成体系的工业经济，再加上严重的"条块分割"体制，直接导致京津冀三地产业呈现无序竞争的格局。

阶段二（1980年—1985年）：地区间协作的开端。物资协作，互通有无。驱动力：改革开放之初，现代化建设迅速开展，造成极大的物资短缺，这种条件下，必须开展物资互通，通过地区间互通有无来"抱团取暖"。标志事件：1981年10月，在内蒙古自治区召开了第一次华北地区经济技术协作会议，提出"互助互利、互相协商、取长补短、共同发展"（1981年—1990年，共7次），标志着现代意义的区域合作开启，协作由分散的部门行为转为有组织的协作。1983年，京津分别成立了主管横向经济联合的职能机构，但合作仅在低水平徘徊。在水资源方面，北京发展对水的需求大增。1981年，国务院召开京津用水紧急会议，决定密云水库此后将不再为天津、河北供水，专供北京，解首都之渴。

阶段三（1986年—1991年）：政府搭台建设市场联系。驱动力：随着有计划地逐步建立起商品经济，市场逐步活跃，简单的物资串换无法满足快速发展对生产资料的需要，要求进一步开展市场联合。重大事件：1986年，国务院发布《国务院关于进一步推动横向经济联合若干问题的规定》，推动商品经济；1986年，邻近地区相继组建了"燕北经济协作区""燕南经济协作区"，并在此基础上，于1988年8月组建了"环京经济协作区"（北京和河北六市）。1986年，天津发起和倡导成立环渤海地区经济联合市长（专员）联席会。1986年，河北省在廊坊召开的环京津经济协作座谈会上提出了"依托京津、服务京津、共同发展"。无序竞争的持续：在当时的计划经济背景的延续和市场资源有限的条件下，京津冀各地区在经济建设方面缺乏有效的分工协作，相互竞争激烈，典型的是北京与河北建立"环京经济协作区"，天津则与辽宁、山东一些地市建立"环渤海区域联席会"，这一影响一直持续到今天。

　　阶段四（1992年—2003年）：政策导向的招商引资、对口帮扶合作。邓小平南方谈话后，加快环渤海地区发展的思想在中央高层决策中确立。党的十四大报告、十四届五中全会均指出要加快环渤海地区的经济发展；在一些政策方针和市场机制的双重指引下，三方要素交流不断增强，京津一些技术低、能耗多、污染重的产业向河北转移。但是不均衡现象仍较为突出，也出现了地区间资源竞争的强化。在提出构建社会主义市场经济条件下，政府精简机构，掀起全民办企业的热潮，很多原来政府事务转向通过市场解决；合作初期那种开展合作就可以很快见到效益的事情已不多见，区域组织又难以承担起区域规划和政策协调的职责，解决不了深层次的问题，影响了区域协作进一步发展。经过10年建设，企业间的联系已经建立起来，不再需要政府搭台。区域合作状态：签订的一系列协议和合作均属"务虚"，仅就解决一些问题提出建议，未触及协作壁垒的深层次问题；区域协作和区域组织逐步削弱。华北地区经济技术协作会在经历了1981年到1990年的7次会议后销声匿迹，环京经济协作区自1994年后工作步入低潮。由于缺少统一规划和统筹协调，区域内地区政府之间、企业之间的盲目竞争、重复建设也愈演愈烈。

　　阶段五（2004年—2014年）：探索规划引导统筹安排。驱动力：随着科学发展观的逐步确立，国家开始加强对首都区域的规划协调力度，区域合作逐步深化。2004年2月，京津冀三方签订了《廊坊共识》，正式确定"京津冀一体化"发展思路；2004年11月，国家发展改革委启动了《京津冀都市圈区域规划》，标志着区域协作进入了一个新阶段。地方持续博弈：首都区域范围争论不断，国家发展改革委编制的《京津冀都市圈区域规划》一直没有出台；2010年10月，河北省将14县市划入环首都经济圈，其后又对北京新机场建设中发展规模和空间布局问题展开博弈。

（二）从首都区域到京津冀城市群：世界级城市群的提出与"一体两翼"建设目标的确立

新时期以来，围绕首都形成核心区功能优化、辐射区协同发展、梯度层次合理的城市群体系，探索人口经济密集地区优化开发的新模式，着力建设绿色、智慧、宜居的城市群，2017年新版城市总体规划进行了全面部署。核心目标是强化在推进国家新型城镇化战略中的转型与创新示范作用，提升京津冀城市群在全球城市体系中的引领地位。推动京津冀区域建设成为以首都为核心的世界级城市群、区域整体协同发展改革引领区、全国创新驱动经济增长新引擎、生态修复环境改善示范区。主要的创新体现在：

——促进北京及周边地区融合发展。在半径50公里左右的北京及周边地区，加强跨界发展协作和共同管控，建设国际化程度高、空间品质优、创新活力强、文化魅力彰显、公共服务均等、社会和谐包容、城市设计精良的首善之区。

——推动京津冀中部核心功能区联动一体发展。以首都为核心、半径150公里左右的平原地区，是带动京津冀协同发展的核心区域。重点抓好非首都功能疏解和承接工作，推动京津保地区率先联动发展，增强辐射带动能力。推进京津双城功能一体、服务联动，引导京津走廊地带新城和重点功能区协同发展；以节点城市为支撑，形成若干职住平衡的高端功能中心、区域服务中心、专业化中心；支持建设若干定位明确、特色鲜明、规模适度、专业化发展的微中心，建设现代化新型首都圈。

——构建以首都为核心的京津冀城市群体系。以建设生态环境良好、经济文化发达、社会和谐稳定的世界级城市群为目标，建立大中小城市协调发展、各类城市分工有序的网络化城镇体系。聚焦三轴，将京津、京保石、京唐秦等主要交通廊道作为北京加强区域协作的主导方向；依托四区共同推动定位清晰、分工合理、协同互补的功能区建设，打造我国经济发展新的支撑带。

（三）从中心城—新城到首都功能核心区—北京城市副中心—雄安：构筑协同一体的城市群空间体系

从区域发展目标上，新时期首都与区域发展的互动和创新驱动体现在四个层面：一是充分发挥北京一核的引领作用，把有序疏解北京非首都功能，优化提升首都功能，解决北京"大城市病"问题作为京津冀协同发展的首要任务，在推动非首都功能向外疏解的同时，大力推进内部功能重组，引领带动京津冀协同发展。二是强化京津双城在京津冀协同发展中主要引擎作用，强化京津联动，全方位拓展合作广度和深度，实现同城化发展，推进面向全球竞争的京津冀城市群中心城市建设，共同发挥高端引领和辐射带动作用。三是实现北京城市副中心与河北雄安新区比翼齐飞，北京城市副中心与河北雄安新区共同构成北京新的两翼，应整体谋划、深化合作、取长补短、错位发展，努力形成北京城市副中心与河北雄安新区比翼齐飞的新格局。四是共同构建京津冀网络化多支点城镇空间格局，即发挥区域性中心城市功能，强化节点城市的支撑作用，提升新城节点功能，培育多层次多类型的世界级城市群支点，进一步提高城市综合承载能力和服务能力，有效推动非首都功能疏解和承接聚集。

当前区域空间结构调整最大的"动作"在于全方位对接和积极支持河北雄安新区规划建设。通过主动加强规划对接、政策衔接，积极作为，全力支持河北雄安新区规划建设，推动非首都功能和人口向河北雄安新区疏解集聚，打造北京非首都功能疏解集中承载地，与北京城市副中心形成北京新的两翼，形成北京中心城区、北京城市副中心与河北雄安新区功能分工、错位发展的新格局。主要创新：一是建立与河北雄安新区便捷高效的交通联系。按照网络化布局、智能化管理、一体化服务要求，构建便捷通勤圈和高效交通网。依托和优化京昆高速、京港澳高速、大广高速、京霸高速等既有高速公路通道，规划新增抵达河北雄安新区的高速公路，实现北京与河北雄安新区之间高速公路快捷联系。依托干线铁路，优化京石城际、固保城际线位，加强与河北雄安新区交通枢纽的有效连接，积极扩容现有交通廊道，加大线网密度，实现与北京本地轨道交通网络的有效衔接。加强北京新机场、北京首都国际机场等国际航空枢纽与河北雄安新区的快速连接。二是支持在京资源向河北雄安新区转移疏解。加强统筹，支持部分在京行政事业单位、总部企业、金融机构、高等学校、科研院所等向河北雄安新区有序转移，为转移搬迁提供便利。做好与河北雄安新区产业政策衔接，积极引导中关村企业参与河北雄安新区建设，将科技创新园区链延伸到河北雄安新区，促进河北雄安新区吸纳和集聚创新要素资源，培育新动能，发展高新产业。在河北雄安新区合作建设中关村科技园区。三是促进公共服务等方面的全方位合作。全力支持央属高校、医院向河北雄安新区疏解。积极对接河北雄安新区需求，采取新建、托管、共建等多种合作方式，支持市属学校、医院到河北雄安新区合作办学、办医联体，推动在京部分优质公共服务资源向河北雄安新区转移。鼓励引导在京企业和社会资本积极参与，共同促进河北雄安新区建设完善的医疗卫生、教育、文化、体育、养老等公共服务设施和公共交通设施。

同时，在区域协同战略上，2017年新版城市总体规划首次提出了"加强交界地区统一规划、统一政策、统一管控"。主要创新：一是坚持统一规划，发展跨界城市组团。在北京东部、南部与津冀交界地区形成4个跨界城市组团，包括通州区和廊坊北三县地区，通州区南部、大兴区东部、天津武清区、廊坊市辖区，北京新机场周边地区，房山区和保定交界地区。合作编制交界地区整合规划，有序引导跨界城市组团发展，防止城镇连片开发。二是保障统一政策，加强跨界协同对接。探索建立交界地区规划联合审查机制，规划经法定程序审批后严格执行。制定统一的产业禁止和限制目录，提高产业准入门槛。统筹规划交界地区产业结构和布局，有序承接北京非首都功能疏解和产业转移，支持发展战略性新兴产业和现代服务业，促进产业差异化、特色化发展，提升整体产业水平。三是实现统一管控，有序跨界联动。首先，严控人口规模，根据疏解北京非首都功能需要，确定交界地区人口规模上限，严格落实属地调控责任。严格户籍管理，合理确定落户条件，实行与区域就业挂钩的购房政策，有效抑制人口过度集聚，促进人口有序流动。其次，严控城镇开发强度，共同划定交界地区生态控制线，沿潮白河、永定河、拒马河建设大尺度绿廊。明确城镇建设区、工业区、农村居民点等开发边界，核减与重要区域生态廊道冲突的城镇开发组团规模。建立实施国土空间用途管制制度，加强交界地区土地利用年度计划管控，严控增量用地规模，坚决遏制无序蔓延，严禁环首都围城式发展。最后，严控房地产过度开发，严禁在交界地区大规模开发房地产，严控房地产项目规划审批，严禁炒地炒房，强化交界地区房地产开发全过程联动监管。

纵观70多年北京城市与区域协调发展战略方针的演变，从"首都圈"到京津冀城市群的发展，再到建设北京城市副中心和雄安新区，推进"一体两翼"发展建设，中央政策、规划创新、改革深化为区域协调发展提供了重要的保障和支撑。

第二节 两轴建设继古开今

一、长安街及其延长线：展现大国首都形象

长安街及其延长线见证了新中国的发展历程，承载着全国人民的家国情感，具有特殊而重要的政治意义，其规划建设伴随着诸多重大历史时刻与政治事件，与国家成长的脉搏息息相关。

——新中国成立初期：复兴门至建国门段基本格局的建立。对长安街最早的规划设想是在1949年底至1950年初由苏联专家提出来的，计划在东单至府右街南侧和崇文门内大街西侧修建新的行政用房。这一规划设想虽然遭到了一些专家的反对，但中央急需办公用房，而长安街路南地区是城内不可多得的空地，这种情况主导了之后长安街沿线建筑的建设。长安街道路红线的宽度、断面形式也是1953年、1957年城市总体规划研究的问题之一。鉴于伦敦、东京、巴黎、纽约等一些大城市出现的道路拥挤情况，规划主张街道应宽一些，红线定位100～110米。在断面形式上，由于当时正处于抗美援朝后期，主要从战略考虑，定位一块板的形式，以免阻挡长安街开阔的空间，必要时也可作为飞机跑道。

天安门广场的整修、改造以及行政办公用房建设与疏导交通的需要贯穿了20世纪50年代的长安街及其延长线建设。1950年，为迎接首个国庆游行庆典，在东单路口至府前街东口之间修建了全长2.4公里的林荫大道。在原15米宽沥青路的基础上，南河沿以东的北侧和南河沿以西的南侧，各修一条15米宽的新路，新旧路之间有15～20米宽的林荫带，有轨电车行驶其中。1953年，展宽了建国门至西大望路段，路面由7米扩展到10米。1955年，展宽了西单路口至南长街南口段，路面由12～24米扩展到32～55米。1956年，打通长安街向西道路，修建西单至复兴门段，由只有5米宽的胡同修建成35米宽的沥青混凝土路。1957年，展宽了复兴门至木樨地段，路面由6米

扩展到17米。1958年，打通长安街向东道路，修建东单至建国门段，路面展宽同西单至复兴门段。1958年—1959年，完成了长安街拓宽建设中最核心的部分——天安门广场的改造，建成了总面积达44公顷的广场[①]；同时，对建国门至八王坟的道路再一次扩建，由10米扩展到30米。1959年，新中国成立10年大庆前，将南池子至南长街扩建为80米的游行大道，南池子至东单路口地段扩建为44~50米的沥青混凝土路面，新华门以东至南长街段道路也进行了相应的展宽。至此，长安街复兴门至建国门段全部拓宽为35~80米的通衢大道。这一时期，长安左右门，"履中""蹈和"两座牌楼，双塔寺及大量沿街民房先后拆除，沿线相继建设了公安、纺织、燃料、轻工、外贸、内贸等各部办公楼，人民大会堂、革命历史博物馆、民族文化宫、民族饭店、北京火车站被列为十大国庆工程，长安街的基本格局得以建立。

——20世纪60—70年代：确立"庄严、美丽、现代化"方针，"文化大革命"影响下的建设停滞。1964年，北京市政府组织编制《长安街改建规划方案》，方案虽受"文化大革命"影响未获审批，但在之后长安街的规划建设中起到了重要的指导作用，至今仍有借鉴意义，其主要内容包含以下四部分：第一，长安街形象应以严肃和活泼相结合，除了安排办公楼外，可以合理安排一些文化和商业建筑。第二，长安街应体现"庄严、美丽、现代化"的方针，沿街建筑的高度以30~40米为基调，布局要有连续性、节奏性和完整性，轮廓应简单整齐，不要有急剧高低起伏。第三，在建筑风格上，要处理好民

---

① 天门广场的改造是长安街形成与发展的核心内容。1958年12月，中共中央政治局开会讨论国庆工程，毛泽东、刘少奇、朱德、邓小平等出席，周恩来总理亲自介绍天安门广场规划设计。会议通过了综合设计方案，确定天安门广场是一座庄严雄伟的政治性广场，保留正阳门和箭楼，拆除中华门，东西两侧分别为革命博物馆、历史博物馆和人民大会堂，其体型体量和高度既取决于建筑物本身的需要，也要与广场的整体性，乃至旧有的古建筑相协调，广场面积初步确定40公顷，大致呈长方形。天安门广场扩建工程从1959年3月开工，至9月结束，仅用了6个月的时间，建成了总面积达44公顷的广场。

族化和现代化的关系，力求简洁而不烦琐，大方而不庸俗，明朗而不沉闷。第四，在建筑标准上，长安街为全国、全世界所关注，建筑标准应该高一些，但也不应与人民生活水平脱离太远。这一版规划的影响尚未显现，"文化大革命"开始，长安街沿线的建设与城市、国家共命运，进入了长达十余年的建设停滞期。

——20世纪80年代：以政治中心、文化中心为引领，规划指导下的建设。1983年《北京城市建设总体规划方案》，首次将长安街作为北京的东西轴线编入城市总体规划，在旧城改建布局中明确：保留并发展原有的南北中轴线，打通并展宽延伸东西长安街，形成新的东西轴线，两条轴线相交在天安门广场。"要继续完成天安门广场和东西长安街的改建。这里要安排党中央及国家领导机关和一些重要的大型公共建筑，形成庄严、美丽、现代化的中心广场和城市主要干道。"

1984年，为落实《北京城市建设总体规划方案》的要求，加快天安门广场和长安街的建设步伐，首都规划建设委员会办公室组织编制《长安街规划综合方案》，并于次年撰写报告正式上报党中央、国务院。规划确定的主要原则内容是：第一，充分体现首都是全国政治中心和文化中心的特点。主要安排党和国家的重要领导机关，重要文化设施和大型公共建筑，并为重大集会活动创造条件。第二，继承和发扬北京历史文化名城的优美风格和建筑艺术传统，力求有所创新，既要"现代化"，又要"民族化"。第三，继续保护北京旧城中心地区格局严谨、空间开阔、建筑平缓的传统风貌，严格控制新建筑高度。第四，贯彻"庄严、美丽、现代化"的建设方针，尽量扩大绿地，植树栽花，使建筑处于绿荫环抱之中，让街道充满阳光。第五，为各方人士和广大人民群众提供周到方便的服务。第六，把各项基础设施的建设放在优先地位。规划方案在1964年规划的基础上进行了更详细的研究，规定长安街的红线宽度为120米，天安门广场东西宽500米，南北长800米，以旧城中轴线为天安门广场主轴，北京站前、新华门和民族宫为三条副轴；在建筑高度上，东单到西单控制在40

米以内，东单以东、西单以西控制在45米以内。方案还提出，除现有的天安门广场，东单和西单各建设一处体育广场和文化广场，复兴门立交桥和建国门立交桥的周边空地进行绿化。在这一规划既要"现代化"又要"民族化"，以及严格控制新建筑高度的指导下，长安街的建设进入一次"高峰期"。当时，建成的建筑包括西长安街沿线的中国工艺美术馆、中国人民银行总行、中国民航营业大厦，东长安街沿线的中国社会科学院、海关总署、东单电话局、国际饭店、外经贸部等。

——20世纪90年代：市场经济的浪潮，"适量安排商业服务设施"。1993年《北京城市总体规划（1991年至2010年）》，首次按照市场经济体制的要求研究城市建设的方向，不同于以往的计划经济体制下的城市建设，城市性质在"政治中心和文化中心"之外，加上了"世界著名古都和现代化国际城市"，强调了文化内涵和全方位的对外开放。针对长安街建设工作，总规明确了在继续完成上版规划要求的基础上，适量安排商业服务设施，形成庄严、美丽、现代化的中心广场和城市东西轴线。

20世纪90年代，在全方位改革开放以及房地产开发热潮下，城市建设规模持续增长，长安街也毫不例外地受到社会经济大潮的影响，主要表现在：外资及国内外金融机构入驻长安街沿线，建设内容以商务写字楼及配套商业娱乐设施为主，建筑形象强调时代感和商业经营目的，长安街政治文化的形象定位受到商业经济的冲击。这一时期，东西长安街建设量为此前40年建设总量的4倍。为了用经济手段解决公共设施的维护问题，巨大的广告牌匾充斥在各大建筑上，直到新中国成立50周年大庆前才彻底加以纠正。90年代末期，为迎接香港回归及新中国成立50周年，对公主坟至大北窑段全长13公里的长安街两侧环境进行整治，包含拓宽道路、整修便道、架空线入地、治理公共交通、绿化美化环境、整顿广告、完善照明及基地服务设施等，长安街形象与品质得到系统性提升。

——21世纪初："神州第一街"，城市东西轴线进一步延伸。

2002年，首都规划建设委员会办公室组织开展新一轮的长安街与天安门广场规划研究编制，首次将长安街称为"神州第一街"，并指出它是"北京城的东西轴线，在我国政治、文化生活中起到了极其重要的作用，体现了国家和首都的形象"。同时，规划范围扩大为由首钢东门至通州运河广场，总长约46公里。规划报告中包括6项原则内容：第一，现状原则。一方面肯定了长安街过去建设中取得的成就，另一方面承认现有的重大问题，应着眼现状基础考虑未来。第二，功能原则。强调长安街与天安门广场作为政治、文化中心的价值，应完善街道功能以便更好为人民服务、为中央服务。第三，保护原则。重申文物保护的责任，强调对长安街沿线文物古迹和历史街区的保护与利用。第四，艺术原则。要求长安街需要具有宜人的空间尺度、深厚的文化内涵、浓郁的传统风貌和独特的中国特色。第五，环境原则。提出长安街沿线可适当增加绿地及水面。第六，人本原则。建议对公众开放长安街沿线全部建筑的底层和休息大厅，提供更多的公共服务与便利。

2005年经国务院批复的《北京城市总体规划（2004年—2020年）》，提出构建"两轴—两带—多中心"的城市空间结构，长安街及其延长线是"两轴"之一，是体现北京作为全国政治、文化中心功能的重要轴线，规划以中部的历史文化区和中央办公区为核心，在东部建设中央商务区（CBD），在西部建设综合文化娱乐区，完善长安街的文化职能。2009年，新中国成立60周年大庆，在对长安街及其延长线主辅路翻新、全面加铺新型沥青的基础上，进一步加宽路面，实现复兴门至建国门双向十车道，长安街更加壮观恢宏。

——新版城市总体规划指导下："继承性、前瞻性和永续性"，城市精细化治理。自2014年起，北京市开展城市总体规划的编制，2017年，新版城市总体规划提出"一核一主一副、两轴多点一区"的城市空间结构，长安街及其延长线以国家行政、军事管理、文化、国际交往功能为主，体现庄严、沉稳、厚重、大气的形象气质。2016年，纪念中国人民抗日战争暨世界反法西斯战争胜利70周年阅兵之际，市城管委牵头编制了《长安街及其延长线公共空间景观提升设计导则》，对长安街及其延长线的城市家具、标识系统、市政设施、城市照明等专项提出优化方案并重点实施新兴桥至国贸桥区段，提升沿线环境景观。

2019年，市委、市政府提出"要高水平、高标准规划建设长安街及其延长线，展现宏伟庄重大国首都形象"，推动成立长安街及其延长线沿线环境提升规划专班，组织编制完成《长安街及其延长线品质提升详细规划》，明确长安街及其延长线以政治性、人民性、文化性为总体特征，定位为见证共和国成长并伴随中华民族走向伟大复兴的共和国发展之轴。这一规划的创新主要包含以下几个层面的内容：

其一，擘画终极蓝图，构建首都庄严壮美的空间秩序。在长安街历版规划研究基础上进行传承与创新，对标国外同类著名大街，提出总体设计方案。规划确立了长安街及其延长线全长约63公里的轴线整体格局，串联城市多个重点功能区与标志性景观节点。着重开展五个方面工作：一是研判整体山水环境，明确其西起定都峰，东至潮白河，是一条融山入水、联系两河、虚实有序、以道路为载体的轴线。二是强化生态开合序列，打造连续开放、珠连镶嵌、城绿相间的长安绿带。三是把控轴线韵律节奏，全线分级分类共规划21个韵律节点，构成旋律起伏的空间节奏。四是优化宜人尺度，明确全线道路红线宽度为60～120米，优化街宽比，强化空间围合感。五是挖掘历史文化资源的价值内涵，构建四条文化探访径，与长安绿带共同组成历史和现代交相辉映、政治文化与生态文明相互交融的开放空间系统（见图2-2）。

其二，深挖存量，强化轴线功能。分区分段明确主导功能，提出近远期用地疏解腾退清单及保障首都功能的优化建议。规划将全线划定为5大区段，将新兴桥—国贸桥之间进一步划分为6个首都核心职能段。经梳理，新兴桥—国贸桥内沿街用地已实施率达93%，需对现有空间进行精准的腾挪置换和资源挖掘利用，规划对

图2-2 长安街及其延长线轴线整体格局

两桥之间沿街地块进行逐一梳理，筛选出近期及远期的潜在机遇空间，以优先保障国家政务、国际交往等首都功能，实现核心区功能重组。并对老城中360处现状与重要单位形成对视的建筑，明确管控要求。

其三，系统管控，细化轴线风貌。划定七大特色风貌分区，提出六个专项具体管控要求，为提升大国首都形象提供重要规划支撑。对于长安街及其延长线沿线城市风貌的特殊性和复杂性，规划深入研究沿线建筑形体轮廓、色彩材质、天际线、第五立面、牌匾标志、夜景照明等方面的本质内涵与场所精神，以分区、分段、分类引导的技术方法体系，依据全线划分的七大特色风貌地区的环境特征、建筑特色差异，形成既统一又有针对性的规划要点，推动轴线空间秩序的和谐连续，整体上塑造长安街及其延长线"庄严、沉稳、厚重、大气"的形象气质。

其四，以人民为中心，建设"长安绿带"。首次提出整合道路红线内外空间，构建全线开放共享、珠连镶嵌的城市绿带公园系统，造就大国首都开放空间统筹利用的典范。规划通过整合人行步道、道路绿化、建筑前区绿化这些不同权属的空间，构建开放空间系统。结合各区段功能定位，突出政治礼仪、人本共享、文化特色，将绿带公园分为景观礼仪、休闲游憩、生态保育3种类型进行精细化设计，经过取消单位围栏、退让沿街停车场等方式优化提升后，复兴门至建国门之间有条件将建筑红线内空间让出的单位共28个，让出总面积约为5.1万平方米，沿街空间开放率、绿化覆盖率均可达到世界同类著名大街水平（见图2-3）。

图2-3　长安绿带鸟瞰效果图

其五，关注人本需求，提升道路空间品质。强调交通系统精细化和智慧化，构建机动车快速通行、非机动车安全有序、步行环境宜人的道路空间。规划将道路功能分为五大主导特性，依据特性首次对全线道路横断面进行优化设计，规划为17段共6种形式。重点将景观型大道由三幅路改为四幅路，增设中央绿带，实现机非隔离，提高非机动车道与人行道同样高度，拓宽步行道宽度，逐步取消金属隔离栅，最大限度保障自行车及行人路权。优化人行过街形式，鼓励平面及地下过街。沿通惠河规划连接主副中心全长50公里的自行车专用道。利用城市智慧系统，实现市政及交通设施的智慧化和集成化，建设海绵街道，并在两门内增补和共享停车设施。

经过新中国成立70多年来的不断建设与整治，长安街作为首都城市建设的一条重要轴线，有效保障了国家行政、军事管理、文化、国际交往功能的发挥，也向世人展示出"庄严、沉稳、厚重、大气"的形象气质、壮美的空间秩序、优美的城市环境和宜人的公共空间。

二、传统中轴线保护及南北延长线的发展：创新转型，续写新时代大国首都轴线

（一）传统中轴线的保护、传承、发展

作为中国传统文化活的载体，东方文明古都规划建设的最高成就，北京的传统中轴线①自元大都建都750余年以来，一直统领着北京的空间格局与城市功能。在历代城市建设者的不断保护传承之下，形成了气势恢宏、纲维有序的城市特色风貌，其规划理念与物质载体真实、完整地延续至今，是北京乃至中国历史文化遗产的金名片。1993年《北京城市总体规划（1991年至2010年）》，明确了保护和发展传统城市中轴线的规划原则——必须保护好从永定门至钟鼓楼这条明、清北京城中轴线的传统风貌特点。继续保持天安门广场在轴线上的中心地位，要在扩建改建中增加绿地、完善设施。2002年市规划委、市规划院、市文物局共同组织编制完成的《北京历史文化名城保护规划》，对城市传统中轴线的保护与发展提出了明确要求，是中轴线保护与发展规划的一大创新，为持续推进传统中轴线的保护与发展提供了重要的规划依据，奠定了实施基础。2017年《北京城市总体规划（2016年—2035年）》中提出，应更加精心地保护好世界遗产，积极推进中轴线等项目的申遗工作，再次全面启动申遗筹备工作。2020年，北京中轴线申遗保护工作正式进入实施阶段。在市委的高度重视下，中轴线的申遗保护成为统筹保护北京丰富的历史文化

---

① 北京的传统中轴线南起永定门，北至钟鼓楼，全长7.8公里，被称作"世界城市建设史上的奇迹"，汇集了北京古代城市建筑的精髓，见证了北京城的沧桑变迁。北京的传统中轴线始创于元代，成型于明清，发展于近现代。如何在城市发展中保护好、发展好传统中轴线，是历版城市总体规划的重点内容之一，也是北京历史文化名城保护与发展的重点。

遗产、进一步提升北京市全国文化中心建设水平的重要抓手。《北京中轴线文化遗产保护条例》在此背景下出台，于2020年底进入公示征求意见阶段。

为落实2020年《核心区控规》提出的"以中轴线申遗保护为抓手，带动重点文物、历史建筑腾退，强化文物保护和周边环境整治"的要求，传统中轴线的申遗保护和提升工作与深化规划体系、管控层级、整治计划等方面的工作共同开展，不断深化创新（见图2-4）。

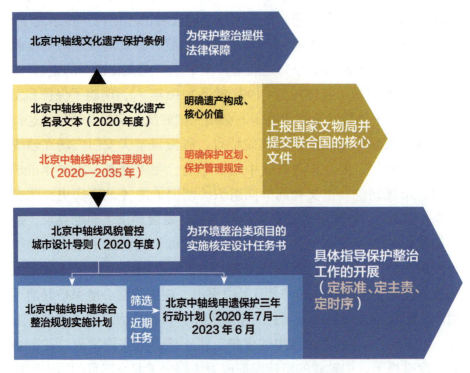

图 2-4　北京中轴线申遗保护规划及法规成果体系

第一，依据中轴线价值，形成系统化规划成果。申遗工作的推动由建立从价值挖掘到项目落地全周期规划体系开始，中轴线价值内涵、现状问题及整治目标得以明确，价值保护与提升项目库得以建立。其中，《北京中轴线申报世界文化遗产名录文本（2020年度）》

（在编）是向联合国教科文组织申报世界文化遗产时最主要的说明性文件，用于向国际阐释遗产突出普遍价值、证实其纳入世界遗产名录的必要性。该文本随着价值不断深入挖掘而逐年更新深化。依据申遗文本价值阐述而编制的《北京中轴线保护管理规划（2020—2035年）》（在编）明确了中轴线遗产保护区划及管理规定，为各类遗产及环境要素制定保护措施。为落实保护措施而编制的《北京中轴线申遗综合整治规划实施计划》，针对现状问题明确了遗产保护修缮、风貌整治等各项综合整治任务，并拟订分期实施计划。其中，筛选出的遗产区及紧邻地区中严重影响风貌价值的要素，归纳为整治项目，并编制形成《北京中轴线申遗保护三年行动计划（2020年7月—2023年6月）》。《北京中轴线风貌管控城市设计导则》是对整治效果的愿景展示，明确了整体风貌定位与分段风貌特色，针对建筑、街道风貌、重要节点，形成多尺度、精细化、高标准的环境要素管控要求。此外，《北京中轴线文化遗产保护条例》（在编）将明确中轴线文化遗产保护利用与管理的相关规则，为申遗所必须开展的保护整治、统筹协调工作提供法律规范和依据。

第二，建立层次递进、重点突出的风貌管控引导体系。为系统全面落实中轴线风貌保护要求，规划按照与中轴线遗产点的关系紧密程度，建立特定风貌管控区总体管控、段落风貌特色管控、节点及道路设计引导3个管控层级。基于历史价值及风貌特色，分层分段建立与遗产价值相匹配的城市设计管控体系，细化管控要求，使中轴线各项整治工作符合申遗要求。主要工作创新点为：

——为中轴线特定风貌管控区制定严格精细的管控导则。中轴线特定风貌管控区为中轴线遗产区及其紧邻约200～300米范围内的相关地块，总面积约10平方公里，是直接影响中轴线价值、进行风貌管控的重中之重。该地区以"空间有序、景观对称、风貌完整、慢行顺畅、标识清晰"为管控目标，从风貌价值出发对建筑、设施等提出正负风貌清单，并针对具体地区具体问题提出风貌优化要求。例如，针对地安门以北地区的管控，以钟鼓楼周边建筑第五立面整治、地安门外大街沿街传统商业建筑界面优化为重点，特定风貌管控区内禁止路侧停车，鼓励市政箱体消隐、架空线入地、地铁出站口等设施必须与建筑结合或采取不设顶盖的形式，消除各类城市要素对遗产风貌的不利影响。

——针对中轴沿线道路及中轴线重要节点，逐一制定精细化管控要点，并形成直观的意向设计方案。规划利用历史影像资料，对7段中轴道路进行深入研究，把握不同路段在空间尺度、街道断面、建筑立面、绿化种植、牌匾招幌等方面的风貌特色，将其转化为街廓尺度和道路断面优化、建筑立面选型、附属设施规范等方面的综合城市设计引导要求。例如，地安门外大街风貌管控设计方案形成了8种传统建筑风貌范式、7种现代建筑风貌范式、一套街道平断面设计，并结合新建地铁站进行的建筑界面织补设计。同时，规划选择中轴线上4处现存节点和2处已完全消失的节点空间，在考证研究节点及周边传统功能、发展演变与形制特征的基础上，统筹考虑节点空间周边的用地功能、空间形态、交通组织等，因地制宜地采用多种方式展示历史信息，彰显文化内涵，促进历史景观营造。例如，北上门节点建议示意性恢复神武门至景山之间的御道铺装，并对已消失的北上门、北上东西门、景山官学、大高玄殿牌坊及习礼亭进行地面标识展示，在不影响现代城市功能的基础上用空间信息提示历史原貌（见图2-5—图2-8）。

图2-5　地安门外大街城市设计引导效果图　　　　图2-6　北上门城市设计引导效果图

（图片来源：《北京中轴线风貌管控城市设计导则》，北京清华同衡规划设计研究院制作）

图 2-7 鼓楼看景山万春亭视廊现状 　　图 2-8 鼓楼看景山万春亭视廊整治引导效果图

　　目前，导则已在中轴线申遗保护实际工作中起到引导作用，尤其在环境整治、历史文化信息展示、新建项目建筑高度审查等方面提供与风貌价值相符的保护依据及要求。

　　第三，以申遗成功为目标，因地制宜制订整治实施计划。对接申遗要求与现实情况，评估整治工作的紧迫性与可实施性，明确实施任务及时序，形成支撑申遗目标要求的实施节奏与任务库。规划通过实地深入踏勘与广泛征求意见，慎重筛选出文物腾退、文物修缮、考古调查、展示利用、环境整治等8类共计180项实施任务，并基于其与中轴线价值关联的紧密程度与实施条件，形成近、中、远分期实施时序，同时落实部门职责，为各级政府与管理单位分工协作落实遗产保护要求明确了时间表与路线图，目前近期实施项目库已纳入《北京中轴线申遗保护三年行动计划（2020年7月—2023年6月）》。规划编制过程中持续发挥对相关实施项目的指导作用，直接指导城市相关基础设施建设及在途项目的规划论证工作，尽最大可能消除对中轴线造成的新生危害，使中轴线遗产的整体保护水平逐步向世界标准靠拢。

　　第四，结合规划开展多样的公众参与活动，宣传中轴线价值。规划编制的同时也积极推动中轴线遗产价值的传播，开展形式丰富的专家研讨和公众参与活动，逐步夯实遗产保护的社会共识和文化自信。规划编制团队组织、参与三次国际专家研讨会，从国际视角逐步明晰中轴线申遗策略与遗产构成；利用北京国际设计周、暑期夏令营等机会，协助市文物局、市规划自然资源委组织四次面向公众的主题展览、三次面向青少年儿童的主题教育活动；与北京电视台共同策划以中轴线遗产保护为主题的专题片，引导公众加深对中轴线的认识与理解，建立遗产保护共识与文化自信（见图2-9、图2-10）。

图2-9　我们的城市——名城青苗夏令营（2019年）

图2-10　我们的城市——北京儿童城市规划宣传教育计划（2020年）

（二）北中轴线、南中轴线的发展

北京的城市中轴线全长约25公里，其中传统中轴线南起永定门，北至钟鼓楼，全长7.8公里；北中轴线（原称"中轴线北延长线"）从北二环路到奥林匹克公园，长约6.7公里；南中轴线（原称"中轴线南延长线"）从永定门到南苑，长约9.8公里。在保护好传统中轴线的基础上，在城市总体规划及历史文化名城保护规划的指导下，自20世纪50年代起，随着城市的发展和道路交通的建设，南北中轴线不断向南北方向延长，主要承担交通功能；自20世纪80年代至21世纪初期最初10余年间，随着亚运会、奥运会的举办以及大兴国际机场的建设，南北中轴线进一步向北部、南部延伸发展的同时，集中建设和形成了城市的重要功能区，赋予其新的功能内涵，续写了新时代首都城市中轴线新篇章。

第一，规划对南北中轴线建设控制与发展的原则要求。早在20世纪50年代初期，援建北京规划建设的苏联专家就曾提出过北京传统中轴线可向北延伸的规划设想。1954年《改建与扩建北京市规划草案》从便利中心区交通的角度，提出了"将南北、东西两中轴线大大伸长和加宽"的规划原则。1983年《北京城市建设总体规划方案》确定了在规划布局上保留并发展原有的南北中轴线，打通展宽延伸东西长安街，形成新的东西轴线的规划设想。1993年《北京城市总体规划（1991年至2010年）》明确了南北中轴线（时称"中轴线南延长线""中轴线北延长线"）的规划原则——中轴南延长线要体现城市"南大门"形象；中轴北延长线要保留宽阔的绿带，在其两侧和北端的公共建筑群作为城市轴线的高潮与终结，突出体现21世纪首都的新风貌。2002年编制完成的《北京历史文化名城保护规划》，对南北中轴线的建设控制与发展提出了更加明确的要求，是中轴线保护与发展规划的一大创新，为持续推进南北中轴线的发展提供了重要依据（表2-2）。

表2-2 《北京历史文化名城保护规划》中有关南北中轴线发展内容一览表

中轴线	规划基本要点	保护控制范围及重要节点规划
城市中轴线的保护与发展	规划提出"城市中轴线的保护与发展"，因市区扩大，把传统中轴线向南北延伸，形成北中轴线和南中轴线。城市中轴线为传统中轴线、北中轴线、南中轴线三段，规划总长度约25公里	城市中轴线的保护控制范围：以中轴路道路中心线为基准，距道路两侧各500米为控制边界，形成约1000米宽的范围作为城市中轴线的保护和控制区域，严格控制建筑的高度和形态。位于中轴线保护和控制区域以外，对中轴线有重要影响的特殊区域，如天坛、先农坛、六海等，应按文物及历史文化保护区的保护规定执行
北中轴线的发展	北中轴线从北二环路到奥林匹克公园，长约6.7公里，其保护发展规划应抓住三大节点	（1）奥林匹克公园中心区节点：北中轴线的端点，应重点规划，形成北京城市的新标志。端点以北地区为森林公园，作为北中轴线的背景。（2）北土城节点：奥林匹克公园的序幕与衔接。可结合北土城遗址与北中轴80米宽道路中央绿化带，创造具有一定意义的城市空间，强化和丰富北中轴线。（3）北二环路北节点：在北二环路至安德路之间，中轴线两侧用地宜规划为重要的城市公共空间

中轴线	规划基本要点	保护控制范围及重要节点规划
南中轴线的发展	南中轴线从永定门到南苑，长约9.8公里。南中轴线两侧调整改造任务较大，在做好用地功能调整的同时，注意丰富中轴线的空间结构，规划标志性节点。现状南中轴线是一个道路虚轴，增加轴线节点是空间形态规划的目标，应重点研究3个节点	（1）木樨园节点：结合木樨园商业中心区，在中轴路与南三环路交叉口的四个角用地上，以群体建筑的有机围合形成重要的城市公共空间，建筑高度控制在45米。（2）大红门节点：在中轴路与南四环路交叉口的东北、西北两个角用地上，规划一组建筑，塑造重要的城市景观。（3）南苑节点：规划在建筑体量、用地规模上与北中轴奥林匹克公园相当的城市公共空间，将成为南中轴线的端点。端点以南地区，以大片森林公园相衬托

注：表格资料来源于《北京志·规划志（2001—2010）》。

第二，北中轴线的发展，从亚运会到奥运会。1984年，北京市开始进行亚运会规划建设。亚运会场馆建在北京城传统中轴线的北延长线上，这是北京传统中轴线的第一次向北延伸。20世纪80年代初期，北四环亚运村一带还是一片荒野。亚运会选址于此，主要是考虑到北土城以北离城市主要环路和放射干道比较近，与机场联系方便，保留用地面积较大。在迎接亚运会的过程中，为缓解从旧城到亚运村的交通压力，自北二环中路的钟鼓楼桥到北四环中路的北辰桥，新开辟了一条道路，即"中轴路""北辰路"。中轴线的延伸带动了亚运村地区的巨变。亚运村附近现代建筑拔地而起，国际会议中心、彩色电视转播塔、新闻转播中心、五星级宾馆等一批亚运会建筑，20世纪90年代一度成为地标性建筑。北部地区的基础设施得到完善，展宽和打通了安定门外关厢，修建了安定路、北四环路和北中轴部分路段，以及5座立体交叉路口，修建了北小河污水处理厂等设施，市区北部的现代化步伐大大加快。我国著名历史地理学家侯仁之先生曾将因亚运会召开而兴建的国家奥林匹克体育中心称为"北京城市规划建设的第三个里程碑"。

20世纪90年代，按照城市总体规划确定的"中轴北延长线要保留宽阔的绿带，在其两侧和北端的公共建筑群作为城市轴线的高潮与终结，突出体现21世纪首都的新风貌"的指导思想继续进行北中轴的建设，新式现代建筑增添了中轴线独特的气质，而北中轴延长线两侧的对称建筑，如北辰路东面的国家奥林匹克中心与西面的中华民族园又延续了中轴线的传统对称与均衡之美，古老建筑与现代建筑在中轴线上依次展开，和谐鲜明地彰显了北京的城市特色，标志着北京朝着更为开放包容的国际都市发展。

2001年北京取得奥运会举办权后，中轴线得以进一步向北延伸，为北京奥运会而建设的奥林匹克公园与亚运村融为一体，被称为人类文明成就的轴线。它既是北京传统中轴线文脉的延续和发展，也是中华民族传统文化的延续和发展。奥林匹克公园的选址与古都北京文脉有机结合，充分体现了"人文奥运"的理念。北延的中轴线成为公园的轴线，被绿色簇拥的比赛场馆对称地分布在它的两侧，北端以高48米的仰山作为中轴线的终结标志。奥林匹克公园是整个轴线空间序列的北部高潮区，古老的中轴线在这里融入山水自然。

随着奥运会的举办，传统中轴线的北端由钟鼓楼推到了奥林匹克公园，不仅中轴线的长度发生了变化，而且这个端点占地面积达80余万平方米，集中建设了一批规模宏大的体育设施，也使中轴线的节奏发生了变化。在奥林匹克公园，这些设施中最具代表性的是国家体育场"鸟巢"和国家游泳中心"水立方"，分别位于中轴线北端的两侧，也形成了对称的格局，阳刚之美与阴柔之美相得益彰，暗合了北京中轴线的对称格局。从历史的发展来看，中轴线的发展完整体现了北京的历史发展脉络，有对传统的继承，有继承中的创新，而这种创新又照应到传统，真可谓别具匠心。[①]

第三，南中轴线的发展，从永定门复建到大兴国际机场建设。南

① 以上记述主要摘编自章永俊的文章《北京中轴线的发展与保护》，《北京纪事》（作者系北京市社会科学院历史所研究员）。

中轴线是从永定门到南苑，长约9.8公里。2004年，为了恢复传统中轴线的南端点和南城的重要标志，复建了永定门城楼。修复后的城楼高26米，面阔五间，三重檐歇山顶，城楼前建成大片绿地，永定门城楼与护城河水交相辉映，呈现了北京古城完整的中轴线景观。2005年至2010年，南中轴线上的木樨园、大红门、南苑3个重要节点有了快速发展，初步形成木樨园世贸商业中心、大红门服装商贸核心区CBC，以及从南四环到南六环自然环境优越的南苑地区所构成的基本格局。

近年来，在分步实施三阶段《城南行动计划》的带动下，在实施《北京城市总体规划（2016年—2035年）》的推进下，木樨园、大红门地区的产业结构得到进一步调整，功能环境逐步优化；南苑地区以完善南海子公园和建设南苑森林湿地公园为核心，协同推进生态和文化科技产业发展，形成南苑新区；2019年大兴国际机场的建成运营以及机场临空经济区的建设，成为南中轴线上的又一个重要节点，为南中轴线的发展提供了广阔前景。从永定门起始，向南经木樨园、大红门，穿越南海子公园、规划中的南苑森林湿地公园，到大兴国际机场，将重构南中轴线地区的空间秩序，打造一条生态轴、文化轴、发展轴，将进一步改变南北发展不均衡局面，带动更多的高端资源向南部集聚，为北京未来发展及京津冀协同发展创造新引擎、新空间。

第三节　不断改善城市与自然的关系，塑造生态空间新格局

一、传承与保护：生态空间结构的演变

（一）从元大都水系到海绵城市建设：奏响人水和谐的生态交响曲

山水是区域地理格局的骨架和血脉。自古以来，人类逐水而居，城市沿水而建。北京地区历史上河网密集，湖泊星罗棋布，优良的水源和水利条件是古代城市发展和都城建设的重要因素之一。北京市有如此丰沛的水资源，是因为北京小平原背靠八达岭、太行山、燕山、军都山等山脉及部分蒙古高原等面积10余万平方公里的汇水区，其中永定河在三家店水库以上流域面积约4.5万平方公里，是形成北京平原的主要冲积河流；其次为潮白河，山区面积约1.68万平方公里，是北京地区的主要水源地；再次为温榆河、凉水河、蓟运河等中小型河道。由于大河的摆动及众多的泉眼，北京平原分布着大量的湖沼湿地。在京城水系的变迁史上，元大都城市建设对水系的改造与利用，具有重要的意义，是北京城市发展历程的一个转折点。京城周边有水，并不意味着城内水源充足。如何把京城周边的水引入城市，城市的设计者颇费思虑。北京地势西高东低，元代水利工程专家郭守敬因势利导，从昌平白浮泉开始，开凿一条沿50米等高线蜿蜒而行的水道，将白浮泉水引向西南，流入瓮山泊，再向南汇入积水潭，然后穿过城区，终与通州的潞河相汇。北京历史上的盛水景观赋予北京山、水、林一体化的"城市山林"的气质，一直到清代都基本保持了这个格局。而郭守敬设计的河渠，至今依然是北京水利设施的基础工程，对城市洪涝排水起着重要作用，也是城市河湖水系的骨干。

自1949年以来，由于水利工程技术的提高，为解决水旱灾害，

北京上游河流开始修建大量的大型水库。由于城市人口剧增，为保障城市用水，经济发展逐渐依赖地下水，导致华北地区出现了中国最大的漏斗区。自此，北京市开始进入缺水时代。自1980年起，北京地下水位因超采、气候等因素呈现加速下降趋势，长期超采造成北京地下水位平均每年下降近1米。2016年，南水北调之水入京后，严格实施节水、压采地下水等措施，北京地下水位逐年回升。尽管如此，北京依然是一个极度缺水的城市。在快速城市化期间，北京"摊大饼"式的建设导致大量的河湖湿地被排干、填埋和占用，城市蓄水空间不足，热岛效应增大，城市内涝情况越来越严重，影响最大的一次灾难是2012年7月21日的特大暴雨导致79人遇难。另外，严重污染排放及河道渠化硬化导致水生态系统严重退化，很多河道鱼虾绝迹，臭味扑鼻。这些"水问题"交织重叠，使得北京患上了"城市水文失调综合征"。

为统筹解决水资源、水生态、水环境在内各类"水"问题，海绵城市的理念应运而生。充分发挥山水林田湖草等原始地形地貌对降雨的积存作用，充分发挥植被、土壤等自然下垫面对雨水的渗透作用，充分发挥湿地、水体等对水质的自然净化作用，努力实现城市水体的自然循环。通过海绵城市建设，综合采取"渗、滞、蓄、净、用、排"等措施，最大限度地减少城市开发建设对生态环境的影响，将70%的降雨就地消纳和利用。在北京城市副中心、北京新机场、2022年北京冬奥会赛区及各类园区、成片开发区要全面落实海绵城市建设要求。老城区要结合棚户区改造、老旧小区改造等，以解决城市内涝、雨水收集利用、黑臭水体治理为突破口，推进区域整体治理，逐步实现小雨不积水、大雨不内涝、水体不黑臭、热岛有缓解。

随着城市人口的增加，社会经济活动的密集，人类对自然生态环境的影响和胁迫效应越来越显著，城市必将面临人口、资源、环境与社会经济如何协调发展的挑战。这就要求城市规划者遵循自然生态的整体性、系统性、动态性及其内在规律，坚持保护优先的理念，构建城市与自然和谐共生的新形态。

（二）从大地园林化到两道绿隔：森林城市的原型与发展

"大地园林化"是1958年人民公社运动和"大跃进"高潮时期为改善我国环境面貌而提出的一个口号，一度作为城市园林和大地绿化建设的指导思想。城市园林绿化建设与大地园林化一脉相承，是在多年大量造林的实践基础上，顺应时代的形势和需要，应运而生的产物。

1958年，受田园城市、卫星城市等理论和苏联规划理念的影响，北京城市总体规划提出了绿化隔离带的设想。1986年至1993年，市政府先后印发有关加强城市绿化建设和绿化隔离地区绿化建设的文件，提出绿隔建设的指导性方案及大环境绿化的构想，启动绿化隔离地区的绿化建设。规划第一道绿化隔离地区总用地面积310平方公里，第二道绿化隔离地区总面积1650平方公里。2017年《北京城市总体规划（2016年—2035年）》中提出"一屏、三环、五河、九楔"北京城市生态空间格局。其中，两道绿隔是中心城绿色空间的重要骨架，肩负着控制城市无序蔓延、遏制城市摊大饼式发展的重任。2019年，一道绿隔地区的规模化公园总数将达到99座，总面积6360公顷，"一环百园"的一道绿隔城市公园环将基本闭合成环。一道绿隔从最初的绿化隔离带，变成市民休闲娱乐、共享生态福祉的公园集群。

当下，城市绿色空间处于从"量变"到"质变"的关键时期，随着社会发展从"生存性需求"向"发展性需求"的升级，人们对国土空间生态品质有了更多的需求和更高的期望，需要提供更多优质生态产品以满足人民日益增长的对优美生态环境的需求。因此，城市生态建设跳出传统"造林"的单向模式，更注重"山水林田湖草"生命共同体的构建，注重生态格局优化、生态功能提升和人类福祉的保障。

（三）从限建区到两线三区：统筹考虑城市建设与生态保护格局的规划战略和法定控制线体系成型

北京市在城市快速发展的进程中，城市人口急剧增长，使城市空间向周边及外围不断扩张，不断侵占和蚕食外围的生态空间，危及城乡生态安全、影响城乡环境支撑能力。为提高城市建设用地的科学合理性，保证城市建设的有序发展，2006年《北京市限建区规划（2006年—2020年）》以充分保护自然资源、尽量避让灾害风险为原则，从水、绿、文、地、环五大方面分析建设限制要素，依据自然灾害易发的风险、资源环境保护的价值、污染源防护的影响等差异，划定建设限制分区，包含55.5平方公里的绝对禁建区，7130.1平方公里的相对禁建区，4819.2平方公里的严格限建区，3878.2平方公里的一般限建区，以及527.1平方公里的适宜建设区，是城市发展从"消极控制"向"积极保护"转变的标志性成果。

2017年《北京城市总体规划（2016年—2035年）》以资源环境承载能力为硬约束，划定生态控制线和城市开发边界，将市域空间划分为生态控制区、集中建设区和限制建设区，实现"两线三区"的全域空间管制。以生态控制区统筹山水林田湖草等生态资源保护利用，以集中建设区引导城市各类建设项目有序布局，引导与生态环境相契合的城乡建设格局的形成。

（四）从两道一网到生态网络：绿道、通风廊道、蓝网等生态环境工程建设的系统化

新中国成立以来，北京的城市规划建设经历了由"生产性城市、人口和功能集聚发展"到"弱化经济职能，以资源环境为约束"来谋求高质量发展的过程。2017年《北京城市总体规划（2016年—2035年）》从环境改善的角度，进一步提出了开展生态修复、建设两道一网的要求。通过划定并完善中心城区通风廊道系统并严格管控，缓解热岛效应，改善局地小气候；通过城市三级绿道建设，串联起市域内休闲绿地、郊野公园、森林公园等公共绿地，风景名胜区、文物古迹、人文景点等历史景观，采摘园、观光园、农业生态园等旅游产业，提升生态价值和惠民效益；通过构建水城共生的蓝网系统，改善流域生态环境，恢复历史水系，提高滨水空间品质。

绿色景观空间不仅仅是城市居民休憩的场所，也是生物栖息的重要港湾，为区域生态多样性的保护提供了重要的空间保障。然而，快速城市化导致城市绿地逐渐被侵占或破碎化，生境破碎化伴随而来的是生境的丧失，是生物多样性的一个重要威胁，也是导致物种不断减少甚至灭绝的重要原因。保持绿色景观空间可以构建生物多样性保护网络，强化生态源地、生态廊道、生态基质间的空间联系，维持生态系统的稳定发展。

二、优化与改革：国土空间开发保护方式的转变

（一）部门整合：从要素分治到多规合一

新中国成立后，分税制的推行使得中央和地方在财权分配上不平衡，地方在追求GDP增长的道路上希望中央减少对土地资源的管控。各部门对城市未来的发展认知上也存在分歧，均按照自己的认知提出发展设想，"条块分割"的组织管理模式使得各部门沟通不畅。同一空间，园林、水务、环保、城建、国土等不同部门按照各自的职权范围和不同规则开展规划建设工作，水、林、田等自然资源要素在空间上矛盾冲突和管理上交叉重叠的现象普遍存在。

"多规合一"是改革发展的产物，也是新常态下深化改革的一项重要内容。"多规合一"并不是采用"拼凑模式"将所有规划简单地进行合并，也不会取缔任何一个法定规划，而是根据实际情况，在统一的空间信息平台上，将土地、环保、水资源、城乡规划、林地保护等各类规划进行恰当的衔接，确保"多规"确定的任务目标、保护性空间、生态保护和开发利用的要求等重要空间参数标准的统一性，以实现优化空间格局、提高政府空间管控和治理能力的不断完善提高。2019年《中共中央 国务院关于建立国土空间规划体系并监督实施的若干意见》，作为新时期空间规划改革的顶层设计，明确了构建国土空间规划体系的目标和方向，即：在理念上，要优先体现生态文明建设要求，适应治理能力现代化的要求；在内容上，要从服务城

市开发建设转向自然资源的保护和利用，对全域国土空间进行全要素的规划，实现自然资源的统一管理；在目标上，要全面实现高水平治理、高质量发展和高品质生活。同时，对规划的科学性、严肃性、权威性、可实施性也提出了更高的要求。

——改变部门"各自为政"的理念。经过"两规合一""三规合一"到"多规合一"的实践探索，特别是2018年北京市规划和自然资源委员会（简称"市规划自然资源委"）的组建，既是贯彻落实党中央、国务院关于深化机构改革要求的重大行动，也是推进自然资源全面统筹管控的契机。在2017年《北京城市总体规划（2016年—2035年）》编制与实施进程中，着力打破政府部门各自为政的局面，理顺涉及自然资源和生态保护相关部门之间的权责关系。

——强化城市规划和乡村规划的统一。转变城市规划重城轻乡的局限，构建城市和乡村规划的多层次、多类别、多维度的有机融合。从"城市规划""城乡规划"转向"国土空间规划"。

——完善"一张图"管到底的管理体系。将规划中各类自然资源要素定量、定性、定位、定界，通过统一的数据库进行汇总，统一归并到空间规划"一张图"。聚焦非建设空间内部水、林、田的矛盾冲突及非建设空间与建设空间之间的矛盾冲突，绘制全市山水林田湖草生态资源共轭一张图，为生态空间的管控提供基础支撑。

（二）空间格局：从局部强化到整体韧性

北京城市发展现阶段面临着严峻的资源环境承载压力，必须以转变发展方式、严格控制城市规模、改善生态环境为主要目标，以资源环境承载能力为刚性约束，以水定城、以水定地、以水定人、以水定产，倒逼城市功能调整、规模控制、结构优化和质量提升。一方面，优化生态空间格局，完善全域生态保护体系；另一方面，增强生态系统服务功能，增强生态系统的整体韧性。

——优化格局，完善体系。构建"一屏、三环、五水、九楔"生态空间格局。其中，"一屏"为山区绿色屏障，"三环"为"一道绿隔城市公园—二道绿隔郊野森林公园—环首都国家公园"体系，"五水"为拒马河、永定河、温榆河、潮白河、泃河构成的河湖水系，"九楔"为平原区九条连接中心城、新城及周边区域的楔形生态空间。构建由公园和绿道相互交织的游憩绿地体系，建设"十分钟、半小时、一小时"绿色休闲圈。构建多级通风廊道系统和基于生物多样性保护的生态网络，形成多层次、多功能、多类型、成网络的生态空间体系。

——留白增绿，补齐短板。在有序疏解非首都功能的同时，充分利用城市拆迁腾退地和边角地、废弃地、闲置地、第五立面等绿化空间，垂直绿化，在群众身边"见缝插绿"，建设小微绿地、口袋公园，重塑街区生态。截至2019年底，"留白增绿"完成绿化1686公顷，建成城市休闲公园24处、城市森林公园21处、小微绿地和口袋公园60处，建成区公园绿地500米服务半径覆盖率达到83%。

（三）生态建设：从扩绿增绿到提质增效

2012年至2015年，北京实施平原地区百万亩造林工程，初步改善平原地区缺林少绿状况，奠定绿色生态空间格局基础。为进一步完善城市绿色空间，2018年，北京又启动新一轮百万亩造林绿化建设，计划至2022年，全市新增森林绿地湿地面积100万亩，初步形成林海绵延、绿道纵横、公园镶嵌、林水相依的森林景观。新时期，转变城市绿化和生态建设理念，在扩绿增绿的同时，还要综合考虑生态、社会、经济等综合效益，提高人居环境品质、生态系统服务和人类福祉。以国土空间生态修复、公园体系建设为抓手，开展一系列规划创新工作。

第一，强化国土空间生态修复，提高生态系统服务。北京高度重视生态保护和修复工作，特别是党的十八大以来，生态环境保护发生了历史性、转折性、全局性的变化，在生态环境治理方面取得了显著成效，开展了清洁空气行动计划、京津风沙源治理工程、矿山环境治理、生态清洁小流域治理工程、百万亩平原造林工程、湿地生态修复等一系列生态保护、修复和建设工程，生态环境质量持续好转，城市森林覆盖率不断提高，形成多层次、多结构、多功能、网络化的城市绿化体系。同时，北京市牢固树立新发展理念和底线思维，以把握首都城市战略定位为前提，以改善生态环境质量为核心，以保障城市生态功能和维护首都生态安全为主线，按照山水林田湖草系统保护的要求，加强全市生态空间的保护，在2017年《北京城市总体规划（2016年—2035年）》编制阶段研究形成了两个层级的生态保护体系：一是按照大生态的理念，划定了生态控制线，约占市域面积的73%，2050年提高到80%以上，与城市开发边界共同形成"两线三区"全域空间管控体系。二是按照底线约束的思维，划定生态保护红线和永久基本农田保护红线，强化资源环境的刚性约束。

在生态文明建设的大背景和"山水林田湖草一体化生态保护修复"的新要求下，北京市启动编制《北京市国土空间生态修复规划（2021年—2035年）》。在修复对象上，从原先单要素、条块式修复模式，转变为对生态系统全要素的综合治理，推进各类孤立分布的要素之间的有效衔接与贯通，形成协同效应，有效发挥生态系统的整体功能。在修复尺度上，改变过去以小范围局部、点状或场地修复的微观模式，更加强调生态系统或景观尺度下的宏观把握、整体效能，以及多尺度之间的关联性和互馈作用。在修复目标上，不仅关注自然环境修复，更注重社会—经济—自然复合系统平衡状态的全面修复。不断优化空间结构和增加优质生态产品供给，满足人民群众对良好生态环境的新期待，提升人民群众获得感和幸福感。在修复方法上，强调以自然修复为主，人工修复为辅，逐渐从"头痛医头脚痛医脚"的"工程思维"转向"中医调理"的"系统思维"。在修复主体上，强调建立政府主导、企业和社会参与、市场化运作、可持续的生态保护修复机制，激发全社会参与生态保护的积极性。

第二，推进公园游憩体系建设，提升生态惠民效益。依据全市公园绿地的类别、区位、规模、属性，分级、分类纳入城乡公园系统、自然公园系统和休闲绿道系统，构建"体系—系统—子系统—类"四级、三系统、十二类的分级、分类公园游憩体系。其中，城乡公园系统包含城市公园和生态公园两个子系统，城市公园又包含综合公园、社区公园、专类公园、游园4类，主要分布在中心城区、各新城建设区、各镇建设区范围内；生态公园包含郊野公园、滨河森林公园、乡村休闲公园和其他景观游憩绿地4类，主要分布在一道绿隔、二道绿隔、新城等建设组团之间及镇乡村周边地区。自然公园系统包含风景名胜区、森林公园、地质公园和湿地公园4类，主要分布在城市建设区外围，尤其是北京西北山区。休闲绿道系统包含绿道和森林步道两个子系统。为满足居民绿色出行、休闲健身的需求，在原有由市级绿道、区级绿道、社区级绿道组成的绿道系统基础上，增设森林步道系统。该步道是以森林资源为主要依托、以徒步旅行为主要方式的带状休闲空间，建设目的是满足公众自然康体、深度体验自然生态及传统文化的需求。森林步道可依据线路长度、区位、重要性等因素分为一级、二级、三级森林步道。

通过对各类自然资源、文化资源及现有1090座公园的整合归并，优化边界，到2025年全市将形成1150多座公园。将城市公园及邻近城市建设组团周边的，承担日常游憩功能的生态公园统一纳入人均公园绿地统计范畴，全市人均公园绿地面积由2019年的16.4平方米达到16.6平方米以上，公园绿地500米服务半径覆盖率由2019年的83%提高到88%以上。

与此同时，为应对气候变化、推动城市绿色低碳发展，2011年起，市规划部门聚焦碳排放清单编制与核算、规划策略、技术导则、政策制定，持续开展系列低碳城市规划研究工作，形成理论框架和技术体系，积累大量案例和实证基础数据，推进研究成果在相关规划编制中应用。2020年以来，为深入落实碳达峰、碳中和重大决策部署，市规划部门在既有研究基础上开展碳中和规划研究，积极探索"碳中和"目标下的高密度超大城市绿色低碳转型的新模式和新路径，以强化规划引领作用，推进碳中和目标的落实。

（四）管控体系：从划圈保护到全域管控

北京一直高度重视生态保护、修复和建设工作，已经建立饮用水源地、自然保护区、风景名胜区、森林公园、地质公园、湿地公园等分类管控体系，占全市国土面积的22%左右，涉及园林绿化局、生态环境局、水务局等多个部门。但各部门条块分割、行政壁垒、空间交叉重叠的现象普遍存在。

2005年国务院批复《北京城市总体规划（2004年—2020年）》后，北京市开展了《北京市限建区规划（2006年—2020年）》的编制，重点研究北京市域内城镇建成区以外的非建设空间，以充分保护自然资源、避让灾害风险为原则，从水、绿、文、地、环五大方面分析建设限制要素，依据自然灾害易发的风险、资源环境保护的价值、污染源防护的影响等差异，第一次将本市全部土地按照生态条件划分成禁止建设区、限制建设区和适宜建设区3个不同区域，从可持续发展角度出发，实现建设用地的合理利用和集约利用，针对各自区域生态特点限定不同程度的建设用地供应。但限建区规划是以现状用地分析为主导，以建设用地限制为抓手，开展的生态空间管控，对未来生态空间的约束和引导效力相对较弱。

2017年《北京城市总体规划（2016年—2035年）》以资源环境承载能力为硬约束，划定生态控制线和城市开发边界，将市域空间划分为生态控制区、限制建设区和集中建设区，实现两线三区的全域空间管制。

——生态控制区以生态保护红线、永久基本农田保护红线范围为基础。生态控制区内严禁不符合主体功能的产业，严格执行新增产业禁止和限制目录，严控新占用非建设用地。此外，北京将加强生态控制区各类生态资源要素的整体保护和监管，开展整体生态保育和生态修复。对于生态控制区内的现状村庄，将逐步引导影响生态保护或存在安全隐患的村庄搬迁；对于保留村庄，将编制村庄规划，制定生态保护策略，严格控制建设规模，加强环境整治，改善人居环境。

——限制建设区主要包含部分平原地区村庄、分散性城镇建设用地、特交水用地、农用地等。在限制建设区内，将严格控制开发建设活动，有序推动农村城市化、城乡接合部改造、美丽乡村建设，推动城乡建设用地减量腾退还绿，加强生态修复和生态建设，实现开发强度和建筑规模双降、绿色空间比例提升。

——集中建设区包含中心城区、城市副中心、新城、镇中心区、部分城市功能组团等规划集中连片建设的地区。加强对集中建设区内非建设空间的保护和管理，绿地、水域等按照《北京市绿化条例》《北京市河湖保护管理条例》等相关法规、规章进行管理。优化生态空间结构，推动城市生态修复，促进生态功能与城市功能相融合。生态敏感区、灾害隐患点或其他禁止建设的区域，应按照相关行业主管部门确定的保护范围或避让距离，严格管控建设活动。

三、城乡统筹：从协调发展到城乡融合

北京市域面积16410平方公里，其中山区面积约10072平方公里，占总面积的61.3%；平原区面积约6338平方公里，占总面积的38.7%，现状平原地区开发强度约为46%左右。总体来讲，城市发展呈现出"大城市、大郊区"的显著特征，城乡统筹和协同发展，十分重要和关键。新中国成立70多年来，北京的历版城市总体规划都十分重视城市和郊区的统筹协调发展。

新中国成立后编制第一版城市总体规划时，全市总面积仅为3216平方公里，城市布局局限在比较小的范围内。但基于长远的发展考虑，1954年《改建与扩建北京市规划草案》对全市工业布局作出了具有创新性的战略部署，提出"在通县以西至现在的北京市区，在良乡、密云等地区拟保留大工业的备用地"，而当时良乡地区仅有部分地区于1952年经行政区划调整划入北京市域范围，密云等县仍属于河北省。这一战略部署，为日后的卫星城建设和远郊工业发展奠定了基础。此外，《改建与扩建北京市规划草案》还提出，"为了供应城市的蔬菜、水果、乳类等，在郊区应有较大的农业基地，逐步建

立具有新的技术条件的国营农场和农业生产合作社"，"在北京西北和北面的山地普遍建造大森林"，并在交通、市政建设部署中对郊区发展做了统筹考虑，体现了城市与郊区协调发展的规划思想。

1958年编制第二版城市总体规划时，经过1956年至1958年的三次行政区划调整，北京的总面积增加到了16800平方公里。为此，1958年《北京市总体规划方案》更进一步拓展了城市与郊区协调发展的规划思想，充实了城市与农村、城市与乡村协调发展的规划内容。如在规划指导思想上提出了"消灭城乡差别"，提出"城市建设将着重为工农业生产服务，特别为加速首都工业化、公社工业化、农业工厂化服务，要为工、农、商、学、兵的结合，为逐步消灭工农之间、城乡之间、脑力劳动与体力劳动之间的严重差别提供条件"。在城市布局上，提出了市区"分散集团式"的布局形式①，强调市区的每个边缘集团既要有工业，又要有农业，市区本身就是城市和农村的结合体。在工业发展上，提出"控制市区，发展远郊区"的规划设想。在远郊区大力发展工业，新建大工厂主要分散布置在远郊区，并且围绕这些工厂形成许多大小不等的新的市镇和居民点。在居住区组织上，提出了按人民公社化的原则进行建设的设想。对农村旧式房屋要有计划地进行改建，根据条件建设市政设施，使之逐步接近城市水平。此外，在交通建设、市政建设、水利建设等方面，都充实了郊区发展的相关内容。以道路交通为例，规划提出"大量发展公路，使市区与其他城市、附近各县、郊区市镇之间有方便的交通联系。郊区，除了有许多放射公路干线和3个公路环以外，还要大力发展山区道路和市镇之间的道路，形成四通八达的道路网"。在当时的历史背景与条件下，这些规划内容有一定程度上的创新性，体现了注重城乡协调

---

① 市区"分散集团式"布局，即把市区600平方公里用地分成几十个集团，集团之间保留农田与绿地，大体上中心区保留40%、城外保留60%绿地，绿地内除树林、果木、花草、河湖、水面外，还要种植农作物，并在城里星罗棋布地发展小面积丰产田，做到在市区每个集团既要有工业，又要有农业，市区本身就是城市和农村的结合体，以示工农结合与大地园林化。

发展的规划思想和远见，为日后的发展奠定了基础。

1983年《北京城市建设总体规划方案》，进一步拓展了"一万六千八，城乡一起抓"的规划思想，在城乡协调和统筹发展方面，主要的规划创新体现在：其一，在城市规模的控制上提出："今后在市区，为了安排住宅、生活服务设施、城市基础设施等配套建设以及少量确需安排在市区的单位，还需要按照规划、有计划地占用一定数量的农田。此外，其他项目一律不能再占近郊农田，特别要保留成片好菜地。在远郊建设卫星城镇，也要尽量节约用地。"其二，在城市布局上提出了"旧城逐步改建，近郊调整配套，远郊积极发展"的建设方针，扭转建设过分集中在市区的状况，合理调整城市布局。主要原则包括：在远郊区有计划地发展卫星城镇；郊区广大农村，在农业现代化的进程中，在发展农业经济的同时，要规划安排好村镇建设；各公社在搞好农业区划和生产规划的同时，要抓紧新农村的规划，以适应农村建房的需要；新农村的建设要节约用地，加强管理；要开发和建设山区，逐步改变山区落后面貌。其三，对于加强住宅和生活服务设施建设、大力发展公共交通、加强市政基础设施建设等，统筹考虑远郊城镇的发展需求，是向广大农村地区延伸公共服务和基础设施的基础。规划提出：发展远郊卫星镇也一定要配套建设住宅和生活服务设施；商业服务业、文化、教育、体育、卫生等生活服务设施，要实行大、中、小相结合，以中小为主均匀分布的原则，优先建在近郊各新建地区和远郊卫星城镇；要在市区各地区和远郊城镇增建综合医院和某些专科医院，以及必要的防疫、急救机构；由市区通往西北方向的沙河、昌平，东北方向的顺义、怀柔，西南方向的房山、燕山，以及通县、黄村等重要卫星城镇和大的风景游览区，要发展地面高速电车或短途列车，并与市内地下铁道相衔接；除必须增加的城市生活用水需要由密云水库供给外，其他各项用水只能在现有用水规模的基础上，本着城乡兼顾、保证重点的原则，统一规划、合理调配；经过处理达到排放标准的污水，要当作水利资源加以利用，主要用于农业灌溉，也要研究作为工业用水的途径；污水处理场的选址，要考虑便于工、农业对污水的利用；在远郊建设卫星城镇和其他各项城乡建设，都要注意防治洪水，特别要注意避开山洪淹没区、泥石流危险区、水坝下游、行洪河滩，要搞好城镇和农田排水系统，防治内涝。其四，对于搞好城乡绿化建设，规划提出：城市要园林化，城市绿化要与郊区、山区的绿化连接起来，形成绿化系统。净化空气，改善环境，美化城市。在远郊，要重点搞好浅山地区的风景林和果木林，风沙危害区的防护林和水源保护林。

1993年至2005年修编的两次城市总体规划，继承和发展了关于城乡协调和统筹发展的规划思想，为推进城乡建设和协调发展提供了规划基础。

2005年至2010年，北京市落实党的十六届四中全会提出的"工业反哺农业，城市反哺农村，实现工业与农业、城市与农村的协调发展"的方针，深化落实城市总体规划，逐步推进全市村庄规划编制与实施工作。主要规划建设创新是：其一，创新规划编制。在开展13个村庄的建设规划试点基础上，2006年编制完成《北京市村庄体系规划（2006年—2020年）》，旨在以资源环境保护利用为前提，通过合理优化村庄发展布局，有效配置公共设施，不断完善农村发展条件，集约利用土地资源，形成覆盖城乡的规划体系，推动新农村建设。规划在村庄分类、村庄布局调整及时序安排、农村公共设施配套标准、市政基础设施规划建设标准的制定与实施等方面，均有所创新，为新农村建设提供依据。其二，创新规划实施。全市于2006年建立起城乡统筹机制，实施由40多家委办局参与的新农村建设折子工程，在农村开展以安全饮水、道路、垃圾、污水、改厕为重点的农村五项基础设施建设工程，以及"亮起来、暖起来、循环起来"工程，推广太阳能路灯、高效节能卫生吊炕，建设大中型沼气和生物质气化集中供气工程以及雨洪利用工程等，取得实效。其三，创新制度建设。在组织编制村庄体系规划、新农村规划与试点村庄规划编制工作的基础上，市规划委会同市新农村建设领导小组综合办公室共同印发《2006年—2007年北京市新农村建设村庄规划编制工作实施指导意见》，通过组织百名规划师下乡及住农村、访农民等一系列活动，在全国率先尝试性地探索总结了村庄规划编制方法，指导全市村庄规划编制工作，基本实现了全市村庄规划的全覆盖，对引导各项扶农资金的有效投放、推动"三起来"工程和五项基础设施建设、提升农村公共服务水平、改善村庄环境等起到支撑作用。其四，细化村庄规划建设标准。自2007年起，市规划委、市农村工作委员会组织开展10个远郊区县的村庄体系规划编制，细化了区县村庄的产业发展方向、村庄分类、空间布局、公共基础设施配置标准和原则等，以"一村一图"方式，明确了村庄的产业发展方向、公共基础设施建设原则、村庄建设的限制要素等内容，指导村庄建设。至2008年，全市按规划开展了120个和200个基础设施推进村的建设，改善了村容村貌。其五，创新编制住宅设计图集和规划编制标准。2009年，《新农村住宅设计图集》通过立项，推出符合新农村当地特色及经济适用的节能住宅设计图集，第一批包括8套不同形式的农村住宅施工图、不同材料的构造大样、工程做法及抗震措施、投资造价的估算参考等，为完善农村住宅设计提供依据。2010年，《村庄规划编制标准》编制完成并通过专家评审，对村庄规划涉及的用地分类、计算方法、规划布局、公共服务设施、道路交通、市政基础设施以及防灾减灾等内容作出了规定和要求，是地方规划标准体系的完善和补充。其六，创新规划实施工作机制，推进改革试点和重点村整治。2010年，为发挥规划的引导作用、保障农民利益、加强环境整治和提高土地使用效率，根据市政府统一部署，市规划委积极推进海淀北坞村和朝阳大望京村综合配套改革试点。通过土地一级开发、"一乡（村）一策"等措施，统筹实施绿隔规划，将政府土地储备与农民搬迁和劳动力安置及实现绿色空间相结合，整合资源，统筹区域发展，引导村庄建设实施。同年，为全面推进市委、市政府确定的整体启动50个挂账重点村整治工作，创新开展了"城乡接合部50个重点村整治实施规划"工作。

到2010年底，编制完成了全市3955个村庄的村庄规划，为推进新农村发展建设提供了规划依据。全市近4000个村按规划完成了以污水和垃圾为重点的环境整治任务，基础设施得到完善，公共服务设施不断提升，农村环境持续改善。同时，中小学和乡镇卫生院（卫生服务中心）配置基本到位。在公共教育方面，集中支持了一批符合布局规划的农村中小学及山区、半山区寄宿制学校校舍建设和操场改造，完成了14所名校分校落户13个乡镇，优质教育资源延伸覆盖8个远郊区县，名校分校硬件设施大幅改善，教育教学水平明显提升。公共卫生和基本医疗方面，重点支持并完成了乡镇社区卫生服务中心及社区卫生服务站标准化建设，社区卫生服务网络基本实现全覆盖。

2017年《北京城市总体规划（2016年—2035年）》明确指出："深入落实首都城市战略定位，建设国际一流的和谐宜居之都，必须把城市和乡村作为有机整体统筹谋划，破解城乡二元结构，推进城乡要素平等交换、合理配置和基本公共服务均等化，推动城乡统筹协调发展。充分挖掘和发挥城镇与农村、平原与山区各自优势与作用，优化完善功能互补、特色分明、融合发展的网络型城镇格局。全面推进城乡发展一体化，加快人口城镇化和经济结构城镇化进程，构建和谐共生的城乡关系，形成城乡共同繁荣的良好局面，成为现代化超大城市城乡治理的典范。"城市总体规划对"加强城乡统筹，实现城乡发展一体化"做了全面部署，从加强分类指导和明确城乡发展一体化格局和目标任务，全面深化改革和提高城乡发展一体化水平，以及提高服务品质和发展乡村观光休闲旅游三个方面，系统阐述和明确了新时期首都城乡统筹和城乡一体化发展的目标、任务、要求、政策、原则及相关标准等，为新时期深入推进城乡统筹和城乡一体化发展提供了指导。

2019年，经市第十五届人大常务委员会第十二次会议修订通过并公布，4月28日起施行的《北京市城乡规划条例》，进一步明确将"加强城乡统筹，推进城乡一体化发展"作为本市城乡规划和建设的重要任务，为推进城乡统筹和城乡一体化发展提供了法规依据，为搞好城乡规划建设与管理提供了法制保障。

第三章

疏与优：疏解优化功能，建设重点功能区和打造首都新的一翼

第一节　优化功能，提升城市整体发展水平

一、城市功能的发展

新中国成立初期，北京的城市功能比较简单，一方面是过去遗留下来的部分手工业、商业和城市服务职能，另一方面则是新中国成立后快速新增的中央管理职能以及为之服务的机关、后勤、技术支持等配套辅助职能。之后，在全国工业化的背景下，在"迅速地建设成为一个现代化的工业基地和科学技术中心"的指引下，城市的工业生产职能快速发展，东北郊酒仙桥、大山子一带形成电子工业基地，东郊通惠河两岸形成了以纺织、机械加工、建材为主的工业基地，西部地区形成了钢铁、机械、建材工业基地，南郊工业区主要是从城内迁出的一些有碍卫生或易燃的工业。同时，教育科研事业也发展迅速，高等学校从1949年的15所增至31所，西郊形成了由清华、北大和钢铁、地质、石油、矿业、农机、林业、航空、医学等8个新建学院组成的文教区，中关村地区建成了地球物理研究所、电子研究一所、高能物理研究所、化工冶金研究所、钢铁工业综合研究所等一批科研机构。

改革开放后，城市功能越来越综合，随着市场化改革的推进和政府职能转型，一些原来附属于中央管理部门的后勤三产部门开始脱钩自主发展，再加上户籍管制的放松，北京作为首都，吸引了大量外地流动人口。在此期间，商业、旅游、交通、信息、医疗等职能获得快速增长。之后，国家经济活动升级和政府机构改革又产生了新的管理部门，如一行三会、国资委等，并由此衍生出了金融管理、国企总部等职能。与此同时，随着城市国际化程度的不断提高，国际交往职能也获得较快发展。此外，工业虽然不再是城市发展的主线，但工业职能并没有萎缩，一方面分税制改革和全国工业化浪潮激发了地方发展，区县及乡镇工业增长很快；另一方面随着城市越来越大，维持城市日常运行的基础工业也不断增长。

进入21世纪以来，城市功能更为复杂。服务业内部不断分化，一些核心部门的后台职能（如金融企业后台、机关企业信息后台、企业总部后台等），一些科研机构的孵化中试部门，一些大型机构的分支机构（如医院分院、大学分校），纷纷在城市外围独立发展。与此同时，一些传统行业也在转型深化发展，如文化事业向文化产业的转型导致文化创意产业迅速壮大。此外，各类职能的延伸、交叉、融合又不断产生了许多新的职能。

当前，功能的分化、重组还在继续深化。一方面，随着北京城市国际化程度提高，国际影响力增强，国际组织、国际商务、创新型产业等职能不断涌现；另一方面，事业单位深化改革则会使得原来主要依附于行政管理部门的科研院所、技术咨询、后勤培训等服务部门更快转向市场，并依据市场规律兼并重组。与此同时，工业的职能也在不断分化。

二、城市功能的构成

按照城市地理学的划分方法，城市功能分为基本功能和非基本功能。北京的基本功能指服务于全国或区域的政治、文化、国际交往、科技创新、金融商务与经济管理、交通物流、信息服务、医疗服务、旅游服务、工业等功能。非基本功能则主要指服务于城市的行政管理、文化教育、医疗卫生、城市商业、城市物流、市政交通公用事业等功能。依据城市战略定位，北京的基本功能又可以分为核心功能和非核心功能。核心功能是指北京在国家发展大局中承担的最核心职责，主要包括政治中心、文化中心、国际交往中心、科技创新中心的相关功能。非核心功能则是指核心功能之外的其他国家级和区域级功能，如金融商务与经济管理、交通物流、信息服务、医疗服务、旅游服务、工业等功能。

此外，核心功能和非核心功能内部可根据重要程度分为核心部门、相关保障、补充部门、衍生部门等环节。核心功能的核心部门指政治中心、文化中心、国际交往中心、科技创新中心四大功能中最核心的机关、部门，相关保障、补充部门和衍生部门则包含核心部门的后勤、信息、咨询等服务部门及其下属部门，如隶属于中央机关的各类社会团体、行业协会、学会、基金会、行业报刊、出版社、行业培训招待所等。非核心功能的核心部门指金融商务与经济管理、区域交通物流、信息服务、医疗服务、旅游服务、工业的核心部门，相关保障、补充部门和衍生部门主要包含服务于核心部门的咨询、信息、后台服务部门以及其他一般性服务部门（见表3-1）。

表3-1　核心、非核心职能分类分级表

功能分类		内涵	核心部门	后台服务、支撑部门及衍生部门
核心职能	政治	（1）中央党政军等首脑机关所在地；（2）国家各项事务管理机关所在地；（3）国家级社会团体领导机关所在地	（1）党、政、军等国家首脑机关（党中央、国务院、全国人大、全国政协、中央军委、最高法院、最高检察院以及民主党派中央机关等）；（2）党中央、国务院、军队直属机构（各部委、军队四总部及各兵种司令部）；（3）社会团体领导机关（共青团、总工会、妇联、残联、作协、文联、天主教协会、伊斯兰教协会等）	（1）为核心部门提供后勤、咨询等服务或承担补充职能的各类机关团体或事业单位（机关服务、科研教育、行业协会、学会、基金会、行业报刊、出版社、行业培训招待所等）；（2）核心机关的挂靠企业、驻京办事处等
	文化	（1）国家文化象征或符号聚集地；（2）国家主要文化、新闻、出版、影视等机构、设施聚集地；（3）国家大型文化和体育活动举办地	（1）国家文化遗产（故宫、长城等）；（2）国家级文化机构（国家图书馆、中国美术馆等）、艺术团体（中国歌舞团、中国交响乐团、中国京剧院等）、新闻机构（新华社、人民日报社、中央电视台、中国国际广播电台等）、出版机构（新华书店、商务印书馆、中华书局等）、影视机构（中影集团等）；（3）国家级体育设施（奥体中心等）	（1）为核心机关提供后勤、咨询等服务或承担补充职能的各类机关团体或事业单位；（2）国际创意文化机构；（3）各类文化传媒出版公司

功能分类		内涵	核心部门	后台服务、支撑部门及衍生部门
核心职能	国际交往	（1）建交国家使馆所在地；（2）主要国际组织驻华机构所在地；（3）国家最高层次对外交往活动的主要发生地；（4）多层次国际交往机构及国际交往活动所在地	（1）各国使馆；（2）国际组织驻华机构（上合组织等）；（3）政府间国际交往机构；（4）民间国际交往机构（比尔及梅琳达·盖茨基金会、能源基金会、世界健康基金会等）	（1）国际会议中心、涉外酒店等对外交往设施；（2）国际交往中介、咨询企业
	科技创新	（1）国家级科研院所及高等院校聚集地；（2）国家高新技术研发、孵化基地；（3）国际科研机构聚集地	（1）国家级的科研院所（中科院、社科院等）；（2）大学（清华、北大等）；（3）部委、行业科研院所（军事科学院、纺织研究院、航天二院等）；（4）央企研发机构（国家钢铁研究院、中国有色金属研究院等）	（1）科研院所、大学、各类研发机构的支撑服务部门，国际企业研发机构；（2）民企研发机构；（3）一般性教育培训
非核心职能	金融商务、总部管理	（1）国家主要金融、保险机构所在地；（2）国家级国有企业总部和相关社会团体所在地；（3）大型民营企业总部；（4）专业服务公司所在地；（5）国际金融保险机构、高端企业总部所在地	（1）国家主要金融、保险机构和相关社会团体等机构（人民银行、工行、建行、农行、交行、国开行、中国人寿、银河证券、北京产权交易所等）；（2）国家级国有企业总部（中石油、中石化、中国邮政等）	（1）企业总部的咨询、信息、后台服务部门；（2）各类生产性服务专业化公司（投资管理、会计、法律、咨询、广告、会展、职业中介等）；（3）国际金融、保险机构；（4）国际高端企业驻华总部；（5）民营企业总部

功能分类		内涵	核心部门	后台服务、支撑部门及衍生部门
非核心职能	交通物流商贸	洲际航空门户和国际航空枢纽、国家铁路枢纽、公路枢纽	空港(首都机场、新机场)、火车站(北京站、西客站、南站、东站等)、主要长途汽车站	(1)铁路编组站等辅助支撑设施;(2)区域仓储、物流基地;(3)区域批发市场
	信息服务	(1)国家电信服务机构所在地;(2)国家互联网服务机构聚集地;(3)国家计算机服务机构聚集地;(4)国际电信、互联网、计算机服务机构聚集地	(1)国家主要电信服务机构(中国电信、中国移动等);(2)国家互联网服务机构(中国互联网信息中心等)	(1)数据中心、计算中心、服务器中心等电信、互联网、计算机服务机构后台部门;(2)国际电信、互联网、计算机服务机构
	医疗服务	(1)国家级医疗研究机构所在地;(2)大型综合性和专业性医院所在地	(1)国家级医疗研究机构(中国医学科学院、中国中医研究院等);(2)大型综合性和专业性医院(协和医院、301医院、北大医院等)	(1)药品监测中心、实验基地;(2)小型医院、民营医院;(3)体检中心;(4)健康、养生服务机构;(5)医疗器械、药品经营机构;(6)国际医疗服务机构
	工业	高新技术孵化、制造基地	(1)高新技术企业孵化、中试部门;(2)高新技术企业生产部门	(1)高新技术企业物流、仓储部门;(2)高新技术企业周边配套企业;(3)一般性制造企业

资料来源:北京城市战略定位与功能建设研究。

三、城市功能的优化

可以看到,伴随着城市的持续增长,北京城市功能的复杂程度在不断增加，而这些错综复杂的功能很大一部分集中在中心城，形成了单中心的空间结构，进而引发了人口过多、交通拥堵、环境污染、房价高涨等"大城市病"。虽然城市规划也做了很多努力，包括控制中心城增量、发展新城反磁力中心等，但由于中心城的巨大吸引力，效果还不明显。未来应通过功能优化重组，推动解决北京"大城市病"问题。规划的创新主要体现在：

——聚焦核心功能，强化关键部门，优化保障部门。紧紧围绕国家赋予首都的最核心使命，强化对其的服务与保障，以确保最核心功能的发挥。对于核心功能的保障部门则应进行系统梳理，继续强化必需的保障与紧密服务功能，如核心机关的后勤、信息部门，一些与核心功能关系不太紧密的外围保障功能和衍生功能则可适当疏解。

——着眼国际职能，集聚高端要素，疏解一般机构。北京作为国家首都和国际化大都市，是中国参与世界政治、经济、文化活动的窗口与平台，除了核心功能及必要的保障功能外，还有作为崛起的大国首都所必需的，对世界经济、文化的参与和管理功能，体现了对世界高端人才、高端企业、高端技术等高端要素的集聚，如国际组织总部或驻华机构、国际高端企业总部等。而从世界大城市的发展规律来看，这部分职能主要在中心城集聚，未来在继续强化这部分功能的同时，那些目前集中在中心城的发展层次不高、辐射能力有限的一般性的机构则可适当弱化、调整、疏解。

——夯实基础功能，完善基本服务，保障城市运行。特大城市的日常运行需要高效完善的基础保障功能。未来应继续强化基础教育、医疗卫生、社区服务、市政管理、城市物流等城市运行所必需的基础保障功能。与此同时，着力解决城市内部基础服务不平衡的问题，完善城市功能体系。

——尊重特大城市发展规律，避免对功能纯化的过度追求，伤害城市活力。作为一座特大城市，其功能体系是一个复杂的生态系统，功能多样性是其固有特征，也是特大城市活力与竞争力的重要体现。同时，特大城市巨大的市场规模可以发育出很多在中小城市无法发育出的高等级职能，这些职能只有依托母体才能生存，离开母体就会消亡。所以，功能疏解不能搞一刀切，而要更多依靠市场的力量实现功能转型升级。

四、非首都功能的疏解

疏解非首都功能是城市功能优化的关键。北京的非首都功能主要包括核心功能的非紧密保障、补充、衍生部门以及部分非核心功能中的部分核心部门及其保障、补充、衍生部门。非首都功能疏解是一个长期的系统工程，根据《京津冀协调发展规划纲要》的要求，应充分考虑疏解后对城市的影响以及疏解的难易程度，并进行妥善安排。近期重点从以下4个领域开展工作：

——一般性产业特别是高消耗产业。一般性产业，特别是高消耗产业，主要指工业，是非首都功能疏解的重点领域。2019年，北京工业能耗占全市总能耗的23%，但增加值只占全市的12%。现状工业用地中效率较低的集体产业用地占全市产业用地50%左右。未来对于工业大院、乡镇级、村级工业区，除能纳入国家级、市级开发区集中发展的，其余工业用地结合区县功能定位，全部腾退或转型发展。中心城区不再新增工业项目，对于现有工业用地，鼓励利用原有建筑进行改造升级，主要向公共性、公益性功能转变。

——区域性物流基地、专业市场等部分第三产业。由于历史原因，很多服务于区域的专业市场分布在中心城区，如动物园批发市场、官园批发市场等，吸引了大量人流，对城市的环境、交通影响很大。2019年，全市共有各类商品交易市场约483个，其中中心城区约占40%。未来，对于中心城区内的专业市场，应逐步向外围转移，对于城市郊区的区域性物流基地，则应结合区域物流体系建设，逐步向区域调整疏解。

——部分教育、医疗、培训机构等社会公共服务功能。这些年教育、医疗、培训机构的快速扩张也是城市过度集聚的原因之一。全市三级医院（含隶属部队和中央的三级医院）中的70%以上集中在中心城区，吸引了大量外来就医人口。未来中心地区将不再新建、扩建大型医院，新建、扩建需求向中心地区以外转移。与此同时，制定京津冀区域医疗协作机制，将面向全国的医疗服务功能逐步向津冀转移，减少北京大医院的就医压力和城市环境压力。对中心城区特别是中心地区的高校进一步疏解。支持有条件的高校通过整体搬迁、办分校、联合办学等方式向区域转移。疏解后的原高校用地优先弥补本地区欠缺的基础教育等公共设施及绿地。在此前提下，依据所在地区功能要求，结合原有学校的优势特色，在不增建设规模的前提下，进行功能转型。

——部分行政性、事业性服务机构和企业总部。行政机构的搬迁具有标志性意义。2019年，市级行政中心正式迁入城市副中心，完成了涉及35个部门、165个单位行政办公区搬迁，北京学校小学部、友谊医院通州院区投入使用。未来应加快规划建设北京城市副中心，有序推动北京市属行政事业单位整体或部分向城市副中心转移，带动其他行政事业单位及公共服务功能向城市副中心和外围其他区疏解。

五、城市功能重组提升

非首都功能疏解与优化提升首都功能是一体两面、相辅相成、不可分割的。未来应积极落实国家对京津冀区域的发展要求，立足区域来梳理、重组各项功能。北京应立足"四个中心"的城市战略定位，突出其在世界级城市群职能体系中的核心作用，主要承担自身具有比较优势的核心职能，中心城区着力保障首都核心功能的发展空间，并结合城市空间结构调整及城市设计要求，预留重大功能未来发展空间，新城及外围地区积极调整，承接中心城区功能疏解。一些一般性职能部门、相对独立的后台部门、与核心部门关系不够紧密的衍生部门则安排到区域其他城市。

中心城区是政治中心、文化中心、国际交往中心、科技创新中心的重要承载区，是保障和服务首都核心功能的优化发展区，是疏解非首都功能、推进功能重组的主要地区，应充分利用疏解后的空间资源，推进功能重组和城市更新，完善城市功能，提高城市建设品质。

北京城市副中心建设是下一步推动城市功能重组的重点地区，应有序推动北京市属行政事业单位整体或部分向城市副中心转移，重点发展行政办公、文化旅游和部分商务配套职能。此外，该地区也是推进城市东部区域协同发展的桥头堡，应处理好通州与大兴、亦庄、顺义等新城及廊坊市北三县地区的发展关系，加强功能统筹、分工和联动，共同承接中心城区功能和人口疏解，形成面向区域协同发展的城镇群。

中轴线、长安街及其延长线，是首都空间秩序的统领与功能组织的骨架。中轴线及其延长线以传统中轴线为基础向南北扩展，北至燕山山脉，南至大兴国际机场，以文化职能为主，集中展示中华文明的精髓。长安街及其延长线以天安门广场为中心东西向延伸，西至西山山脉，东至北运河、潮白河水系，以办公职能为主，集中布局国家行政、军事管理和文化、外交等职能。

新城及重要城镇组团，应承接中心城区人口和适宜功能的疏解，同时应继续完善公共服务和基础设施，带动所在区域城市化和城乡一体化发展。未来应按照不同的资源禀赋，分类明确发展目标和任务。包含顺义、昌平、房山、亦庄、大兴新城、大兴国际机场地区等在内的平原区是承接中心城区功能和人口疏解、面向区域协同发展的重点地区。包含怀柔、密云、平谷、门头沟、延庆新城等在内的生态涵养区新城应适度承接与环境禀赋、资源特色相适宜的功能，合理控制人口和建设规模，突出绿色创新发展，以生态保育为重点，建设成为北京的"后花园"。

第二节　高水平建设北京城市副中心

一、战略谋划城市副中心，着力拉开城市发展框架

自20世纪90年代起至今，通州的功能定位和发展方向经历了卫星城、重点新城、城市副中心等发展阶段。2005年国务院批复的《北京城市总体规划（2004年—2020年）》提出了新城发展战略，明确了通州是面向未来重点发展的3个新城之一，并提出在通州预留发展备用地，作为未来行政办公用地使用。2012年6月，北京市第十一次党代会提出："落实聚焦通州战略，打造功能完备的城市副中心，尽快发挥通州对区域经济社会发展的带动作用。"选址在通州建设城市副中心，是在原有基础上的优化升级。

当前，北京的城市规划建设正站在历史的转折点上。由于近年来城市建设迅猛发展，短时间内过多的功能和人口聚集，北京中心城区不可避免地和其他特大城市一样，被交通拥堵、环境恶化等"大城市病"所困扰，成为城市成长周期中的"不可承受之痛"。这些问题产生的原因，从深层次上来看主要是中心城功能大而全且过度聚集带来的。要破解北京长期发展积累下来的深层次矛盾和"大城市病"问题，必须把北京的发展放在京津冀区域整体城镇体系中考虑，统筹优化功能体系和空间布局，引导人口有序合理分布。

2014年2月25日至26日，习近平总书记在视察北京工作时指出："坚持和强化全国政治中心、文化中心、国际交往中心、科技创新中心的核心功能"，"要控制中心城区特别是中心地区建设规模和部分功能，结合功能疏解，集中力量打造城市副中心，做强新城核心产业功能区，做优新城公共服务中心区，构建功能清晰、分工合理、主副结合的格局"。2015年《京津冀协同发展规划纲要》中提出："加快规划建设北京市行政副中心，有序推动北京市属行政事业单位整体或部分向市行政副中心转移，带动其他行政事业单位及公共服务功能向市

行政副中心和其他区县疏解。"

因此，在首都功能更加聚焦的背景下，提出建设北京城市副中心，从京津冀协同发展的大背景来统筹谋划城市副中心建设，是推动非首都功能疏解、京津冀区域协同发展的标志性工作。更为重要的是，选址通州建设北京城市副中心，从区位关系上，需要处理好3个战略层面的重大关系，这将是城市副中心面临的巨大挑战。

处理好中心城区和城市副中心"主"与"副"的关系。放在全市疏解的大局中来考虑城市副中心与中心城区的关系，重点处理好主副之间"疏解与承接"的关系。把市属行政事业单位功能成建制整体转移过去，从而带动商务、文化等功能聚集，逐步带动中心城人口向城市副中心转移，促进中心城区功能和人口疏解与城市副中心承接的紧密对接、良性互动，加强对中心城区首都功能的服务保障，实现以副辅主、主副共兴。要避免与中心城区的连片发展，逐步提高城市副中心的人居环境和公共服务水平，提高吸引力。要转变职住分离的状况，结合中心城功能疏解促进城市副中心的产城融合和职住均衡，建设宜居宜业的城市副中心。

处理好城市副中心与通州区"核心与拓展"的关系。通州区下辖9个乡镇，约300个行政村，必须要处理好城市与农村的关系。加强城乡统筹发展，引导周边小城镇有序合理布局，发挥带动本地城镇化的作用，避免出现城乡接合部管理失控的问题；带头创新和探索新型城镇化的发展路径和模式，提高发展的整体性与协调性，实现以城带乡、城乡共荣。

处理好城市副中心和东部各区、廊坊北三县地区"激活带动、协同发展"的关系。要把城市副中心的规划放在京津冀更大尺度中来考虑，将城市副中心建设成为首都东部区域综合服务中心和交通枢纽，实现以点带面、区域共进。重点强化城市副中心与北京东部地区的功能互动、生态共建和交通联系，优化区域城镇空间格局，共同形成相对于中心城区的反磁力带。同时，城市副中心与廊坊北三县地区地域相接，互动性强，需要建立统筹协调机制，辐射带动廊坊北三县地区协同发展，强化交界地区规划建设管理，实现统一规划、统一政策、统一标准、统一管控。

北京城市副中心的规划建设是在新的历史时期贯彻落实城市总体规划的一项重要举措，要担负起进一步优化城市空间布局的重任，探索解决人口密集地区"大城市病"的中国方案。在规划、建设、管理上系统性谋划，率先改革创新，按照经得起历史检验、千年大计的要求建设城市副中心。

二、创新规划城市副中心，精心描绘城市发展蓝图

从2014年前期工作开始至2018年底副中心控规正式批复，五年磨一剑，在城市副中心规划编制工作过程中始终坚持高起点、高标准、高水平，体现世界眼光、国际标准、中国特色、高点定位。

（一）创新编制方法

坚持以习近平总书记对北京重要讲话精神为根本遵循。着眼于进一步强化"四个中心"功能建设，始终把习近平总书记对北京重要讲话精神贯穿于规划编制的全过程和每个环节。不断提升"四个服务"水平，突出新时代、新使命、新作为，齐心谋划城市副中心可持续发展的精细蓝图，努力实现更高水平、更有效率、更加公平、更可持续的发展。

体现中央关于"一核两翼"的高标准高要求。牢牢抓住疏解非首都功能这个"牛鼻子"，围绕对接中心城区功能和人口疏解任务，算好总体账、结构账、分区账，发挥示范带动作用，打造中心城区功能和人口疏解的重要承载地。做好自身疏解，严控人口规模和城镇开发强度，划定战略留白地区，提高发展质量和水平，与河北雄安新区共同形成北京新的两翼。

构建"城市副中心质量"规划建设管理框架。通过"指标分解、空间落位"集中落实新版城市总体规划要求，率先在推动高质量发展的指标体系、政策体系、标准体系、统计体系、绩效评价、考核体系

等方面取得新突破。城市副中心规划提出76项规划核心指标，划定16类管控边界及管控分区，实现了"空间+指标"的全域管控。

坚持以人民为中心的发展理念。把居民需求放在重要位置，以和谐宜居生活为出发点，以组团、家园为单元，按照中心城区标准优化配置教育、医疗、文化等公共资源，"以新促老"整体提升老城品质，推进职住平衡，增强人民群众的获得感、幸福感、安全感。

推进控规层面的"多规合一"。将街区作为控规编制和管理的基本单元，严格落实生态保护红线、永久基本农田和城市开发边界三条控制线，以蓝绿空间为底色，以大运河、六环路为主线，科学配置各项资源要素。率先实现城市副中心街区层面控规与生态环境、基础设施、公共服务等相关专项规划的全面融合。

放眼京津冀广阔空间谋划城市副中心未来发展。处理好与通州区、东部各区、廊坊北三县的关系，实现发展的整体性和协调性。尤其是加强推动城市副中心与廊坊北三县地区统筹发展，强化交界地区规划建设管理，建设京津冀区域协同发展示范区。

突出城乡统筹，积极探索面向新时代的城乡融合发展新思路新模式。城市副中心规划从城镇化空间体系构建、城镇化模式创新、集体产业用地减量提质、美丽乡村特色塑造及城乡空间品质提升五个方面，对通州区新型城镇化示范区建设提出战略性要求、具体实施路径和政策机制保障，为下一步镇（乡）域总体规划及实施方案、镇中心区控制性详细规划及美丽乡村规划的编制明确了思路和框架。

（二）加强顶层设计

加强组织领导。2019年北京市委、市政府、市人大、市政协和相关委办局率先搬迁至北京城市副中心行政办公区，起到了重要的示范带动作用。同时，北京市进行了重大机构改革，在市委、市政府城市副中心建设领导小组下，新设立中共北京市委城市副中心工作委员会和北京城市副中心管理委员会（简称城市副中心党工委、管委会），作为市委、市政府派出机构，与通州区委、区政府合署办公。2019

年1月12日，城市副中心党工委、管委会正式揭牌成立，实现市区协同与部门协同，形成"副中心的事副中心办"的工作局面，推动城市副中心规划建设管理高效运行。在城市副中心控规编制之初，市规划自然资源委就专门成立副中心工作办，下设副中心规划处、督查处、综合处3个处室。随着城市副中心一期搬迁工作的完成，副中心工作办和市规划自然资源委通州分局也将实现合署办公。为更好地实现公共空间的一体化管控、提高用地兼容与混合利用水平，实现建设一座不一样的精品城市的目标，相关委办局也在探索体制改革、完善机制创新。

创新建设模式，实现城市功能的良性发展和配套完善。建立企业与政府长期合作模式，由企业负责城市功能形成中的规划、建设、运营，通过采取深度一级开发的建设方式，保证建设质量。以功能的匹配度为建设节奏，建立"政府+设计单位+深度一级开发企业+使用单位"的协同工作机制。创新投融资模式，降低成本，集成应用海绵城市、综合管廊、国际一流绿色标准等新技术新要求，突出绿色发展、突出文化传承、突出宜居社区，树立城市建设的标杆示范。设立北京城市副中心投资建设集团有限公司（简称北投集团）。2017年11月，北京市正式批准设立北投集团，旨在承载京津冀协同发展建设任务，进一步提升城市副中心及通州区规划建设统筹水平，加强开发模式创新，推进投融资体制改革，加快与雄安新区形成"一体两翼"的发展新格局。

注重规划的实施保障。城市副中心控规对保障规划实施进行了较为详细的论述，明确提出制定实施方案和行动计划，加强组织领导与体制机制改革和政策创新；明确提出实施常态化的体检评估制度，实现一年一体检、五年一评估。城市副中心控规相关论述，在编制、审批过程中，多次征求相关委办局意见并不断调整完善，为控规的实施奠定了良好的基础。

制定指导意见、实施方案和行动计划。市委研究室和市发展改革委在"打造北京重要一翼"调研课题基础上形成《关于扎实推进北京城市副中心规划建设的指导意见》（简称《指导意见》），作为指导城市副中心规划建设的纲领性文件。《指导意见》制定了2022年和2035年建设目标，明确了重点工作、政策创新和实施保障任务等。借鉴新版城市总体规划实施经验，市规划自然资源委组织编制了《北京城市副中心控制性详细规划实施工作方案（2019年—2022年）》，将城市副中心控规中提出的具体要求分解落实，列出100项任务清单。每项任务都明确工作内容、主责单位和时限要求，力求一年实现一个新变化，每年都有新进展。市发展改革委聚焦拉开城市发展框架，制定了近期行动计划，重点梳理形成2019年实施的市级重点项目库，包括交通、市政基础设施、生态环境、产业等领域240余项重大工程，当年计划完成投资约750亿元。同时，制定未来三年实施项目储备项目库，条件成熟的项目可随时调整至实施项目库。通州区结合自身情况制定了区级项目库，与市级项目库相衔接。这标志着"指导意见+实施工作方案（100项任务清单）+近期行动计划（项目库）"的规划实施模式初步形成。以此层层推进，不断深化细化规划实施路径，确保一张蓝图干到底。

（三）推进机制改革

实施精细化管理，形成共建共治共享的管理新模式。完善城市治理体系，建立城市规划建设管理和治理的"示范特区"。引导社区、社会组织和市场力量参与，构建政府与社会共建共管共治的新型城市治理模式，实现城市精细化管理。

推进审批制度改革先行先试。通过深入推进简政放权、放管结合、优化服务改革，提高行政服务效率，维护公平高效的市场秩序。通过深化公共服务类建设项目投资审批改革试点，下放审批权限，推进投资项目"一张网"审批。通过完善企业服务标准，建设优化营商环境示范引领区。通过制定土地供应与方案设计审查衔接机制，推动重点地区和重点项目实现带方案入市交易等审批制度和工作机制的创新，优化营商环境，促进以高质量服务推动高质量发展。

积极推进金融投资体制机制改革。结合城市副中心现实需求，完善财政转移支付机制，加大市政府投资支持力度，加快健全符合城市副中心功能定位、有利于高质量发展的财政体制机制。加强与金融机构的沟通对接，积极争取中央财政和国家政策金融支持，在保持债务风险可控的前提下，积极向国家申请城市副中心新增地方政府债务限额单独核定。规范推进政府和社会资本合作机制，有效吸引、扩大社会资本投资规模。创新经营城市模式，鼓励北投集团开展融资模式创新。建立长期稳定的资金筹措机制，加快完善债务管理制度体系，建立政府债务风险预警和应急处置机制，支持金融机构不断创新金融产品和服务模式等。

三、稳步建设城市副中心，有序推进城市重点项目

2019年全面实施的开局之年，城市副中心规划建设工作成效显著。城市副中心的建设实施提出要围绕年度时间节点做好目标安排，合理安排实施时序，一年实现一个目标节点，力争每年都有新变化，让城市环境得到明显改善，让人民群众更有获得感。规划确定的2019年目标为：城市绿心初见成效，行政办公区一期全面投入使用，路县故城考古遗址公园启动建设，城市绿心起步区重大文化设施、六环路入地改造和城市副中心综合交通枢纽力争开工建设，行政办公区后续工程有序推进，城市重大项目有序铺开。市委、市政府高度重视城市副中心的规划实施工作，市委书记蔡奇每个月都要到城市副中心进行调研，分专题督导和推进相关工作。在副中心控规批复后全面实施的开局之年，城市副中心在开展规划编制工作、推动重点功能区和重大项目建设、开展专项工作、加强政策机制创新等方面均取得了显著成效。

——城市副中心功能定位全面提升。积极落实"四个中心"战略定位，有序承接北京市行政办公功能。北京市政府已经搬至通州区办公，行政办公类工程一期主体部分已经建设完成，其余项目正按计划推进。积极落实北京文化中心建设需求，重点开展重要文化功能区、

重点文化设施及特色小镇建设，包括北京环球主题公园及度假区、台湖演艺小镇、宋庄艺术创意小镇、张家湾设计小镇等相关项目。努力开展高精尖产业培育工作，通州区新增国家高新技术企业170家，中关村科技园区通州园储备高精尖项目近100个。中国北京人力资源服务产业园通州园获国家级园区称号，启动国家网络安全产业园设计，一系列"高精尖"产业培育政策方案相继出台。国际交往方面，运河商务区商务、办公、服务等功能建设进展迅速，为国际商务服务提供承载空间。

——和谐宜居之都示范区建设初见成效。在森林城市建设方面，通州区全面启动新一轮百万亩造林工程，张家湾公园等27项绿化项目主体完工，新增绿化面积4.35万亩，全区森林覆盖率达到30.32%。在海绵城市建设方面，全区已开展海绵城市试点区域内道路、绿地、住宅等改造项目，并开展积滞水点治理和一批蓄滞洪区建设，已启动"通州堰"分洪体系工程。在智慧城市建设方面，城市副中心开展了智慧城市应用试点工作，建设生态环境综合治理平台与智慧社区试点建设，完成了《北京城市副中心数字生态城市建设方案》，起草了《北京城市副中心数字生态城市建设行动计划》，完成了智慧城市的顶层设计工作。同时，完成了通州区政务云的前期建设工作，目前正在进行上线测试。在人文城市建设方面，全区积极推进大运河文化带建设，初步完成《通州区文物保护规划》和《三庙一塔景区保护利用规划》编制，全面实施文物修缮工程，大运河文化研究会正式成立，并成功举办中国艺术品产业博览会、运河文化艺术节、啤酒文化节等活动。在宜居城市建设方面，全区已制定完成老旧小区综合整治三年行动计划和《老城区城市双修与更新实施方案》，搭建老城"规建管"数据平台，统筹开展改造提升各项工程。

——重点功能区和重大项目示范作用初步显现。城市绿心已基本完成整土理水和植树造林，初步实现了森林入城。城市绿心起步区重大文化设施、六环路入地改造、城市副中心综合交通枢纽、设施服务环等一批公共设施和基础设施建设全面启动。"通州堰"分洪体系、城市水系景观提升等生态环境工程前期准备基本完成。北京学校小学部等优质学校已开始招生。背街小巷环境整治、增补小微绿地、广告牌匾治理等专项行动持续开展，成效显著。行政办公区一期实现高效运转，职工周转房、共有产权房、宿舍、教育、医疗等生活配套服务设施有序建设，若干优惠政策陆续出台。诸多方面综合作用使得城市副中心的综合吸引力全面提升，真正发挥了疏解承接的示范带动作用。

此外，按照"一核两翼"的战略构想，2018年以来，雄安新区规划建设也取得重大创新成效。设立河北雄安新区，是中央作出的一项重大历史性战略选择，是国家大事、千年大计。规划建设雄安新区的战略初衷，是集中疏解北京非首都功能，探索人口经济密集地区优化开发新模式，调整优化京津冀城市布局和空间结构，培育区域乃至国家创新驱动发展新引擎，具有重大的现实意义和深远历史意义。雄安新区规划有3个特点：一是深入贯彻习近平总书记强调的建设雄安新区是千年大计，新区首先就要新在规划、建设的理念上，要体现出前瞻性、引领性；要全面贯彻新发展理念，坚持高质量发展要求，努力创造新时代高质量发展的标杆。2018年4月，党中央、国务院批复了《河北雄安新区规划纲要》。依据《河北雄安新区规划纲要》《河北雄安新区总体规划》《白洋淀生态环境治理和保护规划》，以创造历史、追求艺术的精神，统筹衔接各类专项规划，集思广益、多方论证，编制完成《河北雄安新区起步区控制性规划》，成为推进起步区各项建设与管理的基本依据。二是坚持"先基础、后功能，先地下、后地上，先环境、后开发"的规划之新、理念之新，把530平方公里建设用地下面3个层面的空间，精细考虑并留有弹性，强调竖向分层联动，横向贯通一体，着力打造雄安立体城市，地下空间综合利用、复合使用、集约高效、绿色低碳、创新智能。三是精心规划、精益求精、构建体系，把每一寸土地都规划得清清楚楚后再开工建设，高质量发展不求速成，切忌浮躁与功利。目前，雄安新区已编制完成多项规划和技术指南，形成全域覆盖、分层管理、分类指导、多规合一、深度融合的"1+4+26"高质量规划体系，转入大规模实质性开工建设阶段。2020年，雄安新区69项重点建设项目[①]已开工20个，剩余项目正在全力推进。在抓建设、谋发展的进程中，依靠科学规划和改革创新，雄安新区的规划建设正在取得新成效。

北京市支持雄安新区"交钥匙"项目及共建中关村园区也在积极推进中。其中，"三校一院"项目（北海幼儿园、史家小学、北京四中、宣武医院）作为雄安新区启动区第一批启动建设的公共服务与民生保障项目，于2019年9月开工建设。2020年4月，北京市委、市政府京津冀协同办将"三校一院"新冠肺炎疫情防控纳入京津冀疫情联防联控联动工作机制，统筹推动本市支持雄安新区重点任务落实，确保"两手抓、两不误"，重点项目已全面复工。北京市正在落实加快编制雄安新区中关村科技园发展规划，首创集团、环卫集团等市属企业主动参与雄安新区基础设施建设、生态环境治理，京雄高速项目前期工作有序推进，确保项目建成高质量工程、精品工程、廉洁工程。

---

① 雄安新区先行启动的69项重点建设分为五大类：（1）雄安融入京津冀协同发展的重大区域性基础设施建设；（2）新区全区范围的主次干道和重要市政设施建设；（3）植树造林和治水治污、水利防洪等生态环境及安全设施建设；（4）新区城镇地区的地下空间、基础工程设施建设；（5）医疗卫生、教育等公共服务设施建设。

第三节 建设重点功能区，落实国家战略

一、高端引领，优化提升现代服务业，建设城市重点功能区

重点功能区规划建设，突出规划建设创新特点与特色，归纳不同重点功能区规划建设的重点创新，包括规划思想、规划方法与内容、规划管理、实施建设、城市管理、城市治理等。

（一）北京商务中心区规划建设创新

北京商务中心区位于长安街东延长线，东二环至东四环间地区，西起东大桥路，东至东四环，南起通惠河，北至朝阳北路，总占地面积约7平方公里。其中，CBD西区为产业功能集中、规划引导发展地区，总面积约4平方公里；CBD东区主要为居住功能，是产业区辐射范围，总面积约3平方公里。经过多年的培育和发展，北京CBD目前已形成以国际金融业为龙头、以高端商务服务业为主导、文化传媒产业聚集发展、总部经济优势突出的现代服务业产业新格局。现代商务体系完备、总部企业高度聚集、国际金融优势显著、文化传媒产业初具规模。2017年统计数据显示：北京CBD聚集了跨国公司地区总部117家，占全市的70%；总部企业数量位居全国各CBD之首，达到428家；北京市总部企业一半以上都集中在CBD区域，世界500强企业数量达160个。北京CBD在政策引领下，聚焦产业发展方向，把关入驻企业，保持产业的健康迭代和较高的企业入住率，市场认可度较高。

2017年《北京城市总体规划（2016年—2035年）》提出，"应强化国际交往功能，建设成为国际一流的商务中心区"，"以北京商务中心区、使馆区为重点，提升国际商务、文化、国际交往功能"。2018年，北京市委常委召开会议，学习贯彻习近平总书记在首届中国国际进口博览会开幕式上的主旨演讲，会议提出打造对外开放新高地，把

CBD打造成北京对外开放的新地标，对北京CBD的发展建设提出了更高要求。纵观CBD建设脉络，其发展与规划的引领息息相关。CBD规划建设的创新主要体现在以下五个方面：

第一，前瞻性的规划体系引领了20年快速发展。北京CBD严格按照政府的规划指导建设发展，城市总体规划引领了20年的建设历程，扎实、严格、稳步地落实前瞻性的区域规划体系，空间高效建设。CBD在建设之初就非常重视前期规划研究，自1993年《北京城市总体规划（1991年至2010年）》首次提出建设北京商务中心区的构想开始，以及随后开展的选址、定位研究，规模、功能构成研究，历时近8年时间，步步深化、修改、完善，逐步确定了北京CBD总体建设的框架。CBD管委会成立之后，为建设一个高标准的商务中心区，管委会组织完成了地区总体方案的征集及综合，于2001年正式颁布了《北京商务中心区控制性详细规划》。为确保区域规划的科学性、超前性、人性化、可持续性和可实施性，控规颁布后又陆续开展多个专项规划研究，涉及交通、市政、景观、产业等方面，是当时国内单一地区专项规划开展得最全面的地区之一。这些专项规划从不同的专业角度，对整个区域作出了详尽分析和系统安排，起到了非常重要的作用。

时至今日，规划体系中的重要内容已基本落实。在地区空间结构方面，形成以"金十字"为骨架、产业空间及居住配套空间就近分区的功能分布，小街区、密路网的地块肌理，以及较为成形的绿化环线及节点。在建筑规模方面，基本实现商务办公设施（含写字楼及酒店）占比50%的规划设想。同时，随着2013年《北京CBD核心区城市设计导则》的编制，CBD核心区在指导下始建，高品质办公楼宇进一步聚集。规划在保证商务设施主导功能的同时，汲取了国外CBD的经验教训，为避免昼夜人数相差悬殊、夜间成为空城的现象，加大了商业、文化、公共服务配套设施的比例，规划居住设施占25%、商业及公共服务设施占25%，这一功能配比的实现难度随现状老旧小区实际更新改造难度的提升而不断提高。为引导CBD地区功能更加混合、城市生活更加丰富，规划建设必须进入新阶段。

第二，由大拆大建的发展方式向小规模、精细化的城市更新转变。北京CBD作为首都国际化窗口，对外交往职能的重要承担区，必须进一步强化国际影响力、空间吸引力和人才聚集度。而与此同时，在众多发展建设成就中，CBD地区城市空间也面临着活力不足、文化氛围欠缺、通勤不便等问题，亟须转变发展方式，迈入精细化发展阶段。

在建设速度上，须由规划引导快速建设转变为建设放缓、精明增长，逐步完善基础设施建设，查漏补缺，打好空间基础。在空间发展内容上，须由扩张式发展转变为内涵更新的品质型发展，从对建设规模的追求转变为对空间品质的追求，从关注楼宇转向关注使用者的舒适度与满意度。在整体影响力上，须逐步迈向高精尖的国际金融商务产业格局，结合具体形势逐步实现产业类型更替，积累优势产业的影响力和集聚力，形成具有世界影响力的龙头产业格局和完整的产业链条。未来CBD地区的规划导向从以下五点出发：一是引导产业发展方式从总规模导向转变为能级与效率导向；二是引导功能配置方式从预设用地功能转变为以需定供；三是引导空间品质追求从有没有转变为好不好；四是引导城市运行效率从基本运转向综合服务、高效运行发展；五是引导实施保障机制从自上而下向共治共享转变，从管理向治理转变。在新的规划理念下，CBD地区将通过多样化功能配置、高品质公共空间建设及高效率空间组织，建设成为高效、魅力、健康、韧性的北京对外开放新地标。

第三，实现针对需求的多样化功能配置。在CBD地区产业发展已较成熟、各类产业相关功能基本完备的时期，须进一步细化城市建成区空间供给，使空间类型与产业发展要求、使用人群需求进一步匹配，在高品质办公楼宇、居住产品、国际化公共服务设施等方面实现多样化空间精准供给。

增强高品质办公楼宇集聚度，助力产业效能增强。通过存量写字楼升级改造，新建写字楼甲级达标，以及CBD地区高品质楼宇评价体系标准的建立，多途径引导提高甲级及以上高品质写字楼的规模与占比，以供给高品质办公空间促进产业结构调整和企业能级提高。同时，挖掘存量空间资源，通过低效楼宇的功能置换和低效用地（如老厂区、校区）更新改造，创造类型多样的办公空间，为中小型、创意型企业提供办公空间，引导增加中小规模企业占比，完善地区产业生命周期。

以需定供，增补满足各类需求的居住产品，扩大就近居住的机会。进一步明确居住类型需求，因地制宜提供高端服务式公寓、中高端居住区、长租公寓、职工宿舍等差异化居住产品。进一步探索老旧小区置换改造为长租公寓、国际化社区的城市更新规划策略。统筹周边地区居住资源，通过共有产权房配售、人才安居等项目补充居住供给。

增补国际化公共服务设施。在保障地区教育、医疗、体育、文化、餐饮等基础性公共服务设施的基础上，为CBD地区上班族及长期居住的国际人士提供便利化、国际化的公共服务设施，如增补楼宇内幼儿园、含国际班的基础教育设施或国际学校，引入国际医疗服务和结算体系等。

第四，创造富有活力的高品质公共空间。CBD地区不乏精致美观的办公楼宇，但楼宇外部的公共空间如街道、街角广场、绿地等功能与形象仍需进一步提升，文化类设施和文化活动与纽约、伦敦等国际一流CBD相比有较大差距。故北京CBD在快速的产业空间建设同时，须强化建设符合CBD开放、国际化、精致化特质的公共空间及文化设施，使地区整体空间环境成为CBD的又一重要吸引力。

构建CBD地区公共活力空间体系，从公共空间系统、绿色空间节点、商业活力网络等方面改善空间形象，赋予空间多样化功能，打造活力与魅力并存的CBD公共空间新名片。公共空间系统建设聚焦于产、居、游三种人群，从不同使用者的出行需求及路线出发，改善重要节点、通道的人性化景观设计。结合政策设计，引导实施主体关注城市公共空间品质。提升地区绿化建设水平，在结构上打通绿道步行环断点，开放封闭绿地节点，对接滨水空间，形成连续绿道。完善林荫网络建设，提高街道绿视率。鼓励楼宇建设花园式屋顶绿化、垂直绿化,见缝插绿,整体改善地区生态环境。积极落实北京市新编商业服务业设施专项规划,促进CBD商业服务业设施发展,建设地上地下商业活力网络。利用楼宇商业资源,升级地区咖啡厅、便利店等商业配套层级和服务水平,提升对国际人才吸引力,并发挥市场资源优势,探讨CBD地下商业运营管理的模式。

打造高标准城市形象。通过优化楼宇第五立面、公共区域景观照明效果,规范设置楼宇牌匾标识、公共场所外语标识等,全面改善楼宇及附属设施风貌形象,提升街道家具形象设计水平。

增补文化设施,创造开放交流、浓厚的文化氛围。结合现状楼宇内空间资源补充高能级文化艺术场所,提升剧院、博物馆、美术馆、图书馆、书店等小型文化场所的密度;开展丰富的文化活动,充分利用街道空间、楼宇内部公共空间,开展文化展示、交流活动,引入艺术装置、微型展陈等文化艺术项目。同时结合低效用地改造,增补文化体育服务综合体和文化艺术类地标设施等。

第五,落实紧凑集约的高效率空间组织。构建四通八达、高效的交通系统,为CBD地区大量的上班族提高通勤便捷性。在步行方面,推动地区步行系统的网络化、通达性和舒适性提升——地下步行系统联通建设,结合政策机制的创新,积极推动地下空间综合利用;打通地面人行道步行断点,缝合割裂,提高重要路口过街便利性;构建建筑二层连廊步行系统,与地面、地下步行体系共同形成垂直立体、高效便捷的通勤步行环境。在轨道公交建设方面,结合地块周边综合性交通枢纽的建设,优化轨道站点线网布局,推动轨道站点一体化建设,实现轨道出入站口加密,尽量缩短进站出站时间;公交场站布局的优化与轨道站点布局相互配合,共同完善公共交通系统,提高接驳能力。此外,通过路网的不断完善建设、自行车骑行环境改善以及停车治理机制建立,全方位改善交通效率。

建设符合CBD需求与特质的尖端、科技化、高标准的基础设施。推进信息化、智慧化城市基础设施建设,完善公共空间和商务楼宇5G基础设施布局。强化建筑绿色节能水平,提高绿色建筑占比,提升可再生能源供热比例。净化街道空间基础设施，实施多杆合一，实现变电站、调压站等市政箱体地下化、隐形化、景观化建设。此外，仍需进一步完善水电系统基础设施，建设雨洪调蓄设施、再生水管道系统，增补电源，保障地区可持续发展。

（二）新首钢规划建设创新

新首钢高端产业综合服务区（简称"新首钢地区"）位于长安街西延线，紧临永定河，背靠石景山，规划范围约7.8平方公里，具有独特的区位、历史和资源优势，又有筹办2022年北京冬奥会的重大机遇。首钢发展近百年，浓缩了中国钢铁工业的百年奋斗，承载了数代钢铁人的铁色乡愁。2003年，为推动首都发展转型和环境保护，支持2008年北京奥运会的举办，首钢向国务院递交了"搬迁报告"。2010年，首钢主厂区正式全面停产，开始探索全面转型发展的路径。在开展多项规划研究与编制的基础上，2017年以来新首钢地区规划全面落实城市总体规划，紧密围绕服务首都"四个中心"战略定位，以长安街西延长线为统领，与北京城市副中心东西呼应，将新首钢地区定位为"传统工业绿色转型升级示范区、京西高端产业创新高地、后工业文化体育创意基地"，规划建设成为新时代首都城市复兴新地标（见图3-1）。

图 3-1 新首钢北区鸟瞰效果图

新首钢规划建设的创新，主要体现在以下四个方面：

第一，"总-控-行"体系联动，规划引领全过程转型发展。围绕首钢全过程转型发展，实施规划"总-控-行"联动体系，三个阶段不断深化，形成有系统、有重点、有特色的深度规划建设实践。在总体战略层面，项目团队开展了战略研究，重在凝聚共识。从2005年先于首钢停产五年时间，就提前谋划搬迁改造发展战略，围绕去还是留、拆除还是保护等方向性问题，汇集了企业、政府和社会共识，保障了首钢停产搬迁工程的顺利实施。在控规和专项规划层面，重在聚焦复兴理念，引领创新。2010年停产后，在市委、市政府的领导下，由市规划院牵头的项目团队以保护工业遗产、完善城市功能、统筹区域发展为重心，开展控规和综合专项研究。通过创新的理念、技术、标准、政策，解决老工业区改造这一世界性难题，打破常规，挖掘特色，引领首钢开始艰巨复杂的系统转型。在规划实施层面，项目团队"多规合一"，重在精准实施。2015年，随冬奥组委落户新首钢地区，首钢老工业区转型发展进入实施阶段，长安街以北地区成为转型先行区。2016年5月13日，北京冬奥组委首批工作人员正式入驻北京首钢园区内的西十筒仓办公区。首钢总公司委托市规划院编制《新首钢高端产业综合服务区北区详细规划》，针对老工业区改造问题，规划突破传统规划体系引导实施的局限性，搭建起了国内首个详细规划层面的"多规合一"技术平台和协调管理平台，汇聚设计管理实施力量，统筹控规专项、分区深化和重点项目设计。横向协调，纵向对接，构建控规图则加详规附则的动态精细化管控体系，保障老工业区转型目标和创新理念精准落地。

第二，坚持城市复兴，推动文化、生态、产业和活力的全面复兴。在"文化复兴"方面，坚持以文化保护和利用促进发展，对于工业遗存，能保则保，能用则用，充分挖掘工业遗存的历史文化和时代价值；分区分类进行空间修补，延续首钢主厂区的工业文化脉络，利用永定河、西山、石景山、群明湖等山水景观以及高炉、晾水塔等工业景观，形成"山—水—工业"特色景观体系。在"生态复兴"方面，针对环境污染及生态退化，以国际最前沿的"C40正气候"为标准，以"渐进过渡，生态修复和工程修复结合"的理念开展场地污染治理，建设国际绿色生态示范区，实现零碳、零废、暴雨零影响。规划大尺度山水绿廊，重塑区域生态格局。在"产业复兴"方面，以创新人才和高端产业要素激发首钢复兴发展的内生动力。抓住冬奥会契机，承接"体育+"、科技创新、文化创意和高端商务金融产业，打造一流宜居宜业环境，吸引高端创新人才，形成高端国际人才和创新人才汇聚的京西发展新高地。将工业建筑与新消费、新娱乐结合，塑造创意文化体验和消费街区。在"活力复兴"方面，以人民为中心，坚持共建共治共享，关注微小尺度的活力空间，强化地块公众开放性，建设公交优先、慢行优先的人本交通示范区，使新首钢地区成为彰显首都历史特色与文化活力、市民共享的新地标；建设"小街区、密路网"的人本街道，规划"空中—地面—地下"三层立体化慢行网络，结合工业地下空间改造，形成地下公共通道、文化休闲空间和地下商业服务一体化的地下活力网络。

第三，着眼于区域发展，加强三区一厂统筹协调。加强新首钢地区与石景山区、丰台区、门头沟区的规划统筹，将新首钢地区及其周边其他城市功能区划为新首钢协作发展区。建设永定河国家湿地公园，加强生态建设协作；协作提升基础设施，推进区域互联互通；增加就业岗位，实现区域职住平衡，以新首钢地区复兴带动京西地区发展转型，增加京西人民的获得感。

第四，创新规划机制，探索控制性详细规划层面的"多规合一"。市委、市政府高度重视新首钢地区规划工作，围绕首钢老工业区全面转型发展的任务，成立由市领导牵头的建设领导小组，市规划自然资源委组织，首钢集团有限公司作为实施主体，市规划院作为技术主责单位，搭建"首钢规划设计与实施管理协作平台"。多位专家院士领衔，国内外高水平设计研究团队共同参与，从规划编制服务到具体实施全程提供全方位规划跟踪服务，支持新首钢新时代首都城市复兴新地标的打造，编制了战略研究、控规、专项规划等数十项规划和研究成果，探索控制性详细规划层面的"多规合一"。

首钢老工业区的转型建设"新时代首都城市复兴的新地标"，在推动城市转型、塑造城市文化魅力、改善生态环境、提升群众幸福感和获得感等方面取得了阶段性成效，已成为具有国际影响力的城市更新项目。2017年8月，国际奥委会主席巴赫来到位于新首钢地区群明湖畔的北京冬奥会单板滑雪大跳台选址地、北京冬奥组委首钢办公园区等地参观，这里的历史积淀、工业遗存、文化魅力给他留下非常深刻的印象。巴赫主席说："首钢工业园区的保护性改造是很棒的一个想法，将老厂房、高炉等工业建筑变成体育、休闲设施，同时也作为博物馆，让人们记住首钢、北京和中国的一段历史，这是激动人心的做法。北京冬奥组委选择在首钢园区办公让老工业遗存重焕生机，工业旧址上建起标志性建筑，这个理念在全世界都可以说是领先的，作出了一个极佳的示范。"2019年2月1日，习近平总书记来到首钢老工业区考察北京冬奥会、冬残奥会筹办工作，观看了展示首钢北区和冬奥会滑雪大跳台规划建设情况的沙盘及展板，询问首钢历史、产业发展、北区规划建设、滑雪大跳台建设、新首钢大桥等情况。这对百年首钢来说，是对首钢转型发展的充分肯定，也是一个继续开创未来的新起点。

（三）丽泽金融商务区规划建设创新

丽泽金融商务区位于北京市丰台区西南二环路和三环路之间，规划研究范围为5.74平方公里，其中核心区总用地为2.66平方公里，地上总建筑规模约为650万平方米。2008年，丽泽金融商务区被纳入北京市金融业总体空间布局规划，确定为首都金融业发展"一主一副三新四后台"中3个新兴金融功能区之一。为了打造高品质的丽泽金融商务区，丰台区政府组织多家国际知名设计单位进行规划方案征集，同时组织多家设计单位对商业及公共空间布局、市政、交通、防灾减灾、地下空间等多个专项进行深入研究，在此基础上编制完成了丽泽金融商务区控规及城市设计导则，并于2012年获批。

2017年《北京城市总体规划（2016年—2035年）》将丽泽金融商务区的定位提升为"新兴金融产业集聚区、首都金融改革试验区"。2018年，为落实新版城市总体规划要求，同时结合新时代发展诉求，丽泽金融商务区启动优化升级工作，在此基础上编制了丽泽金融商务区规划综合实施方案。规划强调"以人为本"，提高人的生活环境品质；关注"大城市病"，加强对文化、生态、城市基础设施等资源的科学保护和高效利用。紧密围绕落实新版城市总体规划，着力打造人本城区、紧凑城区、绿色城区、活力城区，将丽泽金融商务区建设成为支撑首都现代服务业发展的重要功能区和现代化大都市高品质建设的典范地区。其规划建设创新主要体现在3个方面：

其一，创新管控体系，提高规划的可实施性。规划综合实施方案结合城市设计、交通专项、市政工程、资金测算等23个专题专项，深度融合，一体输出，全面提升规划科学性和高效性，实现一张蓝图干到底。全程对接行政事权与市场主体，统筹好资源、时序、资金、政策等要素，制定"方案图＋进度表＋项目库＋政策包"的一揽子工作成果，实现共编、共治与共享，将丽泽金融商务区建设成为重点功能区实施样板和大都市精细治理典范。

综合实施方案中强化技术方案与规划实施的统筹研究，紧密对接工程建设、成本核算、招商引资、运营管理等内容，算好经济账与发展账，明确建设时序与实施路径，科学有序推进规划实施，坚持刚弹兼济，加强城市系统性、整体性内容全周期的刚性管控，保障有序实施。提升规划对社会经济、市场需求变化的适应能力，提高丽泽地区的发展弹性。通过精细管理和精心运营，使丽泽实现活力成长，成为可持续发展、聚焦和增值的重点功能区实施样板。

其二，加强城市设计，建设宜居宜业的活力城区。规划中结合丽泽金融商务区新的定位及特点，积极承接首都功能核心区功能疏解，拟建设丽泽与金融街之间15分钟轨道连通专线，同时加快疏导首都功能核心区对外交通。促进京津冀协同发展，丽泽城市航站楼与新机场实现轨道直连，五条轨道线实现便捷换乘，形成高水平对外综合交通枢纽。以丽泽金融商务区作为支撑，跨越式提升基础设施水平，畅通主要功能区之间的交通联系，带动优质要素在南部地区集聚。优化调整用地结构，补齐公共服务设施短板，构建15分钟生活圈，提高民生保障服务水平；采用多种租赁类住房形式，加强职住平衡。优化轨道线网结构，服务城市通勤出行，有效防治"大城市病"，加强轨道交通车站地区功能、交通、环境一体化规划。建设"小街区，密路网"的开放街区，缩窄机动车道，拓宽人行步道，提升步行体验。保护金中都城墙遗址，传承历史文脉。突出丽泽的生态优势，加强对生态空间的管控，结合"海绵城市"建设要求打造不同特色的休憩、娱乐及生态修复的空间，同时完善34公里的生态慢行系统，建筑开窗见绿，下楼进绿。统筹处理好区域发展与环境质量改善的内在有机联系，多措并举建设生态之城、智慧之城。

其三，多专业统筹，保障规划方案有效实施。在丽泽金融商务区开发建设伊始，其地下空间的开发建设就以工程众多、交错复杂而面临巨大的挑战。为提高丽泽金融商务区建设的可实施性，丽泽金融商务区的地下空间整合工作打破先宏观再微观的传统串联规划设计模式，采用"宏观引领微观，微观佐证宏观，形成互动机制"的工作方法，从城市道路地下空间集约开发全生命周期出发，统筹地下空间开发全过程，搭建了以工程规划统筹为核心的规划设计团队平台，建立例会制度，实现了规划、设计、施工、管理紧密联系，相互反馈校正，"渐进式"完成工程综合的编制，保证了规划意图的顺利实施。

随着丽泽城市航站楼落地、五条轨道线引入、地下空间一体化开发，丽泽北区地下空间集约化、复杂化的特征进一步凸显。在前期工程综合统筹的成功经验基础上，综合实施方案中进一步发挥规划引领作用，通过多元要素整合，实现规划设计的空间延展和工程建设的时序统筹。（1）要素整合。对用地、建筑、交通、市政、景观、生态等专业进行融合，协调解决各规划方案之间的矛盾，以实现对有限地下空间的高效利用，实现全局的利益最优化。（2）空间延展。从地下空间统筹转向地上地下空间一体化统筹。以城市航站楼及"五线换乘"为核心，进行水平与垂直方向的轴向延展，将各项工程立体化融合于城市空间内，在保障各自功能的前提下，实现城市空间景观的和谐有序。（3）时序统筹。以丽泽路、航站楼、轨道交通近期建设为着手点，统筹区域建设各项边界条件，协调各类市政场站及管道工程的建设时序，优化综合规划方案，合理分期开发建设。

二、打造全球科技创新高地：中关村发展战略及"三城一区"规划建设

北京建设具有全球影响力的科技创新中心，是服务国家创新驱动发展战略的职责使命，是立足首都"四个中心"城市战略定位的中心工作，是构筑自身发展新动力的根本举措。在新版总规要求下，北京科技创新中心建设高水平推动"三城一区"建设，积极发挥中关村自主创新示范区的载体作用，强调创新与城市功能的深度融合，探索以综合性城市为载体的科技创新中心建设创新路径。

（一）中关村自主创新示范区规划建设创新

中关村国家自主创新示范区最初起源于20世纪80年代初的"中关村电子一条街"，依附于北京西北部中关村地区科研院所，是一条以经营计算机电子产品为主的商贸街道。1988年5月10日，国务院正式批准发布《北京市新技术产业开发试验区暂行条例》，中关村成为我国第一个国家级高新技术产业开发区。1999年，中关村科技园区建立。2009年，国务院批复科技部和北京市政府《关于支持中关村科技园区建设国家自主创新示范区若干政策建议的请示》，同意中关村科技园区建设国家自主创新示范区。2011年，国务院批复《中关村国家自主创新示范区发展规划纲要（2011年—2020年）》，要求中关村示范区"大力营造良好创新环境，切实把创新作为发展的核心动力，推动激励自主创新政策的先行先试，搭建首都创新资源整合平台，发挥在推进创新型国家建设、探索中国特色自主创新道路中

的示范作用"。伴随几乎10年一个阶段的跨越式发展,"中关村"空间范围从最初以中关村地区为中心的100平方公里,历经"一区三园""一区五园""一区七园""一区十园",至2012年10月国务院正式批复中关村国家自主创新示范区488平方公里空间范围,确定了"一区十六园"的发展格局。

2017年新版城市总体规划提出,"加强一区十六园统筹协同,促进各分园高端化、特色化、差异化发展。延伸创新链、产业链和园区链,引领构建京津冀协同创新共同体"。在新形势下,为进一步优化中关村"一区多园"战略空间布局,明晰与"三城一区"的协同发展关系,强化中关村战略新兴产业策源地地位,主要采取如下规划创新措施应对:

第一,促进聚焦与协同,优化"一区十六园"空间布局。依托已批复的488平方公里示范区范围,进一步聚集重点区域,强化各分园统筹协同发展。聚焦创新,支撑科技创新中心建设,进一步发挥中关村示范区在全国科技创新中心建设中的主阵地作用,聚焦支持"三城一区"、高教园等重点功能区建设,实现中关村示范区政策对重点功能区科研和产业用地基本覆盖。支持"三城一区"对各分园发展的辐射带动,加强创新资源链接,整合服务资源,促进科技成果转化落地,提升区域科技创新能力。整合组团,加强协同联动发展,推进中关村示范区产业发展空间布局由中心城区向平原地区新城适度转移,形成若干个功能明确、特色鲜明的发展组团。加强组团内部功能协同与服务统筹,加快推进特色产业园建设,强化特色产业园的产业定位,支持建设高品质、专业化、特色化的产业发展服务平台。完善配套服务设施建设,提升综合发展竞争力和产业承载力。

第二,以人才需求为核心,促进园区与城市功能融合发展。以促进职住平衡、产城融合为目标,统筹园区与周边产业、居住等用地的规划布局,优化园区内部土地使用功能结构。对接示范区发展组团需求,重点在公共服务基础好、生态环境优越的区域,建设面向中关村示范区人才供给的各类住房。探索土地复合利用,结合产业用地更新提升，规划布局人才住房。鼓励利用园区周边集体建设用地建设租赁住房。加强示范区与周边区域规划统筹对接，系统谋划基础设施布局，不断完善配套服务设施建设。坚持以人为本的发展理念，构建便捷高效的交通体系，完善园区及周边区域科技教育、医疗、文化等生活配套服务设施，支持绿色生态智慧园区建设，提升智能化的管理与服务水平。

第三，利用好存量资源，激发更新提升活力。结合发展组团整合聚焦，提高中关村示范区内高精尖产业用地比例，加大分园产业用地整合力度，强化存量土地和空间资源利用，提升各分园集聚效益和发展能级。进一步探索"政府推进+政企合作+自主更新"的实施方式，推动现状产业按照规划更新提质，有机生长，弥补短板。推动出台促进存量产业用地利用政策措施，支持各区政府结合分区规划和街区控规，建立存量更新实施机制。鼓励产权所有方和各类创新主体通过收储交易、回购自持、转型自建、增效改造、合作开发等方式，实现存量闲置低效用地转型升级，提高产业用地利用效率，引导土地资源合理流动和高效配置。加强集体产业空间的统筹利用，明确产业定位，对集体产业空间项目准入、发展、退出进行全过程监管。

2020年9月，中关村国家自主创新示范区领导小组印发了《中关村国家自主创新示范区统筹发展规划（2020年—2035年）》。这是落实新版城市总体规划的专项规划，对加强一区多园统筹协同，形成功能清晰、导向明确、协同有序的发展格局具有重要作用。

（二）中关村科学城规划建设创新

中关村科学城是首都唯一——座位于中心城地区的科学城，汇集全市最为密集的高校院所、高新技术企业和高智力人群，拥有完善多元的城市建成区环境及便捷通达的区位条件，范围以中关村海淀园174平方公里为基础，拓展至海淀区全域及生命科学园等昌平部分地区，在创新能力上带动全市和区域发展，对所在地区城市建设的目标、业态、空间、综合生境和实现更高水平的发展等方面培育了先机。新版总规提出中关村科学城要通过集聚全球高端创新要素，提升基础研究和战略前沿高技术研发能力，形成一批具有全球影响力的原创成果、国际标准、技术创新中心和创新型领军企业集群，建设原始创新策源地、自主创新主阵地。当前，中关村科学城既要进一步提升原始创新能力、促进关键性技术突破，也要吸引和集聚国际一流创新人才，强化国际资源链接，同时在城市发展方面也面临补短板、提功能的关键转型期，特别是破解建成区城市更新难度大、创新创业成本高的瓶颈。中关村科学城以构建创新驱动的城市新形态为主线，聚焦多目标统筹、新业态培育、传统空间向创新空间的转变、多元化服务体系的建立，建设世界一流科学城。空间上依托中关村大街高端创新集聚发展走廊，打造引领科技创新的城市街区，形成展现新型城市形态和首都创新风貌的主轴线；以北清路前沿科创发展走廊为串联，提升前沿科技创新区域联动能力；以中关村科学城核心地区为重点，打造多个原始创新核心发展极，成为世界顶尖创新极核与科技创新服务中心。

第一，依托存量打造低成本创新空间供应体系。探索中心城地区的科创城区发展路径，在减量发展促提升的背景下，中关村科学城大力推动存量空间多元利用模式，打造低成本创新空间供应体系。注重核心区域与创新节点的低成本创新空间供给，充分利用学校腾退、老旧社区、工业大院转型、集体用地等空间资源，打造人才创业租赁社区，形成面向初创人群的创新孵化集聚区。鼓励高校院所开放部分科研基础设施和创新资源，建设一批低成本、便利化的新型创业服务机构。利用集体建设用地形成低成本创新区域以及提供各类房屋租赁产品，提供低成本服务，满足科创人才需求。利用低效商业空间形成低成本创新创业区。老旧工业转型升级，提供低成本的智能制造孵化区。通过相关老旧社区改造，打造开放式街巷系统，建设以创意社区为主的混合功能社区。加强轨道站点内外统筹，推动轨道站点一体化开发和周边存量资源统筹，实现轨道站点与枢纽地区、核心功能区地上地下的空间、功能的联动开发。

第二，打造高品质国际化人居环境。以强化高端创新功能为导向，打造国内一流、国际知名的国际创新创业人才聚集区。探索与专业机构合作新途径，打造全链条国际人才服务新模式。实施海淀服务国际人才的升级版举措，开展品牌化项目，有效提升服务软实力，营造国际人才宜居宜业宜学宜创的国际化氛围，吸引一批国际顶尖创新创业人才。结合国际人才需求，南部地区利用存量用地，建设特色化国际社区，塑造国际特色街区。高校内部充分利用留学生公寓，满足国际青年人才的居住需求。北部地区结合高端创新与环境资源，打造高品质国际化社区和国际人才公寓，满足国际创新人才的职住需求。高质量构建覆盖城乡优质均衡的公共服务设施体系和创新服务设施，公共服务设施保障人口按照1.2～1.3系数分区域配置，不断探索"商业+科技"等新模式，全面开展社区商业中心建设，实现"一刻钟产业服务圈"覆盖重点区域，提供新型孵化器、开发实验室、小型金融服务等创新服务设施，搭建中小型开放空间、商业街等公共交往空间。

第三，挖掘文化与科技融合发展新动力。文化与科技融合互动是中关村科学城最具有鲜明特色和独特优势的领域。优化文化科技融合发展格局，推动文化产业升级，推动新媒体、游戏、影业等优势文化产业与科技融合发展，发展以文化科技融合为核心的创意经济。以科学技术推进文化产业从保护利用、内涵挖掘到展示传播，形成链条化的文化科技融合创新发展体系。深度挖掘中关村创新文化，大力推进中关村文化科技融合创新发展品牌设计。高标准谋划、举办中关村论坛，将其打造成为集科学发布、新技术展示、成果交易、高端论坛于一体的科技达沃斯，形成创新城市新名片。丰富展示应用创新成果的新场景，以筹建博物馆、科学公园、主题科技公园等新载体为切入点，加大新技术新产品示范应用，建设一批中关村创新精神新地标。

（三）怀柔科学城规划建设创新

怀柔科学城位于长城脚下、雁栖河畔，规划范围跨怀柔、密云两区，总面积约为100.9平方公里。在北京的生态涵养区建设一座科学城，也让怀柔科学城自规划建设伊始便担负了多重使命。2017年5月，国家发改委、科技部联合批复《北京怀柔综合性国家科学中心建设方案》，同意建设北京怀柔综合性国家科学中心，成为当时全国第三个综合性国家科学中心。同年9月，党中央、国务院批复《北京城市总体规划（2016年—2035年）》，明确怀柔科学城作为北京建设具有全球影响力的科技创新中心主平台"三城一区"的重要组成，致力于建成与国家战略需要相匹配的世界级原始创新承载区。自2018年起，怀柔科学城陆续开展了总体城市设计国际方案征集、方案综合、控制性详细规划编制以及各类专项规划的编制与研究工作，广泛汲取全球智慧，紧密结合属地发展研判，提出一套行之有效的规划策略。

第一，构建促进原始创新的科学生态体系。强化基础研究是怀柔科学城的初心，而依托基础研究形成完善的科学创新体系则是科学城建设的重要目标。为此，怀柔科学城规划的立足点就是围绕物质、信息与智能、空间、生命、地球五大学科方向，构建从基础研究、应用研究、科技成果转化到创新型产业的完整创新生态链条，引导科学装置、高等院校、科创企业、科技服务功能互动支撑，畅通创新要素流动，激发科学发展的动力、活力与合力。在用地保障方面，通过设定科学发展类用地，建立功能地类弹性转化机制，鼓励科学创新功能的相互融合、高效兼容，有效应对科学发展的多样化需求。同时，划出一定比例的战略留白区，严格管控土地投放时序，为建设百年科学城前瞻谋划、留足空间。

第二，大尺度生态建设与小尺度街区营造双管齐下。将山水品格与田园生趣有机融入科学城。生态作为一种重要功能也以相同的笔墨纳入了怀柔科学城"一芯聚核，怀密联动，一带润城，林田交融"的空间结构之中。规划编制前瞻性运用国土空间规划思维，提出蓝绿空间占比始终保持约60%的目标，因借科学城组团布局的空间特点，引森林入城，打通绿色空间脉络，实现城景交融。将中部农田地区设定为科学田园，提出富田、密林、活水、增效的具体要求，巧用村落空间有机植入科学与人文艺术功能，酝酿绿色生命力。回归宜人的城市尺度，在城市空间组织上避免传统"科研大院"产生的城市封闭感，将小街区、密路网、复合功能的开放街区理念落到实处。位于科学聚核区一处地块内的5个科研设施项目，原方案分设5个独立的科研大院，公共空间内部封闭，土地利用率偏低。为此提出了加密街坊道路和附属绿地集中布局的调整方案，使街区内土地节约30%，形成了集中绿地、开放共享的街区环境，对怀柔科学城内的项目建设，乃至全市范围内的精细化管控提供了重要的参考借鉴范式。

第三，推动高品质的国际人才社区建设。坚持以人为本，针对科研人群国际化、年轻化的特点，以及科学创新活动的特定需求与发展规模，构建定制化的城市配套服务体系，致力于形成高品质生活环境、舒适科研环境以及国际化价值输出环境，实现园区、校区、社区的服务开放共享。一方面，纵深推进"雁栖计划"，创造友好的政策氛围；另一方面，在科学城内构建一刻钟工作圈、生活圈，配套建设高品质的国际人才社区，引入活跃的市场要素，实现住房保障、公共服务、交通出行、艺术生活等软硬件条件的整体提升。

目前，怀柔科学城"十三五"时期的大科学装置和先进交叉研究平台已经全部开工建设，一批优质公共服务资源加速落地，科学城建设实现扎实起步。未来，怀柔科学城将在科技强国的国家战略指引下，按照科学、科学家、科学城融合发展的规划理念有序建设，实现与国家战略需要相匹配的世界级原始创新承载区和百年科学城的发展目标，成为新时代科学城建设的新标杆。

（四）未来科学城规划建设创新

未来科学城位于昌平区南部，毗邻温榆河畔，距离市中心约25公里。规划范围东至京承高速路，北至北六环路，西至昌平区界，南侧紧邻"回天"地区。未来科学城10余年的发展建设可分为3个阶段：（1）孕育阶段（2005年—2009年）。在创新型国家战略背景下，为搭建"千人计划"的创新载体，建设服务中央企业的人才创新基地，中央决定在北京建设未来科技城。（2）起步建设阶段（2009年—

2017年）。按照"具有世界一流水准、引领我国应用科技发展方向、代表我国相关产业应用研究技术最高水平的人才创新创业基地，打造国家级研发机构集群"的发展定位，启动未来科技城建设。用地选址位于昌平区，一期面积10平方公里。（3）调整发展阶段（2017年至今）：贯彻落实习近平总书记视察北京时的重要指示，未来科技城更名为未来科学城，以打造北京建设全国科技创新中心主阵地为目标，以"建成全球领先的技术创新高地、协同创新先行区、创新创业示范城"为发展定位，用地范围扩展至170.67平方公里。

概括而言，未来科学城规划建设创新主要体现在以下3个方面：

第一，打造全球领先的技术创新高地。未来科学城以国家重大战略需求、关键核心技术、自主创新成果转化应用、安全自主可控为核心关注目标，力求汇聚国际一流创新型企业、国际一流研发机构、国际一流人才，构建良好创新创业生态，形成宜居宜业环境，形成辐射带动作用。聚焦先进能源、先进制造、医药健康三大领域，面向国家重大战略，集聚高水平企业研发中心，突破关键共性技术，形成全球领先科技创新成果。以技术创新为核心功能，完善基础研究、新兴产业功能，推动创新链各环节协同联动，形成多元主体协同创新局面。强化人才吸引、培育、服务功能，集聚全球高水平科技创新人才、工程技术人才、创新创业人才，打造重点领域全球技术人才集聚区。集聚创新创业团队及服务机构，构建一流创新创业生态系统，营造有利于创新创业的文化氛围以及制度环境。

第二，统筹谋划"两区一心"空间格局。未来科学城在用地保障上遵循功能完善、要素集聚、土地集约的基本原则，力求构建"两区一心"空间格局。东区以央企、创新型企业与高校通过产学研合作模式联合建立的协同创新中心、联合实验室等为重点主体，布局先进能源、先进制造工程技术开发等创新功能，开展重点领域创新成果转移转化和示范应用。全面强化央企开放创新，加速搞活、盘活存量用地，规划一定比例的留白区域，做好未来发展战略预留。西区以沙河大学城入驻高校、高校应用基础研究中心、中关村生命科学园科研机构、创新型企业为重点主体，推动医药健康领域关键技术创新，围绕三大重点领域，承担人才培养与应用基础研究功能。围绕创新要素特点，优化科技服务布局。加速由"园"向"城"转变，统筹规划居住、教育、医疗、商业、文体等配套服务空间。"一心"依托生态禀赋打造生态绿心，腾退低效集体建设用地，建设连片绿色生态空间。依托温榆河水系打造景观休闲带，布局体育文化设施与绿道系统，串联城市公园与集中绿地，构建由水体、滨水绿化廊道、滨水空间组成的蓝网系统。

第三，营造激发活力的宜人环境。人才是科技创新的核心。为了避免发展初期央企大院式的封闭管理及配套服务设施建设时序的滞后所造成城市活力不足问题，进一步激发城市空间活力，扩区后的未来科学城从完善城市功能和提升环境品质两方面入手，实现由"园"到"城"的转变，营造吸引人才、留住人才的创新环境。其中，在完善城市功能上，加快公共服务设施的建设，推动符合创新人才需求的国际医疗中心、文化中心、体育中心等高品质公共服务设施建设，全面提升公共服务品质。其次，加强国际人才社区建设，合理统筹住房资源，重点完善人才公租房、共有产权房、商品房等多元化住宅，加快人才的集聚，保障科研人员住有所居。在提升环境品质上，进一步发挥生态资源优势，提升未来科学城绿心品质，策划引入具有国际国内影响力的年度品牌活动、科研学术论坛、文化娱乐活动等，提升影响力与知名度。引导央企"打开院墙"，增加道路网密度，增加步行、骑行空间，营造"小街区、密路网"的宜人街道空间。运用先进的环境设计理念，通过水网、绿网、路网加强街区之间、建筑之间的联通，并植入咖啡馆、音乐吧、小广场等现代交流功能，营造一个远离混凝土束缚、促进自由交流的宜人环境，提升公共空间活力。

（五）北京经济开发区规划建设创新

北京经济技术开发区（简称"经开区"）位于北京市东南部，距首都国际机场和北京大兴国际机场均为30公里，距天津港150公里，是京津冀协同发展带的枢纽。至2020年，北京经济技术开发区的总体规划已经编制三次，按照"区"与"城"相统筹，产、城、乡相统筹的理念，充分考虑了经开区与周边乡镇行政辖区的统筹发展与城镇化的协同进程。主要创新点体现：

第一，先进的规划理念，适当超前的建设标准。（1）产城融合理念的一以贯之。从1992年经开区总体规划起，北京经济技术开发区就坚持产业新城的功能定位，从最初的亦庄卫星城规划到近两版亦庄新城规划，规划始终围绕"经开区"与"新城"的协同发展开展工作，产城融合的规划理念自2001年亦庄总体规划开始，就作为规划的首要目标。（2）与国际接轨、适当超前的规划理念。规划坚持市政、交通设施标准的适当超前，早在20世纪90年代就按照"低密度、低强度、小街区、密路网"的先进规划理念开展建设。与国际接轨的设计理念和适度超前的规划指标体系也为产城融合预留了发展空间。经开区按照人口的1.5倍规模规划交通基础设施，提前预留了独立占地的城市公共停车场、公交场站等设施用地。按照相对较高的标准规划公共服务设施，例如教育设施按中心城区1.2倍标准规划配建，为未来发展预留余地。

第二，结合产业集群发展规律规划动态的弹性空间结构。在规划中始终抓住产业集群2~3平方公里的发展规律，规划组团发展、滚动生长的空间结构，逐步形成了核心区、路东区、河西区、路南区4个组团，在组团内实现用地的职住均衡和设施的完整配套。动态的空间结构顺应了经开区几次扩区的空间变化和四大主导产业的逐步发展，在建设时序上为未来的发展做好了预留，在管理上实现资金、建设双聚焦，有效地保证了资源要素的有序投放和高质与高效。

第三，探索功能性绿色空间建设，塑造低密度的空间格局。（1）雨洪防控与公园建设结合。开发区始终坚持尊重自然、保护生态的发展理念，结合位于北京市东南部地势低洼的区域特点，规划建设初期就率先推进海绵城市建设，按照蓝绿结合的理念，将蓄滞洪功能与公园建设相结合，积极应对洪涝风险，南海子公园、路东湿地公园等大尺度绿色空间，既承担蓄滞洪区的功能，也是城市公园绿地的重要组成部分。（2）统筹多元主体，汇集城市边角地整体打造小微绿地。按照大尺度绿色空间与小微绿地结合的理念，做好道路附属绿地建设，同步打开企业围墙，整体设计道路附属绿地与企业建筑退线空间，精心打造更开放的小微绿地，塑造出城市低密度发展的空间结构，规划人均公园绿地面积、海绵城市水平等均提前完成北京市2020年建设要求。

第四，结合大部制管理优势，做好设施建设与功能的混合。（1）在规划编制中，三大设施充分融合。结合开发区大部制、扁平化的城市管理体系，探索市政、交通、公服类项目混合实施模式，在三大设施的水平混合和立体混合建设模式上取得突破，提高土地使用效率。在"亦城之心"项目中，探索了综合文化馆、图书馆、音乐厅、博物馆、剧场、档案馆、科技展览馆、青少年宫、艺术馆（美术馆）等文化设施"多馆合一"的建设模式，并和体育设施、商业设施相结合，将社会事业设施建设与具有城市氛围活力的商业有机融合，提高设施的使用效率，进一步集约节约建设用地。（2）在规划实施中，建设时序尽量统筹。在各类设施的实施建设中，充分发挥"小政府、大社会、专业化"的优势，统筹各类设施建设时序，当好"城市运营大管家"。为了实现高水平的交通承载能力，规划采取用地与交通协同的规划理念，实施中路网建设时序先于用地投放，并采取了"主—次—支路"同步实施的机制，确保支路建设与主次干路同步，避免了微循环不畅问题。（3）在设施建设中，充分利用灰色空间。在基础设施的实施中，按照先地下后地上的时序，经开区按照以"九通一平"的高标准先行拉开城市框架，近期规划建设地下再生水厂一座，地上作为城市公园进行开放，减少邻避设施对于城市环境风貌的影响，也节约集约了建设用地。此外，近期拟利用轨道交通线地下空间，植入创新交流、运动健身、文化休闲功能，激发沿线城市活力，变灰色空间为积极空间，源源不断地为城市发展提供活力空间。

第五，配套精细化的土地政策塑造良好的产业发展环境。（1）因地制宜的工业用地政策。经开区积极研究制定了"以租代售、弹性出让"等土地政策，通过研究不同行业产业生命周期，在全国率先制定了工业用地出让年限"一般不高于20年"的政策。此外，开发区按照园中园的模式，建设标准厂房，通过以流量换增量的方式，既推进了项目落地，又降低了项目的入区成本等。（2）政府为主体的更新导向。结合企业寿命日益缩短的发展规律，为发挥有限土地资源的使用效率，同步开展工业更新加大腾笼换鸟力度。在城市更新项目中，做好整体统筹与方向把控，规定盘活主体以国有平台公司为主，杜绝借腾笼换鸟形成大量低效工业项目。同时，结合城市更新优先补齐城市设施短板，推动新入区"高精尖"产业项目利用存量空间资源落地发展。

三、大事件带动，从亚运到奥运再到冬奥，成就"双奥城市"

（一）亚运会：为带动城市格局优化和提升定位奠定基础

自1984年起，为迎接第十一届亚运会召开，北京市开始进行亚运会规划建设。1986年，北京亚运会规划建设方案获得批准，列入国家重点工程，成立亚运会工程总指挥部，组织实施。北京亚运会规划建设方案，从首都发展的实际出发，借鉴国际经验，提出了具有创新性的"四个结合"规划建设指导思想："在规划目标上，亚运会需要与将来召开奥运会的需要相结合；在规划布局上，分散布局与集中布局相结合；在设施建设上，新建设施与改造利用原有设施相结合；在场馆利用上，运动会比赛与平时群众使用需要相结合。"[①]

北京亚运会规划建设，按照这个指导思想，并考虑与1983年《北京城市建设总体规划方案》所确定的空间布局相结合，规划建设

---

① 曹连群.第十一届亚运会设施建设与北京城市总体规划布局［J］.建筑学报，1990.

了可供29个比赛项目使用的30多个比赛场馆、练习场地，以及可接待5500～6000名运动员和工作人员的运动员村（即亚运村）。其中，为了满足北京亚运会与将来召开奥运会的需要，在传统中轴线的北延长线上建设了大型的国家奥林匹克体育中心，以为将来早日在北京举办奥运会创造条件；为满足新建设施与改造利用原有设施相结合需要，改扩建8个中型体育场馆，包括北京工人体育场、北京体育馆、先农坛体育场、首都体育馆、北京射击场、石景山体育场、北京国际网球中心、顺义高尔夫球场；为满足分散布局与集中布局相结合需要，按照城市总体规划和各分区规划要求，新建了8个中型体育馆，包括北京大学生体育馆、北京体育学院体育馆、地坛体育馆、月坛体育馆、朝阳体育馆、海淀体育馆、石景山体育馆、木樨园体育馆，以及多个自行车赛车场、垒球场、水上运动场、海上运动场等专用比赛场地和练习场地；为满足运动会比赛与平时群众使用相结合需要，这些场馆大多规划建设在位于市区环路地区，有利于方便群众使用，形成了全市公共体育设施均衡分布、大中小相结合的空间布局。在国家奥林匹克体育中心北部新建的亚运村，规划建设体现了"既考虑当前又考虑长远、既是现代的又是中国的、既是静的也是动的、既是变化的又是统一的、既是密度较高又是环境较好的"[①]创新设计思想。亚运村由塔式公寓、国际会议中心、康乐中心、村长办公楼、国际学校等几栋建筑空间组合而成，中间为大型花园式庭院，规划建设空间分区合理，建筑风格新颖，出行交通方便，环境优美宜人，满足了多方面功能需求。

北京亚运会规划建设，发展和延伸了北京的传统中轴线，全面提升了北京城市公共设施现代化水平，促进了北京乃至全国体育活动，以及国际交往活动，也使北京开始迈出建设现代国际大都市的步伐，并为2008年北京奥运会的申办和规划建设，提供了先进的规划设计思想和积累了工程建设经验。我国著名历史地理学家侯仁之先生将北

---

① 宋融.第一届亚运会运动员村的规划设计［J］.建筑学报，1991.

京亚运会规划建设的国家奥林匹克体育中心和亚运村称为"北京城市发展中的第三个里程碑"[①]。

（二）奥运会建设：建设奥林匹克公园及核心功能区，带动城市功能布局的优化完善

2008年奥运会（包括残奥会）规划建设，践行"绿色奥运、科技奥运、人文奥运"三大理念，在奥林匹克公园规划建设，以及相关的场馆规划布局、规划设计国际竞赛、无障碍规划设计与建设、城市环境综合整治等方面，协同进行规划理念、设计方案、实施机制、配套政策等创新工作，为推进奥林匹克公园及核心功能区的建设以及带动城市功能的优化完善、增强首都功能、促进经济社会可持续发展提供了保障。

第一，奥林匹克公园规划设计与建设。奥林匹克公园位于城市北四环与北五环区域，总用地面积约为1159公顷，其中森林公园占地面积约680公顷，中心区（北四环路以北至辛店村路）为315公顷（含奥运村），现状国家奥林匹克体育中心用地及南部预留地为114公顷，中华民族园及部分北中轴用地为50公顷。奥林匹克公园位于北京城市中轴线最北端，奥林匹克公园核心区规划建设10个场馆，奥运会期间举办10项比赛，拥有奥运村、国际广播中心、主新闻中心等重要设施，是举办奥运会的核心区域，也是北京重要的城市功能区之一。其规划建设创新点主要体现在：

——国际方案征集及优化创新。自2000年3月至2005年初，北京市围绕奥林匹克公园规划、景观规划方案、重点景观方案，先后组织进行了四次国际方案征集，不断借鉴国际先进规划设计理念、汲取设计经验、优化完善规划方案和景观设计方案，为创新规划设计与实施方案提供了条件。如：奥林匹克公园规划最终实施方案借鉴了

---

① 侯仁之先生所称的三个里程碑为：一是紫禁城，它是封建社会宫殿建筑中最具代表性的，标志皇权统治的中心；二是天安门广场；三是国家奥林匹克体育中心和亚运村，是对北京城传统中轴线的延伸，代表北京开始走向世界。

北京旧城中轴线的设计理念，轴线北端融入山水自然，水系贯穿整个公园，与城市建筑空间交相辉映；以体育、文化、会展、商业四大主要功能为布局框架，位列中轴线两侧；山体、水系、中轴线以及不同功能用地之间，形成不同形态的景观。公园规划为多功能公共活动区域，集体育、文化、展览、休闲、旅游观光于一体，是举办奥运会的核心区域，集中了10项比赛、10个场馆，包括"鸟巢"、"水立方"、奥运村、国际广播中心、主新闻中心等重要设施。奥林匹克公园的景观设计借鉴了旧城传统的规划手法，水系贯穿整个公园，在中轴线的东侧和北部形成湖泊，与旧城水系相呼应，使整座城市中轴线成为一个有机整体。中心区延续了北京平缓开阔的城市空间形态，形成外高内低、外密内疏的空间格局。

——景观实施方案创新。奥林匹克森林公园总占地面积约为680公顷，其中五环路以南（南区）约为380公顷，五环路以北（北区）约为300公顷，是城市总体规划中第一道绿化隔离地区的重要组成部分，在城市的生态结构规划中起着重要的作用，是保证城市生态质量的重要公共绿地。奥林匹克森林公园规划设计方案的主题是"通往自然的轴线"。森林公园分为南北两园：南园定位为生态森林公园，以大型自然山水景观为主，主要景点包括仰山、奥海、天境、天元观景平台、林泉高致、湿地，及叠水花台、南入口、露天剧场、生态廊道等；北园定位为自然野趣密林，将建设成为乡土植物种源库，以生态保护和生态恢复功能为主，尽量保留现状自然地貌和植被。森林公园山体的最高点仰山，既是原有地名，又与旧城内的"景山"呼应，暗合《诗经》中"高山仰止，景行行止"的诗句，意为"景仰"。

——中心区下沉庭院设计创新。为丰富中轴线的空间内容，在中心区中部的中轴线与水系之间，创造了下沉花园空间，由东西向的大屯路和5座廊桥将下沉庭院分为7个空间，由南至北层次逐步递进，如同北京传统四合院院落的纵向递进体系。在多元化的设计思想指导下，一些国内青年建筑师分别承担不同院子的设计，通过对传统建筑元素的巧妙运用，传承地域文化，体现人文精神。

2008年奥运会结束后，通过不断优化完善规划设计和建设实施机制，北京市在奥林匹克公园内又陆续建设了多项国家级文化设施，使其成为城市重要的集文化、体育、休闲健身、购物于一体的大型综合公园，是奥林匹克历史上具有典型示范意义的建设遗产，形成了具有全球影响力的国际交往活动聚集地和重要功能区，为服务"一带一路"国际合作高峰论坛等国家重大政治、文化活动提供了保障。

第二，协同推进相关规划设计与建设创新，增强城市功能和改善环境。奥运建设期间，通过完善和优化场馆规划布局、组织规划设计国际竞赛、推进奥运会和残奥会无障碍设施改造、推进城市环境综合治理等，对进一步完善城市功能布局、提高城市规划设计水平、提升城市各项基础设施水平、改善城市环境等起到了促进作用。

——完善和优化场馆规划布局。北京2008年奥运会设28个比赛项目（300个小项），26个项目在北京举行预决赛，使用31个比赛场馆，其中新建12个、改扩建11个、临建8个，还有45个独立训练场馆。北京的比赛场馆划分为奥林匹克公园、西部社区、北部风景旅游区、大学区和东部社区5个区域，京外6座城市安排有不同项目的预赛或决赛。同时，残奥会设20个比赛项目，使用18个竞赛场馆，其中有16个位于北京。奥运场馆总体规划布局的原则为：一是满足赛时要求，为奥运会提供优良的比赛训练条件，良好的运动员接待住宿条件，高水平的医疗服务、文化娱乐、旅游接待条件，为媒体和奥林匹克大家庭成员提供住宿、接待等服务，实现各类设施在功能和规模上的要求；为奥运会期间各类人员的出行建立便捷、通畅、高效的交通运输保障体系；设施布局相对集中以方便赛事组织。二是统筹赛后利用，为减少赛后运营的负担，在设施布局中充分考虑赛后城市居民的使用。如在现状体育设施较缺乏的地区安排一些新建场馆；结合大学的发展，在大学校园内安排一部分新建场馆；独立训练场馆全部利用现有设施，不搞重复建设；设施布局相对集中以节约用地和投资。在场馆建设区域考虑功能综合规划，在场馆设施中考虑功能综合设计，很多场馆在赛后成为市民体育、文化、娱乐活动集于一体的重要场所。此外，对奥运交通安排进行了特别的考虑与部署。为保证场馆间交通的准时可靠，为奥运车辆开辟了优先的道路系统，称为"奥林匹克交通环"，由四环路、五环路及若干放射线连接组成，85%的比赛场馆在这一道路系统附近。不在"奥林匹克交通环"上的场馆，至少备有两条道路同"奥林匹克交通环"相连。同时，在这些道路中为奥运车辆开辟专用车道，行车速度不低于每小时60公里。

——组织规划设计国际竞赛。北京赢得2008年夏季奥运会主办权之后，奥运会设施的建设备受国际建筑界的瞩目。面对这样一个历史性机遇，北京全面开放了奥运设施的规划设计市场，特别对一些重大项目，举办了大规模、高层次的国际竞赛，是一项重要的规划设计创新。自2002年3月至2004年11月，北京先后对奥林匹克公园、五棵松文化体育中心、国家体育场、顺义奥林匹克水上公园、国家游泳中心、北京射击馆、老山自行车馆、国家体育馆和奥运村、奥林匹克森林公园，以及中心区、国家网球曲棍球中心、北京工业大学体育馆、北京农业大学体育馆等十余项主要奥运工程开展了规划设计国际竞赛，扩展了视野，开拓了思路，获得了许多优秀的方案。与此同时，依托和培养国内的规划设计人才，促进规划设计创新和提高国内规划设计水平，为日后的规划设计和工程建设提供了先进的经验积累。在北京25个新建、临建比赛场馆和相关设施中，仅有4个项目由国外建筑师参与设计，其余均为国内设计单位独立完成。在这21项设施中，国家体育馆、五棵松篮球馆和棒球场3个项目由北京市设计单位设计，其他18个项目均由中央和其他省市设计单位设计完成，其中的多项设计具有首创性的创新。例如，"鸟巢"的看台被设计成一个完整而没有任何遮挡的碗形，这种均匀而连续的形体，将人们的注意力聚集在场内。在充分满足功能需要的同时，舒适的环境、均匀的视距和极佳的视野与现场观众构成的座席表面紧密地围绕着竞技场上的运动员，并以观众兴奋的情绪激发运动员的优异表现，进而形成最佳的赛场气氛。"水立方"的设计选择了一种自由的结构和气泡的外墙，平静的外表与内在的浪漫，如同在形体上与"鸟巢"的对应一样，体现刚柔平衡、阴阳相济，从而激发出更多的趣味，成为与"鸟巢"协调呼应的2008年北京奥运会的又一标志性建筑。五棵松文化体育中心在2004年8月的"奥运瘦身计划"中将建筑中的商业设施取消，一改原综合体的概念，完全按照NBA的比赛要求设计，成为当时国内设备最先进、设施最齐备、功能最完善的室内篮球馆。奥林匹克篮球馆作为国际一流的现代化综合性篮球馆，赛后还可进行排球、手球、拳击、艺术体操、滑冰、室内足球等比赛活动，以及举办各种大型文艺演出、时装展示和魔术表演。其简洁的体量、多用途的景观文化广场独树一帜。

——奥运残奥会无障碍改造。举办2008年北京残奥会期间，有4000多名世界各国的残疾人运动员、2500名教练员和技术官员来京。其中，仅使用轮椅的运动员和官员就达到2300多人，还有世界各地的残疾人来京观赛。为此，北京市对将要使用的国家体育场等20个场馆，清华大学体育馆等20个训练场馆，残奥村、残奥会总部饭店等定点饭店，定点医院、主新闻中心、国际广播中心、首都机场、北京火车站等场馆和设施，进行了无障碍设施的新建或改造。此外，针对国际残奥委会在交通及停车设施、出入口和通行区、功能和服务区、座席、通信和信息等方面对北京残奥会场馆设施提出的要求，对将要使用的国家体育场等20个场馆，清华大学体育馆等20个训练场馆，残奥村、残奥会总部饭店等定点饭店，以及定点医院、主新闻中心、国际广播中心、首都机场、北京火车站等设施，提出了无障碍设施新建或改造的规划设计要求与标准。在奥运场馆设计大纲中，明确规定以国家行业标准《城市道路和建筑物无障碍设计规范》作为依据，为确保奥运无障碍建设提供条件。在其后的施工阶段，对残奥会场馆严格按国家标准及中心区的交通规划进行设计施工，按国际残奥委《残奥会比赛场馆技术手册》要求进行完善，使残奥会场馆无障碍设施高水平满足了残奥会使用要求。国际残奥委会首席执行官泽维尔·冈萨雷斯曾说：2008年残奥会奉献给全世界的是现代化、无障碍的北京。这是残奥会留给北京的丰富遗产之一，展现了北京城市的文化与文明。

——城市环境整治和改善城市环境。2005年底，北京市创新工作机制，成立了"2008"环境建设指挥部及办公室，组织开展了迎奥运的城市环境整治工作。在整治区域上，确定了"两轴、四环、六区、八线"重点整治地区；在整治标准上，提出了"三净"（乱搭乱建拆干净，乱贴乱画刷干净，乱堆乱摆清干净）、"四新"（两侧楼房粉饰一新，沿街门脸修葺一新，广告牌匾设置一新，绿化植被改造一新）要求；在整治项目上，先后对171个"城中村"、60个零散的城市"边角地"、628条胡同和258个老旧小区实施了综合整治，进一步改善了居民的生活环境，为奥运成功举办创造了良好的环境条件。

此外，"绿色奥运、科技奥运、人文奥运"三大理念是北京奥运和残奥会最重要的非物质遗产，生动体现了举办奥运与促进城市发展的高度一致性。北京奥运会的规划建设，在加大交通市政基础设施和环境建设力度，全面提升城市文化设施、体育设施、公共设施的现代化水平，增强和优化城市功能布局，为更广泛地开展国际交往活动提供良好条件的同时，也提升了城市管理水平，促使广大市民增强了归属感和对城市的热爱，人们的思想观念发生了转变，使北京步入现代国际大都市行列，为日后的转型发展奠定了重要的物质和思想基础。奥运后，北京又一次站到了新的发展起点，在总结奥运筹办工作成功经验的基础上，按照新阶段科学发展观的要求，北京市委、市政府不断发展和深化"三大奥运理念"，将其提炼和升华为推动北京城市建设的新方向和新思路，提出了坚持科学发展，建设"人文北京、科技北京、绿色北京"的要求，作为新阶段推动首都经济社会全面、科学、持续发展的战略任务，为北京的长远可持续发展提供了重要支撑。

（三）冬奥会规划建设：带动城市功能布局进一步优化完善，推进京津冀区域一体化发展

由北京市与河北省张家口市联合举行的"2022年北京冬季奥运会"，将通过冬奥会比赛场馆建设、重大交通市政基础设施建设、城市与区域环境建设整治以及相关文化、旅游、公共服务设施建设等多项工程建设及城市治理、管理，对北京重点功能区建设及城市功能布局优化完善，对张家口城市功能布局的增强与完善以及京津冀区域一体化的发展，产生较大带动和深远影响。其规划建设的主要创新体现在以下两个方面：

第一，场馆建设与环境保护、交通发展协同，带动北京城市功能布局的优化完善和京津冀区域一体化发展。北京2022年冬季奥运会场馆规划建设同步考虑了三方面因素。（1）场馆布局。冬奥会共设赛事7个大项、15个分项、109个小项，其中北京赛区37个，包括所有冰上项目；延庆赛区21个，张家口赛区51个，包括所有的雪上项目。从北京、延庆、张家口3个赛区协调及京津冀区域一体化发展角度统筹考虑，优化了场馆整体布局。规划确定，冬奥会计划使用42个场馆，包括12个竞赛场馆、3个训练场馆和27个非竞赛场馆（冬残奥村、新闻中心、转播中心、颁奖广场、组织总部、指挥中心、酒店等）。其中，北京赛区共有28个场馆，将进行冰上项目和滑雪大跳台项目的比赛。（2）环境保护。延庆赛区4个场馆中的国家高山滑雪中心、国家雪车雪橇中心，以及张家口赛区10个场馆中的云顶滑雪公园、国家跳台滑雪中心、国家越野滑雪中心、国家冬季两项中心均位于山区。确保场馆、座席、设施、设备、赛道等建设敷设不对周围环境造成破坏和负面影响，是冬奥会场馆规划建设的基本原则，并被提升为"环境正影响"行为准则，须对环境进行严格的保护，努力将冬奥会筹办和自然环境改善相融相进。延庆的冬奥村则采用山地村落式、半开放院落格局，用地内有一个小庄科村遗址，规划布局将此村落遗址保留下来并加以适当修缮，形成了核心公共空间，体现了文

化的传承理念。（3）交通发展。3个赛区间的交通规划的总体安排是，连接3个赛区的京张高铁和崇礼线已于2019年底建成通车，全长174公里，最高时速为350公里/小时。冬奥会期间，从北京清河站到延庆站的运行时间约20分钟，到张家口赛区太子城高铁站的运行时间约50分钟。连接3个赛区的第一高速路为京礼高速，已于2020年1月建成通车。京礼高速将在冬奥会期间设置双向奥运专用道，届时从北京冬奥村到延庆冬奥村大约90公里，行车时间约1小时；从延庆冬奥村到张家口冬奥村行车距离大约85公里，行车时间约1小时。第二高速路为京藏高速（G6）+张承高速，已建成通车10年。此外，为冬奥会服务的国际机场两个，即首都国际机场和大兴国际机场，其中大兴国际机场2019年9月建成通航。综上，冬奥会竞赛、训练、非竞赛各项场馆的建设，以及环境保护和交通发展，将促进北京重点功能区功能得到完善，带动城市整体功能布局的进一步优化，并通过推进张家口市体育设施及城市功能布局的完善，推进产业发展和旅游发展，助力京津冀区域一体化的发展。

第二，"环境正影响""区域新发展""生活更美好"的创新理念与计划落实。2020年5月，国际奥委会和北京冬奥组委联合发布了《北京2022年冬奥会和冬残奥会可持续性计划》，提出了北京冬奥会的可持续性愿景和目标、总体思路和原则，从"环境正影响""区域新发展""生活更美好"三个方面提出了具体的行动措施。北京冬奥会是我国在重要历史节点举办的重大标志性活动，筹备全程秉承"绿色、共享、开放、廉洁"理念，充分体现了可持续性的创新精神。在当前新冠肺炎疫情持续不断在全球蔓延的形势下，冬奥会将会通过持续创新，把新的奥林匹克精神和理念融入百姓日常生活，带动社会进步和发展，使未来的生活更加美好，显得更为重要。

以"环境正影响"准则为例，其主要创新做法为：其一，绿色低碳可持续是北京冬奥会场馆建设的铁律。2019年6月，《北京2022年冬奥会和冬残奥会低碳管理工作方案》正式向全球发布，共涉及总体要求、碳减排措施、碳中和措施、保障措施等四大项内容，其中的碳减排措施包括推动低碳能源技术示范项目、加强低碳场馆建设管理、建设低碳交通体系，北京冬奥组委率先行动，是一项系统性的减排行动。其中，冬奥会主办充分利用北京2008年奥运会留下的现有场馆和临时场馆，在场馆规划、建设、运行和赛后利用全过程中，落实生态保护优先原则，最大限度地利用现有场馆和设施，使新建、改造场馆和设施满足绿色建筑标准。如：北京冬奥会的42个场馆中有16个场馆为2008年夏季奥运会遗产，其中场馆遗产11个、土地遗产5个。北京冬奥组委首钢办公区办公场所及相关活动充分利用首钢园区的升级改造设施，既满足了北京冬奥组委阶梯式增长的办公空间需求，也降低对资源和环境的影响。张家口赛区充分利用云顶滑雪场现有雪道，张家口山地新闻中心利用云顶大酒店改造。北京冬奥会场馆和基础设施规划设计、建设、运行和赛后利用方面，可持续性涵盖了能源、环境、建筑、资源等方面。冬奥会场馆改建过程中广泛应用能源节约型和环境友好型技术和产品，在节能、低碳、废弃物与废水处理、垃圾分类收运、回收、利用等领域成为示范。其二，以往冰上场馆制冰使用的制冷剂大都含有大量氟利昂，对臭氧层造成损耗。北京冬奥组委在国家速滑馆等4个冰上场馆使用新型二氧化碳制冷剂，其他冰上场馆也使用对环境影响相对小的新型制冷剂。二氧化碳制冷剂首次在奥运会级别的冰上赛事中使用，是北京冬奥会对减少温室气体排放作出的一大贡献。延庆和张家口赛区的地表水、雨水、人工造雪的融雪水等，经过"入渗、滞留、蓄积、净化、利用、疏排"的整体化设计之后，实现水资源可持续利用和生态环境保护的双赢。其三，在进行北京冬奥会滑雪场地建设过程中，对赛区周边野生动物及其栖息地、重要保护植物实施重点保护，规划设计尽量避让林地，平衡土方填挖，避免人类活动的过度开发，减少对生态和野生动物的干扰。冬奥延庆赛区所在的海陀山海拔两千多米，在赛区施工及运营阶段，始终注重保护物种多样性，建设单位成立了生态环保专职部门，通过就地、近地和迁地等方式保护树木。美丽的环境将为冬奥会增添色彩，而冬奥会也必将让百姓的生活环境更加美丽。

通过举办2022年北京冬季奥运会，北京将成为奥运史上第一个同时举办过夏季奥林匹克运动会和冬季奥林匹克运动会的城市（"双奥城市"），也是继1952年挪威奥斯陆之后时隔整整70年第二个举办冬奥会的首都城市。推进实施"环境正影响""区域新发展""生活更美好"，不仅将进一步优化完善首都的城市功能布局，推进京津冀区域一体化发展，而且将会进一步提升城市发展的内涵与水平。

第四章

魂与韵：传承历史文脉，彰显古都风韵

第一节 历史文脉的保护、传承与发展

一、时空全覆盖的名城保护体系构建

（一）保护共识的不断凝聚

古都北京，有800多年的建都史，3000多年的建城史，被梁思成先生赞为"都市计划的无比杰作"，蕴藏着千百年来形成的深厚独特的历史文化。自新中国成立至今，北京历史文化名城保护工作从思想认识到管理实践经历了漫长而艰难的演变历程，名城保护的理念与行动在首都建设者的共同努力下逐步形成共识。

新中国成立前夕，党中央请梁思成等编制了《全国重要文物建筑简目》，并附《古建筑保护须知》。1949年1月16日，解放北平时，中央给前线司令部发出指示："此次攻城必须作出精密计划，力求避免破坏故宫、大学及其他著名而有重大价值的文化古迹。"这反映了当时人们对历史建筑的保护已经有了较高的认识。

新中国成立初期，著名建筑师梁思成、陈占祥认为："北京古城的价值不仅在于个别建筑类型和个别艺术杰作，最重要的还在于各个建筑物的相辅相成，在于全部部署的庄严秩序，在于形成了宏壮美丽的整体环境。"为此，他们建议完整保护旧城。在当时内忧外患、百废待兴的形势下，受多种因素影响，各方面对于如何在改建旧城中保护古建筑及其建筑艺术风格，特别是是否全部保留古建筑，有两种不同的认识，且一直延续了很长时间。对此，50年代编制完成的北京城市总体规划中对于保留和保护古建筑及其建筑艺术与风格，确定了区

别对待的原则，体现了实事求是的态度和做法①。诚如首都建设的亲历者及规划工作主要领导者郑天翔所说，城市规划"从系统的调查研究入手，从北京和我国的具体情况出发，把长远的发展战略和当前的实际情况结合起来，把保留历史名城的特色和现代化建设结合起来"，"对争论较多或考虑还不成熟的问题暂不决定，在一些重要方面留有余地"，"我们的方针是继承、改造和发展相结合"。②

"文化大革命"期间，片面强调历史建筑的阶级性和封建社会属性，忽略其作为城市历史的根本属性，造成许多历史建筑、珍贵古迹遭到破坏。20世纪60年代中期至70年代中后期，受城市人口增长、房屋衰败、知青返乡、唐山大地震等一系列历史事件影响，老城平房区人居环境不断恶化。为解决紧迫问题，北京市陆续出台了"见缝插针""滚雪球""推、接、扩"等一系列以解危排险为目的的指导措施，导致平房区内出现大量插建建筑，很多四合院逐步成为大杂院，老城的城市布局与古都风貌遭到破坏。在强调战备和发展的政治条件

---

① 1954年《改建与扩建北京市规划草案》明确指出："在改建和扩建首都时，应当从历史形成的城市基础出发，既要保留和发展合乎人民需要的风格和优点，又要打破旧的格局所给予我们的限制和束缚，改造和拆除那些妨碍城市发展和不适于人民需要的部分，使它成为适应集体主义生活方式的社会主义城市。"1958年编制完成的《北京市总体规划方案》中提出："旧北京的城市建设和建筑艺术，集中地反映了伟大中华民族在过去历史时代的成就和中国劳动人民的智慧。但是旧北京是在封建时代建造起来的，不能不受当时低下生产力的限制，而当时的建设方针又完全是服从于封建阶级的意志的，它越来越不能适应社会主义建设的需要和集体生活的需要，也和六亿人民首都的光荣地位极不相称。因此，一方面要保留和发展合乎人民需要的风格和优点；同时，必须坚决打破旧城市对我们的限制和束缚，进行根本性的改造，以共产主义的思想与风格，进行规划和建设，把北京早日建成一个工业化的、园林化的、现代化的伟大社会主义首都。"

② 郑天翔在其回忆录中对1958年城市总体规划情况进行了这样的概括："我们从系统的调查研究入手，从北京的和我国的具体情况出发，把长远的发展战略和当前的实际情况结合起来，把保留历史名城的特色和现代化建设结合起来，就首都建设有关方面的大政方针提出明确的意见，对争论较多或考虑还不成熟的问题暂不决定，在一些重要方面留有余地，尽力避免由于我们知识和经验不足而束缚后人的手脚。在规划过程中，我们广泛地征求各方面的意见，听取不同意见，不断地进行修改和补充。""我们的方针是继承、改造和发展相结合。"（郑天翔.回忆北京十七年[M].北京：北京出版社，1989：62、66.）

下，许多城墙、城楼被陆续拆除，北京历史城市肌理与格局受到了很大破坏。

1978年，党的十一届三中全会召开，北京古城的保护工作从此逐渐复苏。1982年，国务院将北京公布为第一批历史文化名城，同年《中华人民共和国文物保护法》颁布施行，文物保护法律建立，文物建筑管理体系初步形成。1983年编制完成的《北京城市建设总体规划方案》中首次提出了历史文化名城保护的新理念，形成了"保护、改建、创新"的旧城发展新思路。此版规划强调："改建旧城要逐步改变它的落后面貌和局限，使之现代化；同时也必须从整体着眼，注意保留、继承和发扬旧城原有的独特风格和优点，又要有所创新。"在这一思路下，相关专家开始积极探索旧城传统风貌区更新改造的理念与措施，提出了"有机更新""原真性保护"等保护思想。1988年，北京市以东城区的菊儿胡同、西城区小后仓和宣武区的东南园为试点，尝试采取"政府、单位和个人三结合"的方法进行改造建设，亦为旧城历史街区的更新探索了方向。

20世纪90年代至21世纪初期，一方面政府对于历史文化遗产保护的重视程度和投入力度日渐提升。1993年《北京城市总体规划（1991年至2010年）》中首次提出了北京是"世界著名古都"的定位，标志着对于历史城市保护与更新的认识进入比较成熟的阶段。在城市总体规划指导下，1999年，市规划院编制完成了《北京旧城历史文化保护区保护和控制范围规划》。2000年至2002年，市规划委组织编制完成了《北京旧城25片历史文化保护区保护规划》，对每个保护区的地块划分、用地功能、人口、建筑、绿化、道路交通、市政设施等提出了较详细的规划方案，为今后制定实施细则和依法管理提供了重要依据，把历史文化保护区的保护工作推向了一个新阶段。2002年，北京市进一步编制了《北京历史文化名城保护规划》，这是新中国成立以来第一个全面完整的名城保护规划，综合了以往的研究成果，深化了名城保护的内容，对北京历史文化名城的特征、保护工作存在的问题、保护规划的指导思想原则、思路做了系统阐述。而另一方面，菊儿胡同等危房改造试点项目的成功，大大增强了市政府对危房改造的信心。1990年4月30日，市政府召开第8次常务会议，通过《加快北京市危旧房改造的决定》，提出危旧房改造的重心从新区转移到旧城。自1992年起，国家由计划经济向社会主义市场经济转变，土地有偿出让政策出台，许多房地产大规模开发项目以危改的名义进入旧城。截至2003年，北京旧城内同时确定了137片危改项目，总面积约20.64平方公里，占到旧城总面积的1/3，对旧城整体保护造成了前所未有的冲击。同时，政府在基础设施建设方面投入了大量资金，如平安大街改造、西直门立交桥改造等基础设施项目及东方广场等房地产开发项目开展起来，对旧城的整体格局造成了较为明显的影响。

进入21世纪，随着奥运申办成功，北京以著名古都的身份展现在世界面前。国际社会的审视让北京更加意识到珍视自身文化底蕴、展现悠久文明传统的重要性。2005年《北京城市总体规划（2004年—2020年）》中强调科学保护的原则，坚持贯彻落实科学发展观，坚持整体保护、以人为本、积极保护和不断创新。规划深化和发展了历史文化名城的保护理念，名城保护从静态保护转向动态保护，从消极保护转向积极复兴，从物质文化遗产保护扩展到非物质文化遗产保护，构建了历史文化名城保护与发展的新框架。同年，由市规委、建委、文物局三家联合推荐的10名专家探讨了危改的新模式，确定以后的危房改造将采用微循环模式，由政府出钱，迁出部分人口，整个过程不再允许开发商介入。与此同时，市政府发出《关于加强北京旧城保护与改善居民住房工作有关问题的通知》，第一次对旧城危改与风貌保护之间的矛盾进行了总结，提出"科学规划、严格执法、求实创新、稳步推进、规范程序"的方针，确保旧城保护与改善居民生活工作落到实处。2005年至2007年，北京市开展了新中国成立以来全市规模最大的一次房屋修缮和市政改造工作，一定程度上消除了旧城区的安全隐患，改变了环境脏乱差的局面。2003年至2009年，北京市启动旧城平房保护区的"煤改电"工程，先后有16万户平房居民完成了电采暖设施的安装，大大完善了旧城区居民的市政基础设施条件。不仅如此，这一时期，历史文化遗产保护的类型逐步丰富，2000年至2006年北京市先后公布了第三批地下文物埋藏区、第二批历史文化保护区、四合院保护院落、历史文化名村、第三批历史文化保护区、第四批地下文物埋藏区、优秀近现代保护建筑名录等，并于2007年起开展第三次全国文物普查工作，将保护体系进一步扩展。

2014年，习近平总书记视察北京时提出，北京是世界著名古都，丰富的历史文化遗产是一张金名片，传承保护好这份宝贵的历史文化遗产是首都的职责。2017年，习近平总书记再次视察北京时强调，北京历史文化是中华文明源远流长的伟大见证，要更加精心保护好，凸显北京历史文化的整体价值，强化"首都风范、古都风韵、时代风貌"的城市特色。同年，《北京城市总体规划（2016年—2035年）》提出："以更开阔的视角不断挖掘历史文化内涵，扩大保护对象，构建四个层次、两大重点区域、三条文化带、九个方面的历史文化名城保护体系。做到在保护中发展，在发展中保护，让历史文化名城保护成果惠及更多民众。"党中央、国务院在对北京城市总体规划的批复中指出："做好历史文化名城保护和城市特色风貌塑造。构建涵盖老城、中心城区、市域和京津冀的历史文化名城保护体系。"市委书记蔡奇在北京市推进全国文化中心建设领导小组第一次会议上指出："首都文化是我们这座城市的魂，主要包括源远流长的古都文化、丰富厚重的红色文化、特色鲜明的京味文化和蓬勃兴起的创新文化这四个方面。"2020年《首都功能核心区控制性详细规划（街区层面）（2018年—2035年）》提出："要严格落实老城不能再拆的要求，坚持'保'字当头，以更加积极的态度、科学的手段实施老城整体保护，精心保护好这张中华文明的金名片。"值得注意的是，新版城市总体规划中将"旧城"这一使用近70年的称谓调整为"老城"，这一用词的微妙变化体现了城市发展对历史积淀的尊重。经过70年的不断探索与实践，北京历史文化名城的保护成为自上至下的社会共识，其重要性被提升到前所未有的高度。

（二）保护体系的逐步完善

回顾历史发展的脉络，我们可以看到北京历史文化名城保护的体系建设日趋完善。新中国成立初期，名城保护缺少健全的机制，以文物古迹保护工作为主。1950年，政务院颁布《古文化遗址及古墓葬之调查挖掘之暂行办法》。1953年，国务院颁布《关于在基本建设工程中保护历史及革命文物的指示》。1956年，国务院又颁布了《关于在农业生产建设中保护文物的通知》。各省级政府在其原则指导下，开始了第一次全国文物大普查，保护了大批优秀文物。

1993年《北京城市总体规划（1991年至2010年）》首次比较系统地提出了历史文化名城保护规划的内容，包括3个部分：对文物保护单位的保护，对历史文化保护区的保护，从城市格局、城市设计和宏观环境上实施对历史文化名城的整体保护。同时，规划开创性地提出了整体保护旧城的十项要求，其中包括：保护和发展传统城市中轴线，体现明清北京城"凸"字形城郭平面，保护与北京城市沿革密切相关的河湖水系，保护原有棋盘式道路网骨架和街巷胡同格局，注意吸取传统城市色彩的特点，按照平缓开阔的城市空间格局特点分层次控制建筑高度，保护城市景观线，保护街道对景，增辟城市广场，保护古树名木。

2002年《北京历史文化名城保护规划》提出了三个层次（文物保护、历史文化保护区保护、历史文化名城保护）、一个重点（旧城区整体保护）和文化融合（继承北京的历史文化传统和商业特色，并使之适应现代化发展的需要）的名城保护思路。该规划第一次将文物保护单位保护、历史文化保护区保护、旧城整体格局保护的系统研究内容全部纳入历史文化名城保护规划中去。规划还新增了第二批历史文化保护区15片，并将河湖水系的保护内容扩大至全市域。在此基础上，2005年《北京城市总体规划（2004年—2020年）》对原有的三级遗产保护体系进行了补充，新增了优秀近现代建筑和市域历史文化资源的保护；调整了原有10条保护措施，新增了整体保护皇城和"胡同—四合院"传统建筑形态的保护等内容；同时，新增了挂牌院落和第三批历史文化保护区名单，使保护体系更加合理、完善。

2017年《北京城市总体规划（2016年—2035年）》进一步提出构建"四个层次、两大重点区域、三条文化带、九个方面"全覆盖、更完善的历史文化名城保护体系。其中包括：加强老城、中心城区、市域和京津冀四个空间层次的历史文化名城保护，加强老城和三山五园地区两大重点区域的整体保护，推进大运河文化带、长城文化带、西山永定河文化带的保护利用，加强世界遗产和文物、历史建筑和工业遗产、历史文化街区和特色地区、名镇名村和传统村落、风景名胜区、历史河湖水系和水文化遗产、山水格局和城址遗存、古树名木、非物质文化遗产等9个方面的文化遗产保护传承与合理利用。在新理念推动下，北京市首次完成了农业文化遗产资源普查工作，扩大了历史文化街区范围，公布了两批历史建筑名单，并结合首都功能核心区控制性详细规划编制等工作进一步丰富了老城地区历史名园、传统胡同、历史街巷、传统地名、革命史迹等遗产类型。

2020年《首都功能核心区控制性详细规划（街区层面）（2018年—2035年）》在城市总体规划提出的9个方面文化遗产保护对象基础上，进一步突出核心区文化遗产特色，明确提出世界文化遗产，国家级、市级、区级三级文物保护单位和尚未核定为文物保护单位的不可移动文物、地下文物埋藏区、历史建筑（含优秀近现代建筑、挂牌保护院落、工业遗产等）、历史文化街区和特色地区、传统胡同、历史街巷和传统地名、历史河湖水系和水文化遗产、城址遗存、历史名园和古树名木、革命史迹、非物质文化遗产等11类保护对象，并分批分类公布保护名录。

（三）保护机制的不断建立

随着理念的深化和体系的建设，北京历史文化名城保护的制度建设不断成熟和完善。在法治建设方面，1961年，国务院公布了第一批全国重点文物保护单位并颁布了《文物保护暂行管理条例》，形成了我国文物保护的第一个专项法规。北京市分别于1981年和1987年公布《北京市文物保护管理办法》《北京市文物保护管理条例》，为全市文物保护工作的开展提供了政策和法规依据。2005年，北京市颁布《北京历史文化名城保护条例》，成为名城保护工作的专项立法。2019年，北京市启动《北京历史文化名城保护条例》修订工作，将其列入《市政府2020年立法工作计划》。2020年，北京市配合中轴线申遗工作启动开展中轴线文化遗产保护的专项立法工作。在法定规划编制方面，除历版总规中不断增加的历史文化名城保护相关内容外，2002年北京市编制并公布了《北京历史文化名城保护规划》，之后陆续编制了第一批、第二批和部分第三批历史文化街区的保护规划。

在机制建设方面，为加强名城保护领域的公众参与和协商议事机制，2002年北京市政府在关于实施《北京历史文化名城保护规划》的决定中特别强调："本市各级人民政府及其部门必须加大宣传力度，鼓励公众参与，加强社会监督。保护历史文化名城既是政府的责任，也是全社会的共同责任。要加强责任意识、法律意识，积极鼓励和支持人民群众为保护历史文化名城工作出谋划策。"2004年，北京市委、市政府成立了北京市危旧房改造与古都风貌办公室，首次组建了由10名文物保护、民俗学、规划等学科专家参与的古都风貌保护与危房改造专家顾问组，2007年顾问组调整为北京古都风貌保护与危房改造专家顾问小组，2009年又调整为北京历史文化名城保护专家顾问组。在大量名城保护重要工程中，专家顾问组的意见和建议被有关部门广泛听取和采纳。2010年，北京市进一步成立北京历史文化名城保护委员会，由市委书记担任名誉主任，市长担任主任，并进一步扩大形成由17位专家参与的历史文化名城风貌保护专家顾问组。专家的专业领域则在文物保护、规划、建筑专业基础上增加了民俗学、文学、艺术等领域，体现出汇集多专业力量共同挖掘和弘扬北京历史文化名城宝贵内涵的意愿。在市名城委的带动下，东城区、西城区、海淀区也相继成立由区委书记、区长挂帅的区级名城保护委员会及专家顾问组，形成了围绕历史文化遗产保护工作的统筹协调和多元议事机制。2017年，北京市成立市委、市政府主要领导挂帅的全国文化中心建设领导小组，由市委书记担任组长，下设8个专项工作组，包括老城保护组、大运河文化带建设组、长城文化带建设组、西山永定河文化带建设组、文化内涵挖掘组、文化建设组、产业发展组和中轴线申遗专项工作组。领导小组发挥统筹中央和地方文化资源的作用，协调推动全国文化中心建设各项重点任务，亦为历史文化名城的保护提供了更可靠的制度保障。

二、山水格局：从山水保护到文化带保护

（一）自然山水孕育"三带"文化格局

独特的地理位置与环境，是北京古代城市发展和都城建设的重要前提。北京位于华北平原，西北部太行山余脉和燕山山脉交汇，形成了天然屏障；南部地势平坦、平原展布，为农业发展创造了条件；东部距离渤海较近，提供了渔盐之利。受自然地理条件和人文政治活动的共同影响，北京所在的区域是中国历史上农耕、游牧两大文明碰撞交融时间最长、强度最大的区域，自春秋战国时期起就形成了军事重镇，逐步发展为区域重要城市，最终成为封建王朝的都城。在漫长的发展演变过程中，北京地区形成了几条最为重要的历史文脉，将城市最为重要的功能、文化串联起来。其中，西部因永定河冲刷形成了肥沃的山前平原，太行山东麓沿线形成了沟通中原和北方地区最重要的交通干道；北部为防御游牧民族入侵而借助天然地形屏障修筑长城、建设城镇，形成了复杂的军事防御系统；东南部为加强国家南北联系、供应都城之需，修建了贯通南北的大运河。西山永定河、长城、大运河这三条贯穿国家版图、联系广袤区域的重要的文化带在北京汇集，与老城形成密切的关联与呼应，共同构成了北京最重要的历史文脉格局。

作为具有共同生态文化基础和历史文化属性的带状空间单元，大运河、长城、西山永定河三条文化带在生态、历史、文化、经济、社

会、政治等方面具有独特的统一体功能，对文化带的整体保护不仅有利于区域文化遗产成线、连片保护利用，亦有利于物质文化遗产、非物质文化遗产及其周边环境的整体性、综合性保护。2013年至2018年，市规划委组织开展了北京西部、北部、东南部地区历史文化资源梳理工作和北京历史文化资源梳理与整合研究，形成了对北京市域范围内各条主要文化脉络的系统研究和深入认识。2017年，《北京城市总体规划（2016年—2035年）》中提出构建"四个层次、两大重点区域、三条文化带、九个方面"的历史文化名城保护体系，明确了整体保护"三带"工作要求。同年，市委书记蔡奇在北京市推进全国文化中心建设领导小组第一次会议上明确提出："要集中做好首都文化这篇大文章，重点抓好'一核一城三带两区'，即以培育和弘扬社会主义核心价值观为引领，以历史文化名城保护为根基，以大运河文化带、长城文化带、西山永定河文化带为抓手，推动公共文化服务体系示范区和文化创意产业引领区建设，把北京建设成为弘扬中华文明与引领时代潮流的文化名城、中国特色社会主义先进文化之都。"2020年，北京市正式发布了《北京市推进全国文化中心建设中长期规划（2019年—2035年）》，提出："大运河、长城、西山永定河三条文化带承载了北京'山水相依、刚柔并济'的自然文化资源和城市发展记忆，历史悠久、内涵丰富、底蕴丰厚，是北京文化脉络乃至中华文明的精华所在，是京津冀协同发展、深度交融的空间载体和文化纽带。要统筹推进三条文化带保护发展，构建历史文化遗产连片、成线的整体保护格局，守住北京千年古都的'城市之魂'，强化首都风范、古都风韵、时代风貌的城市特色。"在规划指引下，《北京市大运河文化保护传承利用实施规划》《北京市长城文化带保护发展规划（2018—2035）》《西山永定河文化带保护建设规划》等专项规划和行动计划也陆续出台，将"三带"的保护落到实处。

（二）大运河文化带的整体保护

北京地区大运河历史可上溯至隋炀帝大业四年（公元608年）开

凿的永济渠。元代郭守敬实施通惠河水源工程和航道工程，从杭州直抵大都的京杭大运河实现贯通。明清两代基本沿用了元代的大运河线路。到清光绪三十一年（1905年），漕运终止。大运河北京段以白浮泉、玉泉山诸泉为水源，注入瓮山泊（今颐和园昆明湖），经长河，引入积水潭（今什刹海），经玉河（故道）、通惠河，最终流入北运河，涉及昌平、海淀、西城、东城、朝阳、顺义、通州七个区。大运河北京段沿线文物等级高、分布密集、类型丰富，除白浮瓮山河一段与通惠河故道（今玉河故道）部分线路断流外，河道、湖泊的整体连贯性较好，有众多桥、闸、码头遗址，以及与大运河相关的古仓库、古建筑、古遗迹等，其中通惠河北京老城段（包括什刹海、玉河故道）、通惠河通州段（西起永通桥，东至通州北关闸）是世界遗产点段。

大运河是中国古代创造的伟大工程，是中华民族活的流动精神家园。2014年，京杭大运河申报世界文化遗产成功，成为在世界范围内具有广泛影响力的中国文化符号。大运河北京段以水系为纽带，串联自然生态环境和社会经济发展，不仅是京杭大运河世界遗产的源头，更在首都发展中扮演了重要角色，见证了城市的沧桑巨变，承载着丰富的历史遗存和宝贵的文化记忆。

2012年，为配合大运河申报世界遗产工作，北京市公布实施《大运河遗产（北京段）保护规划》，确定北京市域范围内40处物质文化遗产和43项非物质文化遗产作为大运河文化遗产的保护对象，划定其保护范围及建控地带，制定基本保护要求，并就市域范围内与运河相关的各行业专项规划提出建议，作为北京大运河遗产保护管理的指导与申遗的基础。在规划指引下，遗产保护工作卓有成效，东不压桥、八里桥、燃灯佛舍利塔等一批重点文物得到保护修缮，路县故城、张家湾古镇等考古工作取得重要进展，白浮泉、什刹海周边文物建筑等腾退工作进展顺利。同时，北京市开展了对大运河文化带文脉的系统梳理，组织创作了一批大运河主题的文化作品，大运河文化带内涵日益明晰。不仅如此，大运河沿线的生态环境整治初见成效，城市功能组织进一步优化，更发挥了构建城市副中心水绿空间格局和带动京津冀区域文化协同发展的重要作用。为确保"千年运河"文化遗产与生态得到有效保护、珍贵文化内涵得到传承弘扬，北京市专门编制了《北京市大运河文化保护传承利用五年行动计划（2018年—2022年）》，从构建发展格局、抓好文化遗产保护、开展沿线环境整治、推进河道水系治理、梳理运河历史文脉、推进文化项目建设、提升旅游休闲功能、促进跨域交流合作、创新机制体制等9个方面对大运河遗产的保护提出了目标和要求。

（三）长城文化带的整体保护

北京坐落于三面环山、一面开敞的"北京湾"小平原端口，是华北平原与北方山地和高原之间绵长的陆路交通线的天然焦点，自古以来就是连通着中原与塞外之间最重要的要塞。从山西高原绵延至渤海湾的燕山山脉在华北平原与内蒙古高原和东北平原之间形成一道强有力的屏障，分布其间的一些峡谷隘口为南北沟通提供了天然孔道。为抵御北方游牧民族的侵扰，中原农耕王朝自战国时期就开始在蒙古高原以南的燕山、太行山两大山脉间修筑长城，历经南北朝时期，至明代，北京作为封建王朝的都城，更迎来规模最大、持续时间最长的一次长城修筑。北京长城现存北齐和明代两个时期的遗存，作为中国有长城分布的地区中保存最完好、价值最突出、工程最复杂、文化最丰富的段落，是中国长城最杰出的代表。

北京长城一直伴随着北京这座千年古都的历史沧桑变迁而不断修筑，承担着拱卫都城安全的军事功能。在长城文化的历史积淀过程中，沿线区域逐渐形成了北方民族文化、农耕线图文化、寺观庙宇文化、抗战红色文化、交通驿道文化、陵寝墓葬文化等多种文化形式，展现了这一地带丰富的文化多样性，也造就了这一带状区域与众不同的人文特征。

2006年，经国务院同意，国家文物局启动了"长城保护工程"，制定并实施了《长城保护工程（2005年—2014年）总体工作方案》；

2006年正式颁布《长城保护条例》，2019年国务院批准《长城保护总体规划》。这些都为长城的保护提供了总体指引和法律依据。2016年，北京市率先编制完成《北京市长城保护规划（2016年—2035年）》，划定并公布了长城的保护范围和建设控制地带，并在部分长城点段设置了保护标志，建立了较为系统规范的长城记录档案，初步形成了长城保护管理队伍。自2000年至2017年底，北京市共开展长城保护工程75项，投入资金4.9亿元。为进一步梳理长城文化、优化空间布局、明确发展方向，2019年，北京市印发《北京市长城文化带保护发展规划（2018年—2035年）》，确定了"一线五片多点"的布局（"一线"即长城墙体遗存线，"五片"包括马兰路组团、古北口路组团、黄花路组团、居庸路组团、沿河城组团5个核心组团片区），划定了北京市长城文化带的空间范围，对现存的文化与自然资源进行了梳理，对资源价值及现状进行了评价。在此基础上确定了北京市长城文化带的战略定位、发展原则和各阶段目标，明确了核心区和辐射区的保护发展要求，并形成了重点任务清单。

（四）西山永定河文化带的整体保护

西山是北京西部山地的总称，属太行山脉。北以南口附近的关沟为界，南抵房山区拒马河，西至市界，东临北京小平原。四条山脉串联着西山的世界遗产、不可移动文物、传统村落、古道等众多历史文化遗址遗迹，连接着自然保护区、风景名胜区、国家森林公园等风景资源，文化与生态相融共生，增强了北京的山水城市意象。永定河水孕育了北京人和北京文化，是北京的母亲河。由洋河、桑干河和妫水河在官厅附近汇合而成的永定河，秦汉时期称治水，魏晋南北朝时期称㶟水，隋代称桑干河，金代称卢沟，元代称浑河，俗称无定河，是海河流域七大水系之一，也是北京市的最大河流。

西山永定河文化带自然山水灵秀天成，历史文化荟萃凝聚，是展示北京人文精神的重要载体，是首都坚守生态屏障、尽显绿水青山的典范。因自然山水、历史发展而与北京老城经脉相通的西山永定河文化带，成就了颐和园、周口店北京人遗址两大世界文化遗产，孕育了首都北京"山水人和，家国情怀"的文化精神，是中国"人与自然和谐相处"哲学思想的集中表现地，是北京人修身净心的精神家园。

2013年，北京市开展了西部地区历史文化资源梳理工作，通过对西部地区自然地理条件、历史发展进程和历史文化资源的分析，梳理提炼北京西部地区的文化脉络和文化价值，确定了西部精华地区并提出西部地区历史文化资源的保护与利用的要点，为西山永定河文化带概念的提出与保护的开展奠定了基础。2018年，北京市编制《北京西山永定河文化带保护发展规划》，提出了"四岭三川，一区两脉多组团"的空间格局（四岭为北京西山四道山岭，三川为永定河及其支流清水河、大石河、拒马河，一区指三山五园重点地区，两脉指沿永定河形成的山水人文生态脉和沿西山山麓形成的家国情怀文化脉，多组团指由历史文化资源分布密集区形成的组团）。针对四岭三川，塑造城市山岭轮廓线，优化滨水环境；针对三山五园地区，以世界遗产颐和园为龙头，恢复山水田园的自然历史风貌，保护与传承历史文化，构建历史文脉与生态环境交融的整体空间格局；针对永定河山水人文生态脉，重点修复与改善生态环境，保护重要观山视廊与亲水通道，打造水城相依的景观风貌；针对西山家国情怀文化脉，加强文物整体保护，推进非物质文化遗产活态传承，加强浅山区生态修复，严控景区过度开发与无序建设，适度开展游览功能和完善配套服务设施，满足市民及城市发展需求；针对八大处、卢沟桥、潭柘寺等地区，以绿道、步道为骨架，以历史文化资源与生态资源交融为特色，打造各具特色的文化生态组团。

三、老城：从要素管控到整体保护

（一）旧城保护体系的建立（2017年前）

北京旧城是杰出的城市建造技艺和优秀传统文化的载体，完整体现了中华民族自强不息的民族精神和经久不衰的民族魅力，体现了中华文明在历史发展中的伟大生命力。梁思成先生曾这样评价："北京古城的价值不仅在于个别建筑类型和个别艺术杰作，最重要的还在于各个建筑物的全部配合，它们与北京的全盘计划、整个布局的关系，在于这些建筑的位置和街道系统的相辅相成，在于全部部署的庄严秩序，在于形成了宏壮而又美丽的整体环境。"自1949年至21世纪初期，北京旧城保护的理论与实践经历了从"拆旧建新"到"整体保护"的不断演变。新中国成立初期，旧城内除重要文物外，大部分是以居住功能为主的传统平房区，总的来说保留着完整的平房四合院风貌格局。然而，受城市人口增长、房屋衰败、"文化大革命"、知青返乡、唐山大地震等影响，旧城平房区人居环境不断恶化。为解决紧迫问题，20世纪60年代至70年代期间，陆续出台了"见缝插针""滚雪球""推、接、扩"等一系列以解危排险为目的的指导措施，导致平房区内出现大量插建，四合院沦为大杂院，旧城的城市布局与古都风貌遭到破坏。

随着改革开放后国民经济发展步入正轨，人们对旧城保护的意识开始逐步建立起来。1993年《北京城市总体规划（1991年至2010年）》中首次比较系统地提出了历史文化名城保护体系。其中，规划对旧城保护进行了系统性思考，提出了"要从整体上考虑历史文化名城保护，尤其要从城市格局和宏观环境上保护历史文化名城"，并提出了旧城保护的10项内容。但此次规划主要从原则性和技术性的角度对保护的内容进行了阐述，没有提出实施保护的具体措施和保证保护措施实施的法规、规范。

2003年《北京空间发展战略研究》首次明确提出了旧城整体保护理念。2005年《北京城市总体规划（2004年—2020年）》重点提出了旧城存在的几方面问题：旧城保护有待于进一步探索理论和明确认识；旧城人口、功能过于聚集，客观上给保护造成困难；大拆大建的方式对古都风貌造成了破坏；旧城部分地区出现衰败趋势；旧城市政交通基础设施条件亟待改善；旧城保护缺乏适宜的产业支撑。同时，规划亦提出了旧城保护的五个原则：坚持贯彻和落实科学发展观，正确处理保护与发展的关系；坚持旧城整体保护；坚持以人为本，积极探索小规模渐进式有机更新的方法；坚持积极保护；坚持保护工作机制不断完善与创新。此外，规划还提出了旧城复兴的5个关键点：统筹考虑旧城保护、中心城调整优化和新城发展，积极疏散旧城的居住人口，积极探索适合旧城保护和复兴的危房改造模式，建立并完善适合旧城保护和复兴的综合交通体系，积极探索适合旧城保护的市政基础设施建设模式。在总规引导下，《北京市中心城控制性详细规划》（2006年版）中的"01片区—旧城"定位旧城为党中央、国务院办公所在地，是全国政治活动的中心；是拥有众多人口，集居住及配套设施、商业金融于一体的现代城市功能区；迄今仍保持着较为完整的传统风貌与格局，拥有众多的文物古迹和丰富的传统文化，是北京历史文化名城保护的重点地区。在此基础上，北京市对总规确定的保护原则和复兴的关键点进行了深入贯彻。

可以看到，随着研究的不断深入，旧城整体保护从更多关注格局、环境等物质层面，上升、扩展到寻求产业支撑、加强旧城内外统筹协调、积极探索相关政策与机制等方面，体现出人们对于旧城保护的认识越发深刻全面。

（二）老城整体保护

2017年《北京城市总体规划（2016年—2035年）》将"旧城"表述调整为"老城"，体现了社会各方面对于老城整体保护的重视程度和认识水平再次提升到新的高度。新版城市总体规划提出，应"推动老城整体保护与复兴，建设承载中华优秀传统文化的代表地区"。同时，规划对老城保护"十要点"的相关内容进行了优化与完善，态度鲜明地提出了推动中轴线申遗、老城原则上不再拓宽道路、老城内不再拆除胡同四合院、分区域严格控制建筑高度等规划要求，进一步明确了整体保护的内涵，增强了规划刚性管控的严肃性。此外，新版城市总体规划亦在完善保护实施机制方面提出了更高要求，尤其提出："全面建立老城历史建筑保护修缮长效机制，以原工艺高标准修缮四合院，使老城成为传统营造工艺的传承基地。严格管控老城内地下空间开发利用。推动完善房屋产权制度，鼓励居民按保护规划实施自我改造更新。完善鼓励居民外迁、房屋交易等相关政策。加强公众参与制度化建设，实现共治共享，营造'我要保护'的社会氛围。"2017年9月，党中央、国务院关于对《北京城市总体规划（2016年—2035年）》的批复中指出，加强老城整体保护，老城不能再拆，通过腾退、恢复性修建，做到应保尽保。

为落实新版城市总体规划相关要求，2018年，北京市编制了《北京老城整体保护规划》，提出了坚持整体保护、全面保护、科学保护、积极保护、创新保护的工作原则，并指出应正确把握重点保护与全面保护的关系，正确认识和把握好都与城的关系，在保护物质文化遗产之外，加强对非物质文化遗产和历史记忆的保护，积极下"绣花"功夫探索有机更新，大胆尝试保护理念、保护技术和保护机制的创新。同时，规划高度认识北京老城的重要发展定位，指出北京老城是中华民族向世界贡献中国智慧的一张金名片，老城应当成为：在历史文化保护、城市规划、建设管理等方面，具有突出价值和特殊成就的全人类共同的文化遗产，展现中华民族伟大复兴、展现中国现代化强国形象的国家政治、文化、国际交往中心和最重要的国家礼仪中心，社会安定、服务齐全、活力充沛、和谐繁荣、可持续发展的中国梦之城，人居环境一流的城市生活典范。

2020年《首都功能核心区控制性详细规划（街区层面）（2018年—2035年）》进一步提出，应加强老城整体保护，建设弘扬中华文明的典范地区。同时，规划进一步丰富了老城整体保护的内涵，提出："保护老城整体格局，彰显独一无二的壮美空间秩序；丰富和拓展保护对象，最大限度留住历史记忆；加强历史文化资源的展示利用，生动讲述老北京故事；加强城市风貌管控，强化古都风韵。"历经70年探索，人们对于老城整体保护的认识终于在不断深入研究和实践检验过程中不断丰满，逐步成为共识。

（三）北京中轴线申遗工作对老城整体保护的推动

自20世纪90年代初期编制实施城市总体规划起，传统城市中轴线的保护即成为老城整体保护中最为重要的工作内容。中轴线作为北京老城的脊梁，是中国传统文化活的载体，代表着东方文明古都规划建设的最高成就，体现大国首都文化自信，也是全国文化中心建设的重要内容。因此，2011年北京市委即首次提出"应特别保护和规划好首都文化血脉的中轴线，并力争为其申报世界文化遗产"，并专门编制了《北京中轴线申报世界遗产名录文本》《北京中轴线保护规划》，促使北京中轴线2012年被成功列入《中国世界文化遗产预备名单》。2017年，《北京城市总体规划（2016年—2035年）》明确提出，为落实北京文化中心定位，"应更加精心地保护好世界遗产，积极推进中轴线等项目的申遗工作，结合申遗工作加强北京钟楼、鼓楼、玉河、景山、天桥等重点地区的综合整治，保护中轴线传统风貌特色"。2020年《首都功能核心区控制性详细规划（街区层面）（2018年—2035年）》提出："强化中轴线的空间秩序和统领地位。扎实推进中轴线遗产保护，营造良好遗产环境，全面烘托中轴线作为城市骨架的统领作用。"2017年至2020年，市委书记蔡奇多次亲自调研中轴线，他提出："推进中轴线申遗保护，带动重点文物、历史建筑腾退，强化文物保护和周边环境整治，以功成不必在我的境界，保护、传承、利用好这份独一无二的历史遗产。"

北京中轴线是由一系列历史建筑群、历史地标、历史道路及桥梁（含道桥遗址）共同构成的城市空间综合体，北起钟鼓楼、南至永定门，贯穿北京老城。作为北京老城严谨对称城市格局的核心，它是中国现存最长且保存最为完整的古代城市轴线，是中国古代都市规划的无比杰作，自建成至今持续地对北京城市发展发挥着巨大的影响力。中轴线上及紧邻其两侧对称分布的历史纪念物、历史建筑群和历史地标，包括钟楼、鼓楼、景山、故宫、太庙（现为劳动人民文化宫）、社稷坛（现为中山公园）、天安门、天安门广场及相关历史建筑群（含人民英雄纪念碑、毛主席纪念堂、中国国家博物馆、人民大会堂）、正阳门、天坛、先农坛、永定门，它们不仅形式多样，更涵盖自元代至近现代不同时期建造的代表性杰作，几乎包含北京老城内最重要、最精美、最高形制的历史物质遗存。同时，中轴线遗产价值离不开其周边重要的环境要素，主要包括以中轴线为骨架对称展开的城市肌理、重要城市道路、城市标志物以及与中轴线形成和发展密切相关的历史水系、与中轴线突出普遍价值密切关联的不可移动文物和历史建筑、中轴线两侧自元代形成并逐渐发展演变至今的传统风貌街区、历史胡同街巷、老城整体平缓开阔的空间形态及重要眺望景观和核心遗产要素之间景观视廊，这些承载和烘托中轴线核心遗产价值的环境要素构成北京老城最重要的空间框架。

因此，中轴线申报世界文化遗产为老城整体保护提供了重要工作抓手。2018年至2020年，北京市陆续开展《北京中轴线保护管理规划》《北京中轴线申遗综合整治规划实施计划》《北京中轴线城市设计管控导则》《北京中轴线申遗保护三年行动计划》等规划编制，从老城整体格局入手，明确缓冲区管控要求，以整体烘托遗产价值。同时，规划强调中轴线与老城整体格局之间独一无二的空间关系，对依中轴对称展开平面要素（如历史道路、护城河水系、城址遗存等）、烘托中轴线地位的立体要素（如两侧平缓开阔的空间形态、景观视廊、城市天际线等），以及建筑和公共空间整体风貌，分别提出相应管控要求。目前，北京中轴线申报世界文化遗产的构成要素和遗产区、缓冲区范围仍在专家讨论推敲过程中。但无论如何，它都将覆盖北京老城大面积的空间范围，使世界遗产保护发挥进一步推动老城的整体保护的助力作用。

四、不可移动文物：从本体保护到活化利用

（一）文物普查与保护区划定

作为历史文化名城保护中最早启动也最受到重视的工作内容，北

京的文物保护工作经历了不断拓展范围和深化认识的过程。文物保护单位是指具有历史、艺术、科学价值的古文化遗址、古墓葬、古建筑、石窟寺和石刻等，北京的文物保护单位分为三级，包括全国重点文物保护单位、北京市文物保护单位、区级文物保护单位和尚未核定为文物保护单位的不可移动文物。1961年，国务院颁布了《文物保护暂行管理条例》，作为文物保护的第一个专项法规，对文物保护提出了4个基本要求——保护范围、标志说明、专门管理、科学档案，并发布了《关于进一步加强文物工作的指示》。自1961年至2019年，北京市先后开展了多次全市范围内的文物普查工作，分8批公布了137项全国重点文物保护单位、216项北京市文物保护单位。同时，为了落实1983年城市总体规划关于保护文物周边环境的要求，从1983年开始，市规划局和文物局开始了文物保护单位保护范围与建设控制地带的划定工作，制定了《北京市文物保护单位保护范围及建设控制地带管理规定》，自1984年至2018年已公布9批365项国家级、市级两级文物的文物保护单位保护范围和建设控制地带，第10批11项文物保护单位保护范围和建设控制地带的划定工作正在进行中。从2000年开始，圆明园、故宫、北海、天坛等具有一定规模的重要文物保护单位开始编制文物保护规划，使得文物保护规划、历史文化保护区和历史文化名城三级保护体系最终在规划编制上形成了一一对应的关系。

（二）"再现辉煌"与"修旧如旧"

文物保护单位的公布和保护范围、建设控制地带的划定为文物保护建立了最基本的保障红线，为文物保护工作有声有色地深入开展奠定了基础。自20世纪90年代以来，政府投入越来越多的资金用于文物的抢险修缮、文物周边的环境治理和文物的腾退。经过整修的文物，许多作为博物馆、公园景点等对公众开放，对弘扬传统文化、促进旅游发展起到了很好的作用，但在文物保护、修缮和利用的具体方式上，仍存在不同思路之间的交锋和碰撞。

《中华人民共和国文物保护法》指出："对不可移动文物进行修缮、保养、迁移，必须遵守不改变文物原状的原则。"《中国文物古迹保护准则》则进一步指出："不改变原状，是文物古迹保护的要义。它意味着真实、完整地保护文物古迹在历史过程中形成的价值及其体现这种价值的状态，有效地保护文物古迹的历史、文化环境，并通过保护延续相关的文化传统。"然而，在具体的文物保护修缮实践中，人们对于何为"文物原状"的认识则一直存在争议。

2002年，故宫开始启动大规模修缮工程，故宫管理部门提出，于2020年之前使故宫"再现康乾盛世时的辉煌"。至2008年，故宫中轴线及其周边重要建筑的维修基本完成，其中故宫最重要的建筑群——太和殿、中和殿、保和殿的修缮工程受到广泛关注和讨论。太和殿、中和殿、保和殿位于故宫的"前朝"部分，是皇帝举行大典和召见群臣之所，三大殿建在"工"字形三层汉白玉台基上，是故宫中最壮观的建筑群。根据管理部门对其制定的修缮设计，三大殿修缮工程包括对屋面、木构件、墙体、地面、散水、内外檐装修、油饰彩画等内容。以太和殿为例：由于在大木构架、斗、装修、彩画、台基地面、墙体墙面、屋顶瓦面等方面，建筑均存在不同程度的残损、变形和安全隐患，维修工程决定对该建筑进行整体保护，全面维修，并恢复外檐彩画历史原貌，以期保持该建筑完整和健康的状态。当时，三大殿的油饰彩画保留了多个时期修缮重绘的历史痕迹，但在此次修缮工程中所有外檐彩画全部按照内檐现存清中早期和玺彩画的颜色、纹饰排列为依据重做，以期达到"再现辉煌"的效果。修缮工程实施完工后，三大殿风貌"焕然一新"，尤其是油饰彩画已难以看出任何历史演变的痕迹。这一修缮案例引发文物保护专业领域的巨大争论。一些专家认为，对三大殿的修缮有充分的历史依据，尽管外观见新，但仍然是合理且尊重"文物原状"的；也有一些专家指出，对历史积淀形成富有沧桑感的"文物原状"进行不必要的干预，破坏了文物的真实性。

与故宫修缮几乎同一时期，历代帝王庙也开始了腾退修缮工程。

坐落在西城区阜成门内大街的历代帝王庙始建于明嘉靖九年（1530年），是明清两朝祭祀三皇五帝、历代帝王和功臣名将的皇家庙宇，与太庙、孔庙并称北京三大庙。自1931年起，历代帝王庙被北平幼稚师范学校占用，新中国成立后改为159中学占用。2003年，在159中学迁离历代帝王庙后，文物部门对建筑群开展了全面修缮，修缮工程于2004年完工，是继雍正、乾隆年间的大规模修缮之后的第三次修缮。在历代帝王庙修缮过程中，关于如何修缮其彩画也在业内引发了争论。一些人认为，应该完全保持旧貌，已经剥落的地仗和漫漶的彩画应该以原状固定在木结构上；也有一些专家认为，这样的做法对于确保文物本体安全、展示文物历史信息不利，并不能真正展现出文物建筑的历史价值。最终，历代帝王庙建筑群的大部分油饰彩画依据其历史原状进行了重绘，但在景德崇圣殿的山面一间保留了修缮前的原状，以提供修缮前与修缮后的对照。

随着对于文物"真实性""完整性"认识的不断深化，人们越发重视对文物历史演变过程中不同时期痕迹的保留。2008年，社会资本对北京市文物保护单位智珠寺进行了保护修缮和改造利用。智珠寺位于东城区景山后街，明代曾是藩经厂、汉经厂所在地，清代与其东侧的嵩祝寺、法渊寺并列，成为京城内规模最大的藏传佛教寺庙群。近代，随着宗教功能的取消，智珠寺被厂房、仓库和办公场所占用，寺内逐渐填满大量简陋加建的建筑，文物建筑破损严重。在长达4年的修缮工程中，修缮工程拆除了大量严重影响文物安全和院落格局的加建建筑，对因火灾而损毁严重的大殿屋顶进行落架重修，屋顶内部全部用新木料重建，而外部则将老瓦片安装回去，保持其原有外观。同时，修缮工程利用修复古画的传统工艺对大殿藻井彩绘进行抢救，清除现存藻井的表面污渍，展示出其经历几百年仍不褪色的真实色彩，同时对已缺失的藻井进行留白处理。此外，工程保留了"文化大革命"时期、近现代工厂时期留下的宣传语、吊顶痕迹等历史信息，试图将文物建筑生命周期内所经历的不同状态更生动完整地展现出来。该文物修缮项目于2012年完成，并获得联合国教科文组织颁发的亚太遗产保护奖，受到专业领域内的广泛认可，为更谨慎保存文物历史演变"真实性"的保护修缮方法提供了可供参考的范例。

（三）社会主体参与的文物保护利用

继前述的修缮工程之后，东景缘公司作为社会主体对智珠寺进行了充分的利用和运营，使用者并未将其单纯作为博物馆、展览馆使用或恢复其宗教功能，而是通过注入不破坏文物安全的多种功能，给不同类型的人群创造了近距离体验文物魅力的机会。其中，寺庙的山门和东配殿被用作展厅和画廊，完全免费向公众开放；寺内西侧及山门南侧的加建厂房建筑则被保留并改造为法式餐厅和装置艺术展览空间，供中等收入水平的大众消费体验；同时，寺庙的西配殿被改造为高档酒店客房，大殿则作为可租用的多功能空间举办各类活动，为获得更高收益创造了可能性。通过多种功能的合理安排，智珠寺不仅实现了文物面向大多数人开放，更充分发挥出文化场所的商业价值，获取的收益能够用于可持续的保护修缮。

与智珠寺相似，越来越多的社会主体也参与到文物的保护利用中来。例如2002年，政府腾退并修缮了位于西城区砖塔胡同东口的全国重点文物保护单位万松老人塔。此后，塔院一度闲置，未能充分发挥文物的社会价值。2014年，为充分发挥文物价值、丰富市民文化生活，西城区文化委员会将修缮后的院落免费出借给以老北京文化为主题的民办书店，创办了"北京砖读文化空间"，在文物院落内植入书店、展陈等空间，不仅出售、借阅北京历史文化类书籍，亦不定期举办文化活动或承接社区活动，成为服务市民的公益文化场所。此外，位于大栅栏西河沿街的全国重点文物保护单位劝业场、位于佟麟阁路的北京市文物保护单位中华圣公会等文物保护单位，也大胆尝试由区属国企、私企对修缮后的文物建筑进行创造性利用，作为文化和艺术的展示交流空间，为文物注入活力，取得了良好的社会效益。

五、历史文化街区：从成片改造到有机更新

（一）成片改造的代表性实践

以"胡同—四合院"传统格局构成的传统平房街区是北京老城最重要的组成部分之一。这种独特的街区肌理和居住形态不仅承载着老城传统城市营建的文化底蕴，亦展现着千年古都绵延至今的旺盛生命力。自新中国成立以来，随着城市发展阶段、历史文化遗产保护理念的不断演进，随着人们对于美好生活的向往越发强烈，传统平房区的保护和更新始终作为老城规划建设中最为重要的核心问题，在不断思考和探索中寻找着方向。1986年，国家在公布第二批历史文化名城的同时，正式提出了"历史文化街区"的概念，要求各地根据具体情况审定公布地方各级历史文化街区。根据此项要求，北京着手历史文化街区的划定工作。1990年，北京市正式提出了25片历史文化街区的名单，并于1999年划定其保护范围，2002年编制完成第一批25片历史文化街区保护规划。在此期间，相关专家开始积极探索旧城传统风貌区更新改造的理念与措施，提出了"有机更新""原真性保护"等思想。

与此同时，20世纪80年代中后期，"危旧房改造"开始启动，为配合国家住房制度的改革，解决政府财力不足的问题，市政府决定放权，由城四区自选一平方公里的旧居住区作为改造试点，采取"政府、单位和个人三结合"的方法进行改造建设，以政府推动为主，强调社会效益和福利性，并保证较高的回迁率。1988年，北京市确定了三片危改试点，分别是东城区的"菊儿胡同"、西城区的"小后仓"和宣武区的"东南园"。在这些项目当中，菊儿胡同项目首次将房屋根据质量进行分类，进行相应的拆除、修缮与保留改造操作，以院落为单元，建起在空间秩序、尺度肌理上延续四合院传统体系的新式"类四合院"住宅，达到了提高地区房屋质量、改善居民居住条件。尽管项目实施中出现回迁率低、外部形式存在争议等问题，但菊儿胡同在理论上的探索意义远远超过工程本身所取得的成绩，对有机

更新的整体性、自发性、阶段性、延续性、经济性、人文尺度、综合效益进行了大胆尝试，也为之后历史居住街区保护更新模式奠定了基调。

而同一时期的小后仓与东南园项目则采取了更为多样化的建筑形式，在原有胡同肌理上新建五六层的多层住宅以提升居住标准，创造良好的居住环境和外部空间。以小后仓为例：该项目采取房地产开发、政府补贴相结合的开发模式，实现了高达99%以上的回迁率，当时获得了广泛好评。但这种改造模式并不适宜在旧城历史居住街区推广，原因有两点：一是要实现较高的回迁率，同时还要建设一定商品房用于平衡资金，这意味着需要大幅度提高容积率，只能采取大规模改造的方式兴建多层建筑，对历史街区的风貌造成较大影响，不适用于具有较高历史文化价值以保护和修缮为主的历史居住区。二是回迁户以中低收入阶层居民为主，设计的户型标准普遍偏低。随着时间的推移，这些住宅的标准仍然会面临改造的需求。

这种主要着眼建筑形式改造的规划尝试直到2000年后仍然在继续，如2000年至2003年的南池子项目，在6公顷多用地范围内进行了大规模的建筑形式改造，拆除了80%的传统院落，新建为二层四合楼78幢，共2.1万平方米。这一改造项目在道路的疏通、市政设施改造、建筑质量提升、政府投入资金、居民疏散等方面都达到了预期效果，但建筑形式与传统历史街区的差异性仍然遭到了较大非议。

（二）有机更新的初步探索

1980年清华大学吴良镛教授提出了有机更新的思想，即按照城市内在的发展规律，顺应城市之肌理，探求城市的更新与发展，是名城保护与发展的思想创新。在菊儿胡同改造项目中，这一理念被首次应用，引起了社会各界的广泛关注。1992年，该项目被亚洲建筑协会授予"亚洲建筑金奖"，1993年又被联合国授予"世界人居奖"。

随着第一批25片历史文化街区保护规划的批复和公布，历史文化街区整体保护的思路终于被明确下来。保护规划将街区划分为核心保护区和建设控制地带，通过对街区内各类建筑的逐幢踏勘，鉴定其风貌价值与建筑质量，明确了文物、保护、改善、保留、更新、整饰等不同类型的更新改造方式。在物质空间形态得以留存的基础上，人们亦开始关注建筑、人口、社会的共同更新，并不断开展起新的小规模渐进式有机更新的尝试。以2001年启动的烟袋斜街改造为例：该项目为历史街区的有机更新，规划中明确否定大片推倒重建的改造方式，而是通过对现状的整治，对发展、建设的引导控制达到循序渐进地实现街区风貌的改善、业态的提升、社会的发展、文脉的延续。通过规划引导达到立面景观整治、功能业态调整、居住院落整改的多重目的，实现从"一步到位"转化为"渐进更新"的改造模式，更新与政府—居民—投资者的相互依赖、共同繁荣。烟袋斜街改造实践使这条历史上有名的特色商业街再度焕发生机，一方面保护并形成了更具魅力的街巷风貌，另一方面寻找到了能够与现代消费需求相适应的产业发展途径，同时使居住条件问题也得到了有效解决。它成功证明了历史街区有机更新道路的可行性，也验证了物质环境更新、人口结构调整和社会经济发展是能够通过正确的引导得到共同解决的，为之后的保护更新规划留下了宝贵的实践经验。

（三）有机更新的深化实践

近年来，随着实践的不断深化，人们越发认识到老城历史文化街区的更新改造是一项立体、综合而复杂的工程，涉及历史文脉保护、民生改善、设施提升、文化复兴、社会治理等多方面内容，不仅需要高水平的空间规划设计，更需要看不见的文化挖掘、社会设计、机制构建，以理顺历史街区内错综复杂的关系。基于这样的认识，一些历史街区开始尝试将硬性的街区空间更新和软性街区治理创新相配合，利用跨学科手段多角度解决街区复杂问题。

例如，西城区阜成门内大街历史文化街区内的白塔寺地区，2013年起开展了由实施主体为平台组织的街区保护更新实践，在政府与实施主体的统筹谋划下，街区提出"白塔寺再生计划"概念。首先，通过以院落为单位的自愿协议腾退降低人口密度、梳理可利用空间资源。在此基础上，实施主体积极开展"宏观—中观—微观"不同尺度的街区更新研究，编制了街区整体的"实施规划"，确定了能够满足当前民生改善的公共服务设施、基础设施建设标准，并在严格避让文物、古树等刚性保护要素的基础上制定市政、交通基础设施提升必需的胡同空间定线方案，明确了街区更新的基本框架。其次，街区内尝试以几条胡同围合而成的小片区为单元，利用腾退空间建设多个院落共享的小型市政设施和公共空间，循序渐进推动地块更新。同时，街区内积极开展创新的院落和平房建筑改造实践，探索帮助老街坊进行就地改善的适宜模式和技术手段，开展了以"开间院"为代表的房屋成套化改造、集成式住宅、可变家居等方面的尝试，使平房四合院建筑满足现代化的居住生活需求。2018年至2019年，西城区菜市口西片区则率先试点平房直管公房申请式退租，在严格禁止公房转租转借的前提下，为自愿退租的居民对接共有产权房或提供补偿款，同时对留住居民实施拆违并提供需自费的申请式改善菜单，探索了破解历史街区人口疏解和公房管理问题的路径。

东城区鲜鱼口历史文化街区草厂三至十条地区则以保护整体风貌、改善街区环境、实现共融共生、改善民生为目标开展保护提升工作。2017年起，街区首先从市政基础设施改善切入，完成了区域内17条胡同电力架空线入地、新建电信管道、雨污分流、道路铺装等工程，并提升公厕建设标准。同时，街区内全面开展街巷风貌整治，对"门、窗、墙、牌、匾、檐、线、管、罩、绿"等建筑要素进行修缮，通过拆除违建、清理杂物、美化空调机组等优化公共空间要素。此外，街区积极探索"共生院"模式，遵循"保护风貌、改善民生、创新设计、现代功能"的要求，对院落进行改造并植入"青年公寓""共享办公"等功能，实现新老建筑、新老居民的共生，为历史街区发展注入新活力。2015年至2019年，东城区南锣鼓巷历史文化街区福祥、蓑衣、雨儿、帽儿等4条胡同开展了"南锣鼓巷复兴计划"，在申请式腾退基础上细化政策标准，完善公租房改善、平移改善、腾退改善、留住改善以及对不涉及腾退的私房院、单位产权院修缮整治提升政策等政策体系。同时，街区编制风貌保护管控导则，采取"一院一策、一户一设计"的方式，明确每院每户的改善方案：针对非整院腾退院落，科学谋划利用腾空房，改善留住居民生活，深化"共生院"概念；针对腾空院落，采取保护性修缮、恢复性修建原则，还原院落规制、植入服务功能、补齐民生短板；针对未腾退院落，清理公房转租转借、拆除用于经营的违法建设、开展院落大扫除，达到"下厨不出户、如厕不出院、洗浴在家中、储物有空间、晾晒有设施、院内有绿化"的目标。

（四）老城外的历史文化街区保护

北京除了位于老城内的33片历史文化街区，亦有10片历史文化街区位于老城外，分别为海淀区西郊清代皇家园林，丰台区卢沟桥宛平城，石景山区模式口，门头沟区三家店、爨底下村，延庆区岔道城、榆林堡，密云区古北口老城、遥桥峪和小口城堡，顺义区焦庄户。这些历史街区与老城内历史街区相比空间形态更为丰富，体现出皇家园林、长城、传统村落、红色革命等各不相同的文化价值。随着北京历史文化名城保护体系中对市域文化遗产的关注越发增强，这些历史文化街区的保护也得到更多的重视。

其中，最具代表性的是海淀区西郊清代皇家园林，该历史文化街区又称"三山五园地区"，是对位于北京西北郊、以清代皇家园林为代表的各历史时期文化遗产的统称，三山指香山、玉泉山、万寿山，五园指静宜园、静明园、颐和园、圆明园、畅春园。该地区是传统历史文化与新兴文化交融的复合型地区，拥有以世界文化遗产颐和园为代表的古典皇家园林群，集聚一流的高等学校智力资源，具有优秀历史文化资源、优质人文底蕴和优美生态环境。2017年《北京城市总体规划（2016年—2035年）》中将三山五园地区与老城并列作为历史文化名城保护体系中的两大重点区域进行整体保护，提出该地区"应建设成为国家历史文化传承的典范地区，并使其成为国际交往活动的重要载体"的发展定位，并提出构建历史文脉与生态环境交融的整体空间结构，保护与传承历史文化，恢复山水田园的自然历史风貌，构建绿水青山、两轴十片多点的城市整体景观格局等规划要求。2019年，北京市编制《三山五园地区整体保护规划》，从"四个中心"职能保障、历史文化遗产保护、生态环境保护、特色文化景观保护等角度落实城市总体规划要求，力求保护三山五园地区独特的文化景观风貌，促进自然山水环境和城市建设有机融合，改善提升各项民生服务设施，塑造人与自然环境和谐的整体氛围，为北京建设国际一流的和谐宜居之都贡献力量。

第二节 强化城市设计的引领作用，推动城市高质量发展

一、完善城市设计体系，强化城市特色风貌

（一）城市设计体系在演变中不断完善

新中国成立以来，北京城市建设先后受到苏联城市规划思想、西方现代城市规划与设计等思想思潮的影响，城市设计工作的理念和方法在此过程中也不断发生着变化。在变化中，城市设计的运作始终与国家首都建设、北京城市发展、人居环境改善息息相关，在理念导向上更加注重人的感受，在工作对象上有了多元化的扩展，在技术方法上正在转向强调多学科的融合，在管控手段上更加重视规则制定。

——历史文化名城保护与更新工作中的城市设计。北京于1982年被列入第一批国家历史文化名城，历史文化名城保护一直是城市设计的重要内容之一。老城、三山五园、传统中轴线等作为北京千年古都的历史精华之传承象征，无疑是历史文化名城保护与更新工作的重中之重，北京历史文化保护区保护规划、北京旧城整体保护、北京皇城保护规划、中心城控制性详细规划、北京旧城控制性详细规划等重要规划也在不断完善历史文化名城保护的内容。在2017年新版城市总体规划中，历史价值完整的文化带、历史特色鲜明的建筑遗产、一些有历史价值的重要大街等也纳入了历史文化名城保护工作内容，构建了四个层次、两大重要区域、三条文化带、九个方面的历史文化名城保护体系。随着保护理念的不断完善和保护内涵的不断丰富，控规在技术范式和管控机制上的局限性使其难以达成历史文化名城保护的核心目标，而城市设计技术手段在建筑风貌管控、公共环境提升和交通发展协调等方面所展现的优势越来越明显。

在城市建筑风貌管控方面，从新中国成立初期学习苏联的民族形

式、出飞檐支斗拱建大屋顶，到工业化起步时期反对建筑浪费和批判复古主义而摘掉大屋顶，到20世纪90年代"夺回古都风貌"，再到反对搞奇奇怪怪的建筑，"留住城市特有的地域环境、文化特色、建筑风格等'基因'"[①]，城市建筑风貌的思潮几经变迁，城市设计手段一直是其落实的重要抓手。在公共环境提升方面，由于长期以来受到忽略，留下了较大的工作缺口，近期引起了市政府及全社会的重视，一系列城市设计工作逐步开展。如：皇城根遗址公园、元大都遗址公园和玉河公园的建设，烟袋斜街、杨梅竹斜街等的整治提升，以及西城区的街区整理、东城区的胡同提升等系统性工作，都大大提升了老城整体环境。

相比之下，历史文化名城保护与交通发展协调问题一直以来都是老城中矛盾较为集中和尖锐的领域。老城有着独特的胡同四合院肌理，历经半个多世纪的道路交通建设，曾经遍布京畿的3250余条胡同目前仅存1000余条。多条城市干路在1999年市区控规中拓宽至70米，建设过程中拆除了大量四合院，给老城风貌带来较大影响，尤其是平安大街和两广路两条东西向干道的改造引发了不小的争议。[②]尽管2006年编制完成的《中心城控规》对道路红线宽度进行了适度调整，并通过《北京旧城内道路红线管理方法研究与实施规划方案》对两次控规中的红线矛盾进行了判定和协调，但实际的道路交通发展建设与老城保护协调工作中仍旧存在诸多棘手的问题。正在推进的《北京街道治理城市设计导则》，试图通过城市设计的手段细化道路建设的各项规范标准，如通过对地面红线和地下城市基础设施红线进行双线管控，缩窄过宽的机动车道以将空间留给绿化和公共空间，在过宽的道路上增加林荫带从而营造亲人的尺度感等手段，以期提升街道空

---

① 2015年12月20日至21日，中央城市工作会议上提出了这一方针。

② 尽管出于当时交通组织和市政管线引入的考虑，打通和展宽这两条道路确有必要，但过于追求机动车道数、展宽过大以及道路断面不够合理，都使其对老城空间尺度、风貌肌理等带来负面影响。"'通'是必须的，但不能过于'畅'。"（董光器，2006）

间环境，协调好风貌保护与交通发展的关系。

在不同的时期，基于不同的发展背景和社会环境，城市保护更新理念并不是一以贯之的，从改建到保护，从建筑风貌拓展到公共环境领域，从重视交通保障到促进保护与交通的协调发展等的转变，以及在此期间涌现出来的基于保护考量的设计思潮或典型案例，都记录了历史风貌保护与城市更新中城市设计理念方法的不断完善。

——城市重要地段规划建设中的城市设计。从重要地段的类型和规划背景上看，北京已有的多项综合规划建设实践大致可以分为五类：第一类是城市功能区的综合规划建设，如金融街商务区、北京商务中心区、中关村科技园区等；第二类是大型城市更新建设，如首钢、焦化厂等工业遗产的再利用；第三类是城市大型公园规划建设，如奥森公园、南苑森林公园等；第四类是城市新区的综合规划建设，如城市副中心、北京新机场航空枢纽中心地区等；第五类是特殊地区的更新与规划建设，如绿隔地区。

这些重要地段的综合规划建设，往往伴随着独立的城市设计方案征集，能够汇聚各专业的高水平规划设计力量。同时，由于有着较为完善的管理组织架构和强有力的统筹协调力度，往往可以在新理念应用、多专业协调、理顺管理机制等方面作出很好的探索和示范。可以说，这在一定程度上是城市各类建设中城市设计工作的典范。以王府井为例：20世纪末，在房地产开发的高潮时期，王府井商业街率先反思了"推土机式"的改造模式，依托城市设计的指导，利用景观设计与整治手段为市民营造了一个没有路缘石、处处有座椅、景观小品遍布、文化氛围浓厚的步行公共空间，成为国内首个按照步行街进行规划设计的商业街之一。随后，在二期整治工程中，亮出了王府井天主教堂广场、拓展了商业街"金十字"①的空间架构。在三期整治工程中，突出文化功能、建设完成了皇城根遗址公园。在新一轮的地区整治提升工作中，将针对王府井商业区更大的范围进行整治、拓展步

---

① "金十字"包括南北向的王府井大街，东西向的东安门大街、金鱼胡同。

行街区的步行范围，通过城市设计全面对接历史文化保护与文化价值发掘、道路交通专项建设、产业发展与提升规划等各项专题，营造一个风貌得体、生态宜居、多元活力的步行街区。无疑，在王府井地区的成功改造历程中以及未来的街区提升工作中，城市设计都是至关重要的。

——城市设计的管理机制探索与相关标准研究。2017年，利用北京市规划和国土部门合并的契机，北京市规划和国土资源管理委员会成立了城市设计处，负责城市特色景观风貌塑造、公共空间环境品质提升等城市设计工作，以及此类规划设计的组织编制、审查审批和相关政策措施研究。

在城市设计管理机制方面，目前主要依托具体的规划项目开展一些探索。在商务中心区核心区的规划建设中，城市设计的具体要求被转化为管理语言纳入控规图则，作为CBD管委会审批的依据，保障了城市设计理念的落实。例如在核心区相邻的4个地块之间，通过控规图则确保各地块内绿地的整体设计、统一实施和开放管理，以保证在核心地区形成一个规模较大、连通性强的绿色开放空间。

在相关标准的研究方面，市规划委员会印发的《关于编制北京市城市设计导则的指导意见》（2010年）首次明确城市设计是控规的重要组成部分，划定城市设计的重点地区，对重点地区和一般地区分别提出管理要求；同期开展的《新城城市设计导则》研究（2010年），也为新城城市设计工作提供了标准和依据。除此之外，各专项领域都开展了众多城市设计标准和导则研究。在建筑风貌领域，有《关于北京市规划建筑高度部分调整的请示》（2001年）、《北京中心城超高层建筑选址研究》（2010年）、《旧城建筑设计风貌控制图则》（2013年）、《北京中心城高度控制规划方案》（2016年）等；在公共空间领域，有《北京城市道路空间合理利用指南》（2009年）、《城市公共空间设计建设指导性图集》（2016年）等。近几年的专项研究更是体现出明显的多学科融合研究的趋势。如《北京市域水环境整治与两侧土地开发规划统筹》（2012年）是城市设计与市政河湖、给排水等专业的融合研究,《北京城市公共环境艺术规划编制导则研究》(2013年)是城市设计与公共艺术专业的融合研究,《北京市绿道系统规划》(2014年)是城市设计与园林专业的融合研究,《北京市中心城区通风廊道系统构建与规划控制策略》(2015年)是城市设计与气象专业的融合研究,《北京街道治理城市设计导则》(2018年)是城市设计与交通、市政专业的融合研究。

在新的发展时期,面向城市存量地区,城市设计在多学科融合、跨领域协调中逐渐开始发挥重要的作用。在与交通、市政、河湖、气象、园林等学科的融合研究过程中,城市设计手段因其综合性、灵活性而展现出巨大的优势。

(二)强化"首都风范、古都风韵、时代风貌"

2017年《北京城市总体规划(2016年—2035年)》提出,要强化首都风范、古都风韵、时代风貌的城市特色。这一特色的提出,既反映北京作为大国首都、千年古都的重要地位,更饱含丰富的城市设计内涵。

——首都风范,意味着北京作为伟大社会主义祖国的首都、迈向中华民族伟大复兴的大国首都,作为国家形象的代表地区,应着重塑造大气稳重、规整有序的城市形象,营造和谐优美的城市环境和向上向善、诚信互助的一流社会风尚,打造弘扬社会主义核心价值观的首善之区。

首都风范,第一,体现在庄重有序、大气恢宏的国家形象,即壮美恢宏、无与伦比的中轴线和庄严沉稳、气势如虹的长安街。中轴线是北京的灵魂和脊梁,代表中国文化的精髓。传统中轴线北起钟鼓楼,南至永定门,向北延伸至燕山山脉,向南延伸至大兴国际机场、永定河水系,总长约88公里。长安街(及其延长线)是国家精神的象征和展示国家形象的窗口,承担着国家重要的政务活动,自复兴门至建国门共7公里,向西延伸至门头沟定都峰,向东延伸至通州北运河左岸,总长约54公里。第二,体现在绝美壮阔、天人合一的山水格局。北京北部的燕山及西部的太行山有着壮丽连绵的山峦，凸显城市与自然有机融合的特色风貌；由城市内部向外眺望自然山体，形成了清朗通透的观山视廊，使得自然景色向城市内部渗透；而网络状分布的水体、滨水绿化廊道、滨水空间和山区、浅山区、绿隔地区、绿地公园等，形成了疏朗有致的蓝绿格局，不断改善着城市生态环境、市域通风环境和城市微环境。第三，体现在富有特色、高识别性的对外交往中心。其中，包括展示国家文化形象、首都城市精神的端庄典雅的外事接待场所，如故宫、天坛等国事活动接待地，以及北京国际会议中心、雁栖湖国际会议中心等国际会议接待地；汇聚多元文化、倡导交流碰撞的活力开放的国际盛事中心，如承办国际体育、文化、科技等诸多国际活动的奥体中心区、冬奥会赛区、世园会园区等；形象特色鲜明的门户形象节点，如北京首都国际机场、北京大兴国际机场等航空枢纽，以及北京站、北京南站等铁路枢纽地区（见图4-1）。

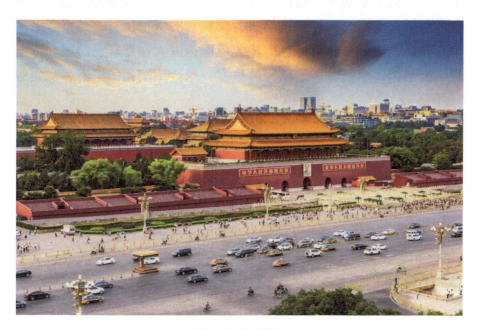

图4-1　首都风范

——古都风韵，意味着要保护好并弘扬好传统优秀文化。深入挖掘历史文化底蕴，保护和利用好胡同、四合院、河道水系、宫殿寺庙等丰富的历史文化遗存，重新唤起人们对老北京的文化记忆，保护其严整、平缓、有度的风格，展现古都的文化底蕴与宁静之美，将城市历史文脉完好地延续下去，让历史悠久的古都始终保有独特的风韵与深邃的意境，将北京建设成为弘扬中华文明的魅力之城。

古都风韵，第一，体现在底蕴深厚、独一无二的名城精华，即老城和三山五园。老城是古代都市计划的杰作，是中华文明源远流长的伟大见证；三山五园是以清代古典皇家园林为代表的遗迹群，是中国历史文化传承的典范地区。第二，体现在脉络清晰、串古联今的文化线带，包括魅力独特的大运河文化带、气势巍峨的长城文化带和丰富多元的西山永定河文化带。第三，体现在记录历史、感知文化的多维载体，包括眺望远景的景观视廊、源远流长的历史水系、触摸历史的文化节点，如老城里"六海映日月、八水绕京华"的历史水系景观。第四，体现在古今协调、形象得体的古都风貌，包括方正平直的街巷格局、韵律和谐的城市色彩、整洁有序的第五立面，如老城颇具特色的传统色调，以大片青灰色房屋和浓荫绿树为基调，烘托金黄琉璃瓦的皇宫，绿蓝琉璃瓦的王府、坛庙等（见图4-2）。

图4-2 古都风韵

——时代风貌，意味着北京的城市建设应充分体现出世界城市的特质。要顺应时代特点和要求，在萃取传统文化精髓、提炼传统文化基因的基础上，赋予其新的时代内涵和现代表现形式，以内敛含蓄的手法和开放包容的姿态兼收并蓄，海纳百川，汲取各家之长，学习借鉴其他国家和城市创造的优秀文化成果，进行创造性转化与创新性发展，将北京建设成为引领时代潮流的全球中心城市。

时代风貌，第一，体现在亲切宜人、便捷舒适的宜居街区，能够提供多元便捷的服务，保障安全舒适的出行，塑造和谐丰富的界面。第二，体现在复合共享、别致有趣的公共空间，包括以人为本的美好街道、自然野趣的城市森林、连续活跃的亲水岸线和精致生动的趣味空间。第三，体现在特色鲜明、全球知名的城市亮点，包括彰显国家精神的精品建筑力作、展示创新风尚的文化景观和高质量发展的城区范本（见图4-3）。

图4-3 时代风貌

二、强化设计治理，推动公共空间品质提升

（一）街道空间的综合治理

街道作为城市中各类空间要素布局最为集中的空间和城市公共活

动最为频繁的场所，在过去几十年的发展过程中，其建设与管理以提升机动车交通组织效率为主要导向，对街道功能的复杂性认识不足，对多元街道使用人群的需求重视不够，导致街道空间乱象丛生，不再能够满足人们日益增长的公共生活需求。

近些年，街道在城市设计领域受到了前所未有的重视，成为城市更新治理的重要对象。基于"从以车优先转变为以人优先"导向的转变，北京提出首都街道的四大价值：各类基本功能的载体、城市公共生活的客厅、国家首都形象的窗口和城市多元文化的界面。为此，北京市编制了《北京街道更新治理城市设计导则》(简称《导则》)，综合考量街道的通行功能、环境品质和社会效益，创新性地提出街道空间资源的整合设计、设施要素的跨部门配置、使用者路权的合理分配等思路，强调要加强红线内外、地上地下和轨道站点扩大区域等的空间一体化设计，加强市政等功能设施的整合、集约设置等理念，不断推动街道发展理念转型。同时，《导则》聚焦北京街道的突出问题，提出整治路侧乱停车、改造老城交叉口、规范快递车秩序、限制栏杆滥设、激活高架桥下空间等十大专项治理行动；创造性地提出各级各类街道空间治理的事权、财权划分，突破过去在土地权属、项目投资、运行管理等方面的体制机制束缚，以提高规划实施的协同性和主动性。

在《导则》编制和应用过程中，北京充分凝聚了多方共识，创新性地探索出城市更新治理路径，并涌现出众多具有标杆示范意义的实践案例。以王府井商业区为例：在街区更新过程中，通过静态交通治理创建了北京首个"地面无车街区"。具体来说，针对步行街段两侧街区大概1平方公里的范围，统筹空置的经营性车位和居民停车缺口，通过停车共享实现居民地面停车全部入地（见图4-4、图4-5）。在此过程中，在街道办事处和王府井管委会的共同协调下，挖潜了9家大型商业设施共387个社会停车位，划定了4个停车共享区，以就近停放、价格调节为原则实施共享；还在社区成立胡同自管会，对地面禁停进行长期监督管理。之后，依托步行范围扩大、单行线调整、地面停车清理等工作，持续开展街区道路断面调整，清理护栏、增加

图 4-4　煤渣胡同治理前后　　　　　　　图 4-5　柏树胡同治理前后

步行和自行车空间、加强人行空间与建筑前区的一体化设计、提供生活服务界面、增加花草林荫等工作，全面提升了街区的慢行体验和环境品质。

（二）滨水空间的贯通开放

在人类日益重视水环境的今天，城市滨水空间环境更新成为城市设计中的热点问题，滨水空间的更新成为改善城市景观、人居环境和促进城市经济发展的重要途径。滨水空间的设计整治，基于水体治理和生态修复，首先在于形成连续贯通、开放可达的空间，意味着要重新组织滨水空间，并赋予滨水空间恰当的功能和宜人的品质，更为重要的是通过线性空间串联更多的文化资源，推动其保留、展示和再利用。

近些年，北京滨水空间整治工作既有面向大尺度水系的治理贯通工程，也有基于历史水系的修复（恢复）开放行动（见图 4-6—图 4-9）。例如在温榆河公园建设中，规划通过对温榆河、清河的水体治理、水生态修复，完善了区域生态格局，修复了城市生态本底，提高了环境品质，最大化为全市提供生态涵养空间。同时，立足于满足

图 4-6　玉河北段修复工程

图 4-7　三里河水穿街巷

图 4-8　温榆河开放岸线

图 4-9　什刹海"还湖于民"

市民对优质生态环境和健身休闲场所的需求，以"生态、生活、生机"的内涵统领规划建设，实现"水清、岸绿、安全、宜人"的目标，为城市塑造了一处30平方公里的大型郊野绿色开放空间，让市民更加方便地亲近自然。又如在老城历史水系整治中，通过彻底清除占压河道的建筑，恢复了玉河北段，带动周边历史遗存建筑的修复和传统风貌的改善，极大提升了区域基础设施能力；改善生态环境，系统修复了前门地区的三里河。在尊重历史走向、胡同肌理、城市风貌的基础上，以生态景观建设为主，突出历史、人文、生态、艺术特点，将胡同街区、四合院建筑与自然环境渗透融合，形成特有的自然肌理与清新朴野的风格，再现了"水穿街巷、庭院人家"景观。在什刹海还湖于民工程中，针对10.9公顷的西海，恢复湿地景观，在水面上种植了30多个品种的水生植物，建设生态浮岛，为鸟类提供栖息场所；通过拆除多处堵点违法建筑、建设廊架、搭设浮桥等，实现贯通；沿湖增加便民设施服务，新增周边观水平台5处、湖边观赏座椅40余组，为市民环湖休闲提供了优越的条件。

（三）小微空间的活化利用

近年来，人们对公共空间的要求不断多元化，北京规划建设工作也在努力探索满足各类人群使用需求的空间类型。建立设计与管理平台来汇集社会各界的智慧和力量，正在成为北京协作式、渐进式地开展城市公共空间更新与活化的重要手段。各地区通过试点先行、组织设计竞赛等方式建立多方参与平台，让规划设计师走进社区，有针对性地开展各类小微公共空间的提升设计和改造实施，促成了诸多深受市民喜爱的小微空间进入改造实施阶段。例如，朝阳区通过组织设计选拔竞赛，使得专业规划设计师与社区居民之间建立了非常深入和顺畅的互动关系。在较长时间的磨合下，双方在一些社区闲置空间的利用上达成了共识，目前已经有5处小微空间的再生设计进入实施阶段（见图4-10、图4-11）。

图4-10　常营地区社区实景

图4-11　小微空间改造实施设计效果图

此外，"留白增绿"专项工作也促进了诸多低效和闲置空间的激活和再生，为城市提供了具有活力和品质的城市开放空间。例如西城区广阳谷地块长期闲置，有关部门抓住契机迅速转型，为市民打造了一处充满野趣的"城市森林"（见图4-12）。王府井地区通过拆违、腾退，打造了多处口袋公园。尤其是校尉胡同小花园（见图4-13），不仅成为广受欢迎的休憩空间，更是成为王府井校尉胡同文化传播的

图 4-12　广阳谷"森林公园"

图 4-13　校尉胡同口袋公园

重要载体。

三、开展多元探索，塑造高品质建筑风貌

（一）建立广泛的社会共识

前文提到，对于首都建筑风貌的思潮一直处在不断变迁过程中，如何既突出古都的风貌特色，又形成庄重统一、简洁有序的城市基底，成为一直以来的争论重点。

近年开展的北京城市基调和多元化研究工作，对于北京城市基调与多元化的核心内涵形成了广泛的共识，即"望山亲水、两轴统领、方正舒朗、庄重恢宏"的大国首都基调特征，"包容创新、古今融合、丹韵银律、活力宜居"的世界名城多元特色，进而对首都建筑风貌提出了舒朗有致、端庄大

图 4-14　以统一的色彩、低调的小体量形成简洁统一的城市基调，凸显古都白塔特色风貌

气、绿色创新、古今交融、特色鲜明等要求（见图4-14）。

（二）加强全要素风貌管控

城市意象往往是城市建筑群体面向人们所构建的整体印象。建筑单体在满足详细规划各项指标的基础上，未必能得出融入整体城市环境的最优解。为了更好地贯彻城市建筑风貌意向共识，在《北京城市设计导则》中提出，建筑应在适用、经济、绿色、美观的基础上融入城市整体环境。一方面，在城市中形成得体的风貌，做到形式符合功能，形制符合身份，形象符合角色，形态融入环境；另一方面，促进形成丰富多样的城市街景，围合出亲切宜人的公共空间。具体来说，应加强建筑的全要素管控。在地区层面，对建筑肌理、建筑色彩、建筑高度和夜景照明进行整体布局和要素组织；在建筑层面，对建筑立面与底层、建筑屋顶、建筑间连通系统进行刚性管控和弹性引导；在附属设施层面，对建筑围墙、广告与附属设施进行秩序管控和精细引导（见图4-15、图4-16）。

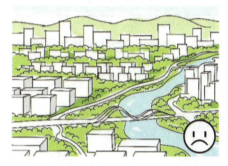

图4-15　第一排建筑过高遮挡视线

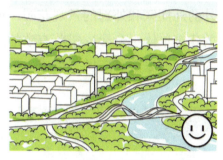

图4-16　错落有致的建筑高度组合

（三）开展多元实践探索

在新消费时代，沉浸式、体验式的建筑空间已成为受众最大的消费驱动因素之一，新型消费空间打造成为近些年建筑设计与更新的发展趋势。这一趋势下，视觉美感和行为体验都成为建筑文化的重要影响力，建筑不仅关注设计美学，还要把握公众的审美取向，体现一定的超越性与引领性；建筑设计不仅重视文化标志性，也十分注重与公共空间的开放共享、与城市景观的和谐交融。

在近些年的探索中，北京涌现出了众多杰出案例，体现了非常多元化的特色。第一种是通过对建筑与文化的整体性融合创新，为消费者营造出独一无二的空间艺术体验，如北京的侨福芳草地，通过充满艺术品位的环境氛围创造了艺术博物馆式商业空间。北京SKP-S（SKP南馆）创新探索了"沉浸式商业"新模式，从视觉、听觉、嗅觉、味觉、触觉五感全方位设计沉浸式体验，通过未来农场、火星实验场、宇宙虫洞等新场景打造建筑创新场域。第二种是通过对建筑与城市历史的融合、与城市公共空间的紧密互动，打造和谐宜人的市民休闲空间。如王府井大街277号院为人民日报社旧址，具有深刻的历史内涵，相关单位通过更新改造延续报业历史要素，形成具备地域文化特色的现代建筑语汇；通过空间梳理、增设餐饮外摆等，形成疏朗有致、创意鲜明、文化彰显的"金街会客厅"（见图4-17）。中粮广场底层的咖啡餐饮采用通透的形式，从室内的外摆区、商铺，再到室外的外摆区和外部的景观花园，形成了平远的景观。三里屯风格突出的建筑单体组合形成错落有致的开放街区，四通八达的街巷串联着引人入胜的庭院和广场，形成一系列富有活力的城市节点。

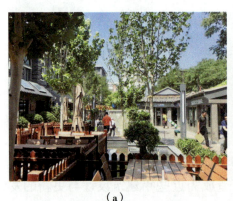

（a）　　　　　　　　　　　　　　（b）

图4-17　王府井大街277号院城市客厅

第五章

品与质：提高城市治理水平，让城市更宜居

第一节　加强公共服务设施建设，提升服务均等化水平

不断提高公共服务和民生保障水平是社会建设的重要内容。2017年10月，习近平总书记在党的十九大报告《决胜全面建成小康社会 夺取新时代中国特色社会主义伟大胜利》中提出了"七有"，即"幼有所育、学有所教、劳有所得、病有所医、老有所养、住有所居、弱有所扶"。2018年1月12日，北京市委书记蔡奇在市委理论学习中心组学习（扩大）会议上提出了"五性"，即"便利性、宜居性、安全性、公正性、多样性"。"七有""五性"体现了以人民为中心的执政理念。

保障和改善民生是社会经济发展到一定阶段、使发展成果更好地惠及普通市民的必然举措，而推动基本公共服务均等化则是政府完善公共管理职能的重要体现。为此，北京市先后编制了教育、文化、医疗卫生、养老等一系列民生专项规划，坚持以人民为中心的发展思想，落实"七有"要求，满足市民"五性"需求，不断增强人民群众的获得感、幸福感和安全感。

一、教育、医疗卫生、养老

（一）教育设施规划建设

教育设施建设是关乎全民教育、民生发展的重要基础设施建设。多年来，在落实各时期城市总体规划和经济社会发展规划的过程中，北京编制并实施了从全市到各区的教育设施专项规划，并与中心城和新城控规编制相衔接，落实用地、建筑、环境等各项规划指标，为教育设施落地实施提供了保障。近年来，在总结历史发展经验的基础上，面对人口总量和就学人口不断增长、教育设施资源紧缺、教育设施建设区域不平衡等问题，从缓解资源短缺、优化资源配置、加强精

细化设计与管理、搭建全龄友好服务平台等方面创新规划编制方法、内容和实施机制，进一步保障了教育设施的建设，保障了在园幼儿、在校学生教育的提升。[①]主要的规划建设创新体现为：

其一，探索多种途径，缓解资源短缺问题。社会经济的发展，促使人们对教育的要求日益提高，人口政策的变化，导致入学需求不断增加，这些原因导致了现有基础教育设施难以满足人们不断提高的要求，而有限的空间资源限制了教育用地的无限扩张。为此，在教育设施专项规划中通过探索多种途径，利用多个规划策略，提高了全市基础教育设施的保障能力，中心城内千人基础教育设施用地从1609平方米提高到2282平方米，中心城外千人基础教育设施用地从2906平方米提高到3984平方米。首先，通过研究近年来出生人口、就学人数变化，预测各学段入学高峰时间及高峰学位，以此为依据并考虑错峰效应，确定规划基础教育设施的合理用地规模。在此基础上，通过对总规配置标准的优化、细化，明确各学段规划用地的配置要求，为分区规划、控规及各区教育专项提供了技术标准。同时，为适应新的教学要求，结合对学校具体案例的研究，优化各类学校的建筑高度、容积率等控规指标，提高了学校用地的使用效率。在用地资源有限的情况下，提高了学位供给能力。

为了保障学位供给，规划针对不同区域的特点提出了有针对性的不同规划策略。在用地资源相对充裕的外围新建区，规划要求采用高标准的建设要求建设高品质学校，为引入优质学校、提升外围学校教育品质提供硬件保障。在用地资源紧张的中心城区及新城建成区，则需要充分挖潜现状资源，多部门合作，综合施策，有效增加学位供给能力。规划要求梳理现有用地资源，包括腾退用地、教委系统用地，尽可能增加教育用地的供给。为了缓解建成区学校扩展空间有限

---

① 据统计，2019年至2020年，全市共有幼儿园1733所、小学941所、初中336所、高中318所，合计3328所，另有特殊学校20所、工读学校6所。幼儿园在园幼儿46.76万人，小学生在校生94.16万人，初中在校生30.87万人，高中在校生15.29万人，合计187.08万人，另有特殊学校在校生6962人、工读学校在校生451人。

的问题，规划创新性地提出充分利用地下空间建设活动场地，安排非教学用房等方式；同时，提出将办公用房放置在最顶层，在安全的前提下，适当增加学校的建筑层数等方法，充分挖潜现有用地资源，增加教学空间和活动空间，在用地无法扩大的条件下提高了空间的利用率，一定程度上缓解了核心区内的就学供需矛盾。规划结合入学人口研究，提出了各学段设施错峰调节的弹性调配机制，在有限资源的情况下更好地应对不同学段入学高峰的到来。规划还提出了鼓励主体多元化，探索办园新途径的策略，通过大力发展民办教育，补充学位供给。

2017年以来，随着新版城市总体规划的实施，北京已进入存量发展时期，在中心城区及一些新城的建成区，社会发展对公共服务不断提出更高要求，现有用地资源已难以支撑对公共设施建设的需求，对此规划创新地提出了各类公共服务设施共建共享的思路：充分利用现有学校的室外操场、室内活动场等设施，在课余时间有序地对周边居民、社区和单位开放，有条件的可以通过适当收费以补充学校的教学经费，也向周边群众提供了更加丰富的活动场所。同时，学校也可以利用附近的体育场、文化馆、公园等设施开展教学活动。由此通过各类设施的共同使用，提高了设施的使用效率，减少了用地需求，也提升了区域整体公共设施的服务水平。

2020年《首都功能核心区控制性详细规划（街区层面）（2018年—2035年）》，针对核心区用地资源紧张、多种服务设施存在短板、就学需求居高不下的矛盾，创造性地提出了公共事务用地类型，结合实际需求可安排文化、基础教育、医疗卫生、体育、社会福利、社区综合服务等公益性设施，并随需求变化进行调整；同时倡导多种设施资源共享，有效地缓解了用地资源供给与设施需求的矛盾，提高了各类公共服务设施的服务水平。

其二，优化教育资源空间配置，破解"大城市病"。为了更好地引导城市的有序发展，教育设施规划提出将中心区域人口疏解与优质教育资源外迁紧密挂钩的策略，利用外围地区充裕的用地资源，在外围人口承接地建设高品质学校，积极引入中心城区的优质教育资源，将从中心城区疏解的居民留在当地入学，有条件接收高品质的基础教育，减轻中心城区特别是核心区过高的就学需求，从而助力中心城区的人口疏解工作。同时，规划在"三城一区"、丽泽金融商务区等重点功能区周边先期安排一些优质学校，通过优质教育资源对人才的吸引作用，加大重点功能区的吸引力，推动重点功能区的发展。规划结合市教委国际学校建设三年行动计划，在海淀、朝阳、"三城一区"等区域的重点功能区周边安排近期建设的7所国际学校，以高品质教育吸引并留住高端人才。

其三，加强精细化设计与管理，全方位提升教育品质。在增加教育用地供给、提供硬件保障的同时，教育设施专项规划还着重强调了校园及周边环境的建设，要求充分利用公共空间、屋顶空间增加多功能的复合利用场所，增加师生互动的交流场所，增加学生活动的实践场所，给学生在学校的学习生活提供更加丰富的内容、参与的机会以及多元的选择。同时，规划强调体育场地和活动场所的建设，为减少"小胖墩、小眼睛"现象、提高学生的身体素质、保证师生的身心健康提供必要的条件。规划还鼓励教育设施与体育、文化、公园等设施临近设置，改善学校周边环境，丰富学生的课余生活，构建全社会参与的教育公共服务体系。引导和鼓励教育设施与家园中心、林荫路、步行道等结合设置，研究周边交通组织管理方式，合理设置落客区，解决上下学高峰期交通拥堵问题，提升学校周边道路和环境品质。

针对农村地区及配套薄弱地区，规划提出应该加大资金、人才投入，提升质量薄弱地区教学品质。充分利用农村学校用地相对充裕的优势，增加基础设施建设投资，强化特色学校、特色课程建设。充分发挥"互联网+教育"的作用，拓宽优质课程的传播途径。解决目前农村地区现状学校距离远、条件差、存在安全隐患的问题，减少农村地区生源向中心城区及新城流动，减轻中心城区及新城入学压力。同时，应尽快研究制定农村小规模学校和乡镇寄宿制学校的建设标准及布局要求，在保证服务半径要求的前提下，尽可能提高办学质量。

2020年，市规划、教育主管部门正在与相关设计单位、专家进行对接，准备就建成区内改扩建学校的建设标准及相关要求进行专项研究，在现有规范的基础上，在满足教学、办公、活动等安全要求的前提下，对现有指标中的建筑高度、建筑密度、容积率、绿地率等指标进行适当调整，同时对地下空间、屋顶空间等合理利用提出进一步要求，用以指导用地紧张区域各类学校的建设。

其四，搭建全龄友好服务平台，倡导终身学习理念。在关注基础教育的同时，规划还对职业教育、高等教育提出了策略性要求，并在此基础上扩展到终身教育，提出了全生命周期的学习理念。其中，职业教育首次在全市域范围内开展规划研究，规划重点结合全市生产生活服务需求，提出了稳用地规模、调专业结构、优空间布局的策略，发展紧密契合首都发展定位的相关专业，促进产教深度融合，培养"工匠精神"。结合"三城一区"等重点功能区布局发展优质职业教育，服务城市经济社会发展。高等教育重点在维持现有规模的基础上突出内涵式发展要求，围绕服务首都"四个中心"城市战略定位，显著增强科技创新支撑能力的目标，推动实现"区区有高校"，切实落实各区高教用地。规划针对中心城区、高教园区提出了发展策略及要求，在外围没有高校的区域，结合学校建设意向进行了初步的高教用地选址。

为了构建更为友好、更为全面、更为专业的终身教育体系，规划提出促进各类教育融合开放的要求，鼓励学校走出去，鼓励高等学校、职业学校、企业培训、社区学院等面向行业企业开展多层次、多形式、多类型的继续教育，形成分布均衡、高效便捷的社会学院体系，提供丰富、优质、多样化的教育服务，支持面向各类社会群体提供多样化教育与培训项目；鼓励社区请进来，以社区为平台，形成分布均衡、高效便捷的社区学院体系，为社区居民提供丰富、优质、多样化的教育服务。有效应用现代信息技术，大力整合学生实践活动、青少年体育活动、大学生就业创业、教师网络研修等服务平台，推进建成覆盖全市的终身学习服务体系。

（二）医疗卫生设施建设

医疗卫生设施建设关乎民生，对于提升人民群众的获得感、幸福感、安全感具有重要作用，近年来在规划工作中一直牢固树立以人民为中心的发展思想，坚持发展大健康、推进均衡布局、完善医疗卫生体系等方面推进医疗卫生设施建设，实现病有所医，满足市民就医和城市生活的便利性、宜居性、安全性、公正性和多样性需求。规划建设的创新主要体现在：

其一，发展大健康，提供全人群、全生命周期的健康服务。在规划理念上，积极应对人民群众对民生需求的关切，立足当前"以健康为导向"的医疗卫生发展需求，工作重心从"以治病为中心"向"以健康为中心"转变，从注重"治已病"向注重"治未病"转变，推动传统医疗卫生服务的升级和重组，注重预防为主、关口前移，关注生命全周期、健康全过程，实施医疗卫生、体育健身、环境保护、食品药品安全、心理干预等综合治理，使健康真正同各领域、各方面工作相结合。

其二，推进优质资源均衡布局，加强区域协同。在设施布局上，结合非首都功能疏解，统筹考虑中心城区功能疏解与外围地区承接，推进市属优质医疗卫生资源向北京城市副中心、新城和资源薄弱地区转移，通过资源布局调整促进各区医疗卫生资源均衡发展，推进医疗卫生服务保障能力的高品质提升。落实首都"四个中心"的战略定位，在结合市属优质医疗卫生资源向薄弱地区倾斜的基础上，重点推动政务、国事等活动以及重点地区的医疗服务保障、医药文化展示、健康服务教育、国际及涉外医疗服务水平提升、医疗科学研发、科技管理等工作。如：与保护历史文化遗产相结合，天坛医院和北京口腔医院整体外迁，迁出天坛保护区范围，恢复天坛外坛；计划将积水潭医院住院楼降层，减少对银锭观山视线通廊的影响（见图5-1、图5-2）。

图 5-1 天坛医院整体外迁及新院建设

图 5-2 积水潭医院住院楼计划降层

在平原地区新城，积极承接中心城区疏解的优质医疗卫生资源，并面向京津冀区域，创建外围医疗卫生服务保障区。顺义区依托友谊医院顺义院区，创建顺义服务保障区，面向平谷区、怀柔区、密云区和廊坊北三县；昌平区依托积水潭医院、清华长庚医院，创建昌平服务保障区，面向怀柔区、延庆区、张家口等地；大兴区和北京经济技术开发区依托北京大学第一医院城南院区、广安门医院南区、同仁医院亦庄院区、北京儿童医院分院等，创建大兴亦庄服务保障区，共同面向廊坊、涿州等地。同时，加强区域协同，持续推进京津冀重点卫生项目合作，积极支持河北雄安新区、廊坊北三县医疗服务能力提升，持续开展对张家口、唐山、承德、廊坊、保定等多个支持项目，推动京冀合作深化开展。北京市医疗卫生机构支援支持河北医院，向河北派遣医务人员，接收人员来京进修培训，开展远程医疗，适应当地人民群众的健康需求，有效缓解首都医疗服务和城市运行管理压力。

其三，完善医疗卫生体系，提高服务供给能力。在服务供给上，完善医疗卫生体系，着力提高服务供给能力，建立以基层为中心的整合型健康服务体系，以居民健康需求为导向，提供全面、连续、整合、优质、高效的健康服务。跳出传统空间设施的研究范畴，坚持多规合一，实现设施规划与事业发展规划相衔接，规划实施各类政策机制相匹配，行业技术标准与规划建设标准相统合。在设施体系建构上，规划坚持贯彻预防为主的卫生工作方针，构建以区域医疗中心和基层医疗卫生机构为主体、其他类型医院为补充的覆盖全面、层次分明的网络化医疗服务体系；同时，强化公共卫生服务体系建设，形成比较完善的疾病预防控制体系、综合监督执法体系、院前医疗急救体系和采供血服务体系。完善重大疫情救治机制，坚持平战结合、防治融合，提升重大疫情救治能力，加强应急医疗救治能力储备。在服务主体完善上，积极引导和鼓励社会办医，构建多元办医格局。在支撑体系建设上，为保障医疗卫生服务水平的全面提升，规划对卫生服务体系的筹资、人才培养、信息化建设和管理等支柱体系科学建设和管理作出统筹安排，在卫生人员、机构、管理制度等层面实现整合。

其四，加强基层服务，推进分级诊疗。建立以基层为中心的整合型健康服务体系，建立一支居民满意的高水平家庭医生团队，作为基层健康服务主体，向区域全体居民提供包括预防、医疗、康复、保健、健康教育等一体化、整合型、高质量的卫生健康服务，并作为居民健康"守门人"，负责协调所在区域基层卫生机构、医院和其他卫生机构的基本健康服务提供。优化家庭医生与医联体的转诊通道，并给予一定的知名专家转诊优先。进一步将大医院医生中的中坚力量纳入家庭医生范围，扩大家庭医生吸引力。充分发挥新技术优势，推行智慧家医，提高家庭医生的便利度。鼓励社会力量加入基层医疗卫生设施建设，鼓励诊所设置，鼓励有条件的社区卫生服务中心设置床位，积极推进社区卫生服务中心发热哨点建设，鼓励社区卫生服务中心叠加急救工作站的功能。

建立信息共享与互联互通机制，优化纵向联合体，核心医院优先满足下级和基层卫生机构转诊需求，推动预约挂号向全面非急诊预约转诊转变。建立区域医疗中心、公共卫生机构和基层卫生机构之间的信息共享与互联互通机制。形成具有专科特色的横向联合体，推动不同类型医疗卫生机构合作，发挥各医院专科优势，形成具有心血管内科、呼吸内科、神经内科、妇科、骨科、内分泌科、眼科、儿科等专科特色的横向医联体。

其五，加强短板专科，拓展医养结合途径。加强对儿科、产科、康复护理、精神卫生、麻醉、全科等薄弱学科、短板专科的支持引导，完善重点人群健康管理与服务。一方面，加强综合医院中相关科室的建设；另一方面，加强新建短板专科医院和康复护理院建设。

现有医养结合主要采用养老机构与医疗机构签订合作协议的方式；在布局方面，主要采用养老机构与医疗卫生机构邻近布局的方式。经过研究，推荐针对不同阶段老人的身体状况和对"医"的差异需求，优化医养结合途径，加强健康促进、健康咨询和康复护理服务，注重临终关怀。具体而言，在健康活跃期与辅助生活期，主要以健康管理与咨询为主，提供健康管理、健康咨询、体检、保健养生等服务，通过中医医疗机构与养老机构结合，提供传统医药养生指导，通过基层医疗卫生机构与养老结合，提供健康指导、定期取药服务。在部分辅助生活期与行动不便期，主要以急性、慢性医疗服务为主，提供急性医疗、慢病管理、康复训练、专业护理等服务，通过康复护理机构与养老机构结合的方式，以护理为主。在临终关怀期，主要依托安宁疗护机构提供相关服务。在布局上，可将康复护理医疗与养老机构功能综合利用、统筹建设，适当考虑综合体的形式。

其六，鼓励多类型设施功能统筹复合利用。鼓励功能相匹配、服务可共享、空间不干扰的各类设施进行统筹安排，复合利用，如社区卫生服务中心（站）、康复护理设施、养老设施、急救设施、消防设施、派出所等设施统筹安排，高效集约利用土地资源，方便使用。

（三）养老设施建设

养老设施建设及养老服务体系构建，是北京社会发展转型中需要高度关注和解决的难点问题之一。北京自1990年进入人口老龄化社会，老年人口总量增长速度快、高龄化与空巢化并存，社会化养老需求持续增长。如何转变政府职能，以有限的财政投入更好地惠及广大的老年群体，如何通过规划合理配置空间资源，加快养老设施建设，满足多层次、多样化的养老服务需求，成为解决老龄化问题、构建新型养老服务体系需要不断应对的新挑战。新世纪初期以来，北京养老设施规划建设的创新主要体现在以下五个方面：

——强化政府主导下的市场化、社会化发展。坚持"放管服"改革，全面放开养老服务市场，持续优化营商环境，促进养老服务消费，充分调动全社会各方面力量为老年人提供弹性多样的养老服务。早在2000年，北京市已经确立"社会福利社会化"的养老设施发展方向，并把建立健全"以居家养老为基础、社区服务为依托、机构养老为补充的服务体系"作为老龄服务发展的基本策略。面对巨大的社会赡养总量需求以及逐步增多的需要重点照顾的失能失智老人，规划提出"强化政府主导下的市场化、社会化发展"的理念。政府在养老服务体系承担托底和主导的职责，在养老服务体系中搭建老年人与市场之间的桥梁，促进养老服务业的健康、快速发展，是养老服务体系中制度的供给者、决策者、监管者、统筹者和协调者。市场在养老服务体系中提供养老服务及产品，满足老年人多样化、个性化的养老服务需求。

——完善"9064"和"三边四级"的养老服务体系。坚持从首都市情、社情、民情出发，提高居家、社区和机构养老服务的衔接性，提升养老服务产业、事业和慈善的协调性，以及城区、郊区和农村养老服务的均衡性。2008年12月，《关于加快养老服务机构发展的意见》（京民福发〔2008〕543号）提出"9064"养老服务模式，即至2020年，约90%老年人常住家庭照料养老，约6%老年人短期社区照料服务养老，约4%老年人长期养老机构集中养老。养老设施是养老服务的物质空间载体，"如何通过规划合理配置空间资源，加快养老设施建设，满足多层次、多样化的养老服务需求"是养老服务设施规划重点研究解决的问题。规划引导空间资源协调配置，立足"9064"的养老服务发展目标，构建"三边四级"养老服务体系（"三边"指老年人的周边、身边、床边，"四级"指市、区、街道乡镇及社区四个层面）。市属养老机构强化特殊困难老年人的兜底保障，发挥示范引领作用；区属养老机构补充统筹指导功能；街道（乡镇）属公办养老机构承担区域内基本养老服务保障职能；社会办街道（乡镇）养老照料中心发挥居家养老辐射和拓展作用，建设街道（乡镇）居家养老服务指导中心，调整老年人口集中区域的建设方式；社会办社区养老服务驿站充分利用社区资源，就近提供居家养老服务。

——完善扶老、助残、爱幼一体化保障体系。规划坚持"老、残、儿"一体发展原则，加强对困难儿童和残疾人的服务保障。鼓励社会力量建设"老、残、儿"为一体的综合服务设施，鼓励养老服务设施、公益性福利设施临近设置，共建共享。

——提高医养结合服务能力，加强老年人健康管理。为了加强现有养老机构医疗服务能力建设，规划提出深化医养结合，持续改善老年人健康养老服务。在做好入住老年人健康服务基础上，为周边老年人提供居家医疗健康服务，通过协议合作、巡诊、远程诊疗等多种方式实现养老服务机构医疗服务全覆盖。

——加强支持与监督管理。建立同抓共管重点任务责任机制，指导养老服务设施有序建设。各部门同步制定多项规范规章，从立项、规划、土地供应、建设、验收与移交、运营的全生命周期加强对养老服务的支持与监督管理，积极规范、引导、支持养老服务设施规划编制和审批管理。

北京市积极创新养老服务，发展诸多扶持政策和老年人福利补贴津贴制度，完善"保基本、兜底线"的民生服务保障体系，推进公办养老机构管理体制改革及养老机构分类管理，完善城镇社区15分钟服务圈布局。经过不断努力，初步建成了"9064"和"三边四级"的养老服务体系，基本形成了以政府为主导、社会为主体的养老服务发展格局。

二、商业设施建设及"15分钟生活圈"

（一）城市规划对商业设施建设及居住区生活服务设施建设的要求演进及发展创新

搞好全市、地区、居住区商业设施建设和居住区生活服务配套设施建设，不断满足居民日益增长的美好生活需求，是城市规划建设的一项重要内容。新中国成立以来的历版城市总体规划及相关专项规划，对于不断完善商业设施建设和居住区生活服务配套设施建设，给予了持续的关注，在继承的基础上根据新的时代发展与要求，不断发展规划思想、创新规划内容。此外，在居住区公共服务规划设计指标颁布执行及修订方面，1985年市政府颁发了《关于新建居住区公共设施配套建设的规定》，是北京市第一次由市政府对居住区公共服务设施建设作出规定，规范了居住区配套指标，作为审批居住区规划设计的技术依据，对加强全市新建居住区公共服务设施的规划建设起到积极作用。之后，根据新的变化与要求，北京先后于1994年、2002年、2006年、2015年对居住区公共服务设施指标进行了修订，印发相关规定（京政发〔1994〕72号、京政发〔2002〕22号、2006年"384号文"、京政发〔2015〕7号）颁布实施，体现民生为本原则，满足居住区建设新发展及居民生活提高的新需求。2015年以来，在落实城市总体规划的过程中，针对商业设施规划建设以及居住区生活服务设施配套建设中存在的空间布局有待优化提升、居民消费潜力有待挖掘、商业便利化水平有待提升等问题，借鉴国外发达国家和大城市的经验，进一步加强了对居民以家为中心的日常生活空间"生活圈"的研究，创新规划理念与方法，从改善交通、提高生活品质的角度提出"15分钟生活圈"的理念和规划设想。对此，2017年《北京城市总体规划（2016年—2035年）》将"一刻钟社区服务圈"的概念纳入规划，在继续"调整优化传统商业区"的同时，对"提升生活性服务业品质"提出了新的要求，明确建设均衡完善的便民服务网络，"一刻钟社区服务圈"的覆盖范围从现状的80%，到2020年基本实现城市社区全覆盖，2035年基本实现城乡社区全覆盖。规划确定的这些前瞻性的原则，确保了全市商业设施的发展和居住区良好的服务设施与环境，为今天持续推进的社区治理及"15分钟生活圈"建设奠定了基础（见表5-1）。

表5-1　历版城市总体规划关于商业设施及居住区
生活服务设施建设的创新要求梳理

规划	商业设施建设要求	居住区生活服务设施建设要求
1954年《改建与扩建北京市规划草案》	首都建设的总方针为：为生产服务，为中央服务，归根到底是为劳动人民服务，从城市建设各方面促进和保证首都劳动人民劳动生产效率和工作效率的提高，根据生产力发展的水平，用最大努力为工厂、机关、学校和居民提供生产、工作、学习、生活、休息的良好条件，以逐步满足首都劳动人民不断增长的物质和文化需要	街坊的建设，应采取统一规划、统一设计、综合建设的原则。居住区内应有充分的阳光和新鲜空气，并有一定的绿地和儿童游戏场所，同时将某些文化福利设施，如学校、幼稚园等，合理地分布其中。这些文化福利设施，应为该居住区内的全体居民服务
1958年《北京市总体规划方案》	商业、服务业将均匀分布在居住区内。现在的前门大街、王府井大街、西单北大街、鼓楼南大街等地，仍将是全市性的商业、服务业中心	在居民区建设上，新居住区既要按人民公社化的原则组织集体生活，又要便于每个家庭男女老幼的团聚；每个居住区都要有为组织集体生活所必需的完备的服务设施；农村旧式房屋要有计划地进行改建，根据条件建设市政设施，使之逐步接近城市水平

规划	商业设施建设要求	居住区生活服务设施建设要求
1983年《北京城市建设总体规划方案》	（1）商业服务业，除居住区、小区配套设置的小型设施外，要改建扩建王府井、西单、前门大街3个大型商业服务业中心，还要在东郊东大桥、南郊木樨园、西郊公主坟、西北郊的海淀和北郊的三环路附近，新建五个大型商业服务业中心。每个大型商业服务业中心，都应各具特点。在市区交通比较方便的地方，在现有基础上逐步建设起三十多个地区性中型商业服务业中心。在远郊卫星城镇，也要建设起与城镇规模相适应的商业服务业中心。（2）旧城历史上形成的商业、服务业网点，有其合理的布局，改建时要注意吸取。前门、王府井、西单仍保留作为全市性的商业、服务业中心，并加以改建和扩建。（3）商业服务业、文化、教育、体育、卫生等生活服务设施，要实行大、中、小相结合，以中小为主均匀分布的原则，优先建在近郊各新建地区和远郊卫星城镇	（1）为逐步解决居住紧张和生活不便的状况，在今后相当时期内，要扩大住宅和生活服务设施的建设。生活服务设施，包括托幼设施、中小学、商业服务设施、医疗设施、文化体育设施，以及为居民服务的其他公用设施等，都是关系居民物质生活和文化生活必不可少的设施，需要按照一定的比例随着住宅建设的发展，进行配套建设。（2）居住区是组织居民生活的基本单位。居住区的建设，包括住宅、生活服务设施建设、市政公用设施的建设，要和基层政权建设结合起来，形成能行使各项城市管理职能、设施比较齐全、居民日常生活要求基本满足、有一定相对独立性的社会细胞。（3）为了保证居民有安静的居住环境和方便的生活条件，每个居住区划分为若干小区，每个小区配置中小学、托幼机构、粮店、副食店、早点铺、小百货店、自行车存车处等基本生活设施，并分设若干居民委员会
1993年《北京城市总体规划（1991年至2010年）》	加快调整改造王府井、西单、前门外原有的三大市级商业中心，建设成高水平、高档次、现代化的商业文化服务中心。按照多中心格局建设朝阳门外、公主坟、海淀、木樨园、马甸等新的市级商业文化服务中心。在旧城内的鼓楼前、西四、新街口、北新桥、东四、东单、花市、珠市口、菜市口，	（1）今后20年，要大力进行城镇住宅和社区生活服务设施的配套建设，逐步提高居住水平，不断改善居民的生活条件和社会环境。（2）把居住区建设成为组织居民生活的基本单位。新建居住区的规模一般为1万多户，居民3万至5万人，由若干小区组成。在建设住宅的同时，根据居民生活和社区管理的需要，进行

规划	商业设施建设要求	居住区生活服务设施建设要求
1993年《北京城市总体规划（1991年至2010年）》	以及在旧城以外的北太平庄、五道口、甘家口、三里河、酒仙桥、望京、六里屯、定福庄、南磨房、方庄、西罗园、丰台、古城、鲁谷等合适地点，通过调整用地，成街成片地建设70个左右地区级中型商业文化服务中心或商业街区，形成多层次、多功能的市场网络	各项配套设施的建设。居住区的建设要与街道办事处、派出所等基层政权建设结合起来；基层政权区划尽量与居住区划分相一致，形成能行使各项城市管理职能、设施比较齐全、居民日常生活要求基本满足、相对完整的社区
2005年《北京城市总体规划（2004年—2020年）》	（1）完善由旧城商业区、中心城商业区和外围商业区组成的商业体系，丰富商业区的内容，发展多种商业业态，实现多元化协调发展的格局（其中，旧城内进一步完善王府井、西单和前门商业区。中心城逐步建成若干集商业、文化、休闲、娱乐为一体的综合商业区。在顺义、通州、亦庄等新城建成具有一定规模的综合商业区）。（2）面向基层、服务群众。社会事业的发展要面向广大群众，体现公平与效率原则，满足"人人享有基本公共服务"的要求	（1）社区是组织居民生活的基本单位，随着居民委员会规模的调整，逐步把街道办事处、社区居委会和居住区、小区的规模统一起来，更好地发挥社区组织居民生活，完善服务的作用。（2）构建居民生活的三级单元：基础社区（社区居委会，3000~10000人）、功能社区（4~6个社区居委会）和街道社区（10万人），把基层政府组织和自治组织建设、生活服务、物业管理、治安等各项内容统一到社区建设中来。（3）坚持居住区各类配套设施的建设，完善社区功能，满足市民日益增长的物质、文化、生活需求
2017年《北京城市总体规划（2016年—2035年）》	调整优化传统商业区。优化升级王府井、西单、前门传统商业区业态，不再新增商业功能。	（1）提高生活性服务业品质。满足人民群众对生活性服务业的普遍需求，着力解决供给、需求、质量方面存在的突出矛盾和问题，推动生活性服务业便利化、精细化、品质化发展，优化消费供给结构，提高消费供给水平，推动形成商品消费和服务消费双轮驱动的消费体系。

规划	商业设施建设要求	居住区生活服务设施建设要求
2017年《北京城市总体规划（2016年—2035年）》	促进其向高品质、综合化发展，突出文化特征与地方特色。加强管理，改善环境，提高公共空间品质	（2）建设均衡完善的便民服务网络。形成居民和家庭服务、健康服务、养老服务、旅游服务、体育服务、文化服务、法律服务、批发零售服务、住宿餐饮服务和教育培训服务十大便民服务网络。增加基本便民商业设施，建立差异化的商业服务体系。培育多种服务集成模式，发展"一站式"便民服务综合体，引导零售、餐饮等生活性服务业组合发展。"一刻钟社区服务圈"现状覆盖约80%城市社区，2020年基本实现城市社区全覆盖，2035年基本实现城乡社区全覆盖

（二）商业设施规划建设理念的变迁

随着城市总体规划、专项规划及居住区公共服务规划设计指标的编制与实施，商业设施规划建设的理念也在发生相应变化，主要体现在：其一，发展方式转向内涵式和集约型。在总体规模已达较高水平、消费市场分布基本均衡的基础上，受资源环境约束、人口调控、非首都功能疏解等因素影响，北京市商业服务业的发展将逐渐从以增量扩张为主实现增长，转向以结构优化、模式创新为主的内涵式发展和以资源整合、功能集成为主的集约型发展方式。商业服务功能的综合化趋势明显，零售、餐饮、休闲娱乐、康体保健、文化教育等综合化的商业服务功能构成产业创新发展新生态，商业服务业与科技、金融、文化、旅游、商务等产业的跨界融合，以及国内国际市场一体化、内贸外贸深度融合成为产业集约发展的主要方向。其二，服务消费引领居民消费增长。居民消费需求进入多样化、个性化阶段，消费结构中对实物商品的消费动力趋弱，而居民和家庭、健康、养老、旅游、文化等生活性服务消费，以及基于互联网的软件增值服务、网络游戏、影视音乐、在线教育等新兴虚拟性服务消费所占比重逐步提高。服务消费对总体消费的带动作用将日趋明显，增长的潜力不断释放。其三，"互联网＋"助力商业服务业模式创新。在创新驱动的引领下，顺应社会消费行为变化趋势，互联网等信息技术将在商业服务业得到广泛应用，加快推动传统实体商业转型升级。"互联网＋商业""商业＋互联网"将推动商业服务业模式不断创新发展，同时将成为扩大消费有效供给、培育新兴消费热点的主要动力。未来"电子商务实体化、实体商业电商化"将深度融合发展，新型商业模式不断涌现，成为商业服务业创新发展新趋势。其四，京津冀协同发展推动商业服务业布局优化。北京市商业服务业将在区域协同发展的大格局下，实现优化资源配置及商业布局。北京市作为区域核心城市，将以高端要素聚集为主要特征促进商业服务业高层级发展，强化与津冀优势互补、产业互动。全市商业服务业布局将处于发展与调整并行阶段，城六区以调整升级、优化结构为主，郊区新城以发展现代化、高品质商业服务业为主。其五，"依法治商"促进营商环境建设。政府职能一方面要激发市场活力和创新动力，另一方面要保证市场竞争的规范有序。坚持依法行政、建设法治化营商环境，既是商业服务业适应经济发展新常态、实现整体发展目标的基础和保障，也将成为新时期商务部门在规范市场行为、维护市场秩序、提升精细化管理水平等方面做好商务工作的关键。

（三）"15分钟生活圈"建设的新成效

近年来，落实城市总体规划，推进"15分钟生活圈"建设，取得了一些新成效，为今后的持续发展和规划建设创新提供了经验借鉴。其一，蔬菜零售网点体系基本形成。按照"市抓批发、区抓零售"思路，全市探索创新直营直供、公司化经营等多种蔬菜零售新模式，突破性地解决居民买菜最后一公里问题。截至目前，全市拥有蔬菜零售网点3500余个，其中城六区2100余个。拥有车载车辆366个，覆盖515个社区，逐步形成了以驻店经营为主、直通车进社区为辅、网上配送为补充的社区全覆盖蔬菜供应保障体系。其二，大众餐饮服务网络布局合理。在商务部的指导下，通过早餐示范工程建设，全市已经形成了以中心城区为重点，以固定门店早餐服务为主、便利店搭载早餐服务为辅的便民餐饮服务模式，目前建成早餐规范示范店1000余个，为居民提供安全放心的服务。其三，连锁品牌在社区有序推进。2015年，形成了集购物、餐饮、生活服务等多种功能为一体的社区商业便民服务综合模式，建成社区服务综合体20家，逐步实现社区商业向品牌化、连锁化、规范化发展。其四，电子商务进社区蓬勃发展。"互联网+"形态的社区商业服务新模式不断涌现，推动电商企业与社区商业融合发展，丰富和完善了社区商业的线上功能和线下服务。离线商务模式（O2O模式）为社区居民提供了更加便捷、高效和个性化的服务，受到了居民的欢迎。其五，城市末端配送体系不断完善。加快城市末端配送体系建设，末端冷链配送服务能力得到了不断提升。全市末端便民配送网点达260个，智能快件箱近200组，解决了快递最后一公里难题，为社区居民、高校师生提供了安全、便捷、高效的末端配送服务。

三、城市公共卫生应急

北京作为首都和人口密集、国际交往频繁、人员流动性大的超大型城市，公共卫生安全和防疫工作直接关系到党和国家的工作大局，关系到几千万人民的生命和健康，不容一丝一毫闪失，需要科学构建防疫系统，提高城市应对重大突发公共卫生事件的能力。针对此次新冠肺炎疫情在全球暴发蔓延暴露的一些问题进行调研和分析，结合疫情防控，主要应从以下几个方面入手做好规划建设创新，奠定安全防疫基础，完善管理与治理，确保居民健康和生命安全。

（一）五大体系协调配合，提升城市应对能力

贯彻习近平总书记关于要立足当前、着眼长远，加强战略谋划和前瞻布局，坚持平战结合，完善重大疫情防控体制机制，健全公共卫生应急管理体系的指示精神，要吸取已有的经验教训，明确防疫的关键节点、关键要素，适当调整应急管理机制，丰富应急应对策略。总体而言，保证预防—控制—救治—支撑—恢复五大体系协调配合，"预防"是顶层设计，需要多部门响应；"控制"要在特殊时期能保障隔离、控制蔓延；"救治"是依靠医疗卫生体系，"支撑"是做好人员、物资、交通、生命线系统等方面的保障，"恢复"是使城市迅速从疫情中恢复。要坚持四个原则：一是坚持以防为主，联防联控，防治结合。管控传染源，切断传播途径，保护易感人群，有效防止疫情扩散。二是坚持平战结合，专常兼备，预留和建设防疫设施，提升城市面对重大疫情紧急应对能力，保证快速反应，尽早投入使用。三是坚持未雨绸缪，曲突徙薪，从最坏处着眼，向最好处努力，做好城市的应急储备，防患于未然。四是坚持分级管控，分类指导，分区施策，各尽其责，调动全社会的积极性，保障城市安全。

（二）规划防疫单元，实现分类分级管控

在重大疫情防控方面，在市、区两级整体调度的基础上，全市当前已经形成较好的基层治理基础，应按照分级管控的思路，结合医疗卫生资源布局，对接城市治理层级，在全市划定市—区—街乡—社村四级防疫单元。具体包括：市级防疫单元1个，重大疫情发生时承担重症收治功能；区级防疫单元15个（核心区1个，其他每个行政区各1个），具备轻症治疗功能；街乡级防疫单元依托街道、乡行政界，每15万～20万人1个，具备筛查、疑似隔离等功能；社村级防疫单元以社区、村、街区界为基底，每3万～5万人1个，发挥前哨作用。通过防疫单元，织密织牢公共卫生第一道防线，构建空间防疫单元，创新基层治理举措，提升防疫体系的智慧空间治理能力；也有助于加

强疫情动态监测，实现分级分类管控、分区施策，合理安排医疗救治、物资供应、交通市政等相关设施，为防疫工作提供基础条件。

（三）结合城市空间结构，构建防疫格局

核心区人口密集且呈老龄化，为保障人民群众生命安全，重大疫情期间不宜密集设置发热门诊，并尽量减少集中隔离收治疫病患者的定点医院。建议通过内外联动，加强外围区域公共安全设施和保障体系对核心区的支撑作用。城四区人口密集，需要加强对核心区的支撑，防疫压力大，应充分发挥现有优质医疗卫生资源丰富的优势，通过对感染科加以适当改造，用好既有的大量三级医院资源，结合非首都功能疏解和人口布局优化，合理布局发热门诊和定点医院，五环路以内不再新设三级医院（面向国际交往中心服务的中外合资合作医院除外）。城市副中心应围绕对接中心城区功能和人口疏解，发挥疏解示范带动作用，高标准设置和建设防疫体系。通州区在疫情期间应适当增加发热门诊数量，防止交叉感染。平原地区的新城是对中心城区强有力的支撑，在合理布局满足人口规模需求的发热门诊的同时，应结合优质资源的承接，做好备选定点医院预留。生态涵养区以满足自身需求为主，加强与中心城区资源对接，进一步提升医疗卫生服务水平。

（四）平战结合做好预留，提升医疗救治能力

重点做好优化设施布局、增强抗疫能力、提升基层防治能力、落实设施用地预留以及关注物资、交通、市政系统建设五方面工作，创新规划及实施方法。

——区域协调，优化疫情期间医疗救治设施布局。2020年初新冠肺炎疫情暴发蔓延以来，全市集中优质医疗资源应对，256处二、三级医疗机构（不含部队、武警属下的医疗机构）中，高峰时期共设置104处发热门诊和21处定点医院。从发热门诊设置来看，核心区密度全市最高，每处发热门诊的服务人口规模是全市平均的一半左右，

部分发热门诊紧邻居住、就业人口密集区，从保障人民安全的角度可适度调整。朝阳、海淀、丰台、通州、顺义、大兴每处发热门诊的服务人口规模高于全市平均水平，服务压力较大。进一步在空间上结合实际路网距离、居住人口分布等因素分析可见，通州南部、大兴南部和房山南部以及顺义东部地区发热门诊较为欠缺。4所市级定点医院多为传染病专科医院，是本次抗疫的主力，也是应对重大疫情的核心力量。应从区域协同的角度，综合考虑口岸防疫需求、京津冀传染病协同防治需求等因素，结合市级传染病专科医院新院区选址，优化传染病专科医院布局，提升医疗救治能力。

——提升能力，增强综合类医疗机构抗疫能力。二级及以上的综合类医疗机构，尤其是承担区域医疗中心职能的医疗机构，是北京抗疫的中坚力量，突发重大疫情时可承担患者筛查、留观等功能，部分机构还可转化为定点医院，承担救治工作。但现有医疗机构内的发热门诊多为"非典"后临时建设，有些甚至只有100平方米左右，普通发热患者和感染患者混在一起就医检查，众多患者拥挤在一起，容易引起交叉感染。建议从建筑设计和医院的诊治流程上对发热门诊（或感染科）加以改进，落实"抗疫设计"。在现有疏解非首都功能、规划建设三级医院时，应提前考虑医院的抗疫设计，扩大弹性空间。另外，重大疫情发生时，常规疾病的发病率并未降低，因此需要保有一部分"放心"的医疗机构，保障医疗系统正常发挥作用。

——夯实网底，提升基层卫生机构防治能力。基层卫生机构是传染病诊疗的基础力量，可作为常设的防疫哨点，平时宣传防疫知识，疫情时期承担患者初步筛查、疫情信息传递、患者转送平台，紧急时期可承担少量轻症患者隔离治疗功能。应查漏补缺，按照人口规模补齐基层卫生机构缺口，并通过加强标准化建设等方式，在加强基层卫生机构"防"的能力的前提下，提高救治能力，夯实基层防治网底。

——未雨绸缪，做好设施预留和场地预留。其一，将小汤山医院作为城市应对重大突发公共卫生事件的战略储备医院，提高综合服务和救治水平，随时具备承担应急任务的能力，为首都疫情防控预留适度常备空间。其二，在定点医院之外预留大型场馆作为方舱医院备选。按照疫情程度分级，制定增设床位的情景预案，对市内大型体育场馆、会议中心、休疗养院等开展改造可行性分析，使其必要时能迅速转换为方舱医院。对于新建场馆，应适当考虑防疫改造要求，在建设时做好预留。其三，发挥人防工程应对重大突发公共卫生事件的支撑保障作用。城市人防工程在建设中始终强调平战结合与平灾结合的理念，且其管理权属于政府，利于较快实现平灾转换。目前，全市在城市近郊设置有人民防空疏散基地，功能齐备，可起到人员集中隔离点的作用。可适当提前谋划人防工程改造方案以提供必要的空间保障。其四，结合市级传染病专科医院布局，在周边规划具备快速转换功能的设施，同时预留场地，留好市政交通接口，使其有条件在战时迅速拓展。必要时可考虑高建低用预留部分设施，按照传染病专科医院的标准建设，平时可用作疗养院或其他功能，实现战时快速转换。其五，结合应急避难场所和绿隔地区开敞空间，甚至城市战略留白用地，做好场地预留。在交通条件良好的地区选取一定规模的场地，做好市政设施供应接口，一旦遇到重大突发公共卫生事件，可快速改造为临时医院或紧急物资调运中心。

　　——关注物资、交通和市政系统建设，做好支撑保障。疫情防控中物资供应、交通和市政系统的支撑尤为重要，应把支撑保障作为应急管理体系建设的重要内容，加强顶层设计、优化部门协同。按照集中管理、统一调拨、平时服务、灾时应急、采储结合、节约高效的要求，优化重要应急物资区域布局，做到关键时刻调得出、用得上。同时，做好交通系统和市政系统的保障与应急预案，特别是紧急状态下城市交通的分级管理和控制。在管制一般生活出行的同时，保障紧急出行的稳定高效。此外，重大疫情暴发后，医疗废物大幅增加，涉疫情生活垃圾及粪便应等同于"医疗废物"进行管理，对此应给予足够关注，预留医疗废物暂时贮存设施空间，开辟专用进出通道，预留临时处理设施建设备用地。

四、城市安全与防灾减灾

北京作为首都，城市安全保障责任重大。长期以来，北京高度重视城市安全工作，不仅围绕自然灾害、事故灾难、公共卫生事件、社会安全事件构建了完善的城市安全体系及应对措施，更是在城市规模、空间布局、战略留白、职住平衡等战略层面提出了前瞻性、系统性的发展理念与战略谋划。通过规划工作的有序实施推动，各项措施及手段落地实施，特别是结合"大城市病"治理、非首都功能疏解，城市韧性水平不断增强。

从本次新冠肺炎疫情来看，各层次的理念和举措被证明科学有效并且发挥了积极作用，城市人口规模持续下降在一定程度上降低了灾害风险，违法建设的大力拆除进一步排除了城市易损地段，城市基础设施的不断建设完善保障了城市系统的安全运行。综合来看，长期以来的相关工作在疫情防控及灾害应对层面起到了不可或缺的作用。

（一）对城市安全内涵深化与外延拓展

城市防灾的概念是指为抵御和减轻各种自然灾害和人为灾害及由此引发的次生灾害，对城市居民生命财产和各项工程造成危害的损失所采取的各种预防措施。围绕这一范畴，传统的城市综合防灾减灾工作也往往围绕自然灾害及人为灾害所进行，并形成了由城市总体规划防灾专题—综合防灾专项规划—单灾种防灾减灾规划所构成的规划上下传导体系。

但从现阶段城市所面临的灾害类型及挑战来看，特别是随着新冠肺炎疫情的暴发蔓延，以突发公共卫生事件、暴力恐怖活动为代表的灾害类型逐渐成为影响城市安全的重大隐患之一。随着城市规模的不断增大，各类城市活动的日益频繁，城市面对的灾害类型更加复杂多元，城市规划领域中的综合防灾减灾内涵需要不断深化，以更为综合的视角去重新审视既有的工作体系。

近年来落实《北京城市总体规划（2016年—2035年）》，结合全市国土空间规划体系的逐步构建，北京市已初步探索将城市安全作为统筹各项综合防灾工作的概念范畴，在传统综合防灾基础上进一步综合，涉及自然灾害、事故灾难、公共卫生事件、社会安全事件等影响城市安全运行和人民群众生命财产安全的方方面面，统筹生产、生活、生态空间所进行的综合性工作。其一，应对城市灾害的复杂变化，进一步扩大城市综合防灾的安全范畴。当前城市面临的主要灾害不仅包括地震、火灾、洪涝、地质灾害等类型的自然灾害，诸如暴力恐怖活动、公共卫生事件、社会治安问题、食品药品安全问题等日益尖锐的灾害类型，同样成为威胁城市安全的重要因素。将视角进一步提升，从传统综合防灾范畴扩大为城市安全范畴，以更为全面的视角引导城市综合防灾体系的构建。其二，面向系统间的问题与薄弱环节，实现城市安全体系的深度综合。城市面临的灾害类型存在系统间交叉，产生了部分新的安全隐患。例如，由地面沉降、地质灾害导致的市政管线等生命系统断裂，应急避难场所毗邻火灾或爆炸易发设施等，需要对多种专项进行统筹梳理。消防队在承担日常火警任务的同时已成为城市主要的社会救援力量，应急避难场所不仅承担地震灾害的避难功能，也逐渐成为其他灾害的避难空间，越来越多的专门性设施承担了综合防灾功能，城市防灾设施需要打破各部门事权范畴，进行统筹布局。在国家治理体系及国土空间规划体系不断健全与完善的背景下，以系统性方式构建城市安全体系。其三，实现灾害应对的逻辑重构，实现全生命周期的安全管理。城市安全体系的"多规合一"应建立在深度综合、全面统筹的基础上，围绕灾害发生的客观规律，以全生命周期的系统逻辑统筹城市安全，在灾前阶段统筹防灾备灾、灾害发生阶段深化监测预警、灾时阶段完善应急救援，以时空综合替代单灾种对策，从根本上实现防灾策略的综合性。在整体防灾目标的要求下，制定城市安全的策略与方针。

（二）城市战略层面的前瞻性谋划

基于韧性城市建设，在战略层面持续提出多项战略举措提升城市韧性能力，加强城市抵抗能力，降低易损性，加强城市高度自适应能力，使城市具备高效的可恢复性。坚持可持续发展，坚持一切从实际出发，注重长远发展，注重减量集约，注重生态保护，注重多规合一，各项理念与方法都在新冠肺炎疫情防控中经受住了考验。

主要的创新方面为：其一，转变城市发展方式，实施人口规模、建设规模双控。2018年，全市常住人口规模2154.2万人，实现持续两年下降，坚定不移疏解非首都功能，坚持疏解整治促提升，坚决拆除违法建设，使得城市易损性不断降低、承灾能力不断增强。其二，坚持完善空间布局。中心城区"分散集团式"布局、城市副中心"多组团"布局、绿化隔离地区建设等多方面考虑都是增强超大城市空间韧性的重要举措。将职住平衡理念贯穿于城市规划的方方面面，规划城乡职住用地比例控制在1∶2。科学的资源要素配置能够有效降低公众出行频率及距离，减少疫情扩散、灾害损失加剧的可能性。其三，深入推进京津冀协同发展。构建京津冀广域防灾体系，特别是在硬件条件上强化资源互助备份，为首都安全奠定了更加坚实的基础。面对突发的新冠疫情，武汉市得益于全国29个省市278支共3.2万人的国家医疗队驰援，使得濒临崩溃的应急医疗体系迅速恢复，侧面印证了城市群广域防灾体系的重要性。其四，前瞻性地提出战略留白。战略留白用地具备一定隔离空间的同时，能够便捷接入市政基础设施，是类似武汉抗击新冠疫情时所建的火神山医院、雷神山医院等应急设施临时选址最为可行的区域。全市132平方公里的战略留白用地能够为未来发展留有余地，同时应对不时之需。

（三）对城市安全的技术创新与思考

北京市在灾害风险评估领域持续深化研究，形成了定量化灾害风险评估的工作模式。城市规划在灾害应对层面的主要优势在于提前谋划、关口前移，以灾害风险评估为重点，能够全盘发现并应对易损环节与地段。城市安全体系提出针对地震灾害、火灾与爆炸、气象灾害、地质灾害、水安全、交通事故与灾害、生物灾害与疫病等主要灾害深化灾害风险评估，目的是将各类灾害的高发、易发以及易损区域通过技术手段进行全盘摸查并做到心中有数，在灾害应对过程中能够高效快捷地进行危机处置及应急指挥。

《北京城市消防规划（2016年—2035年）》延续这一思路，在全国范围内首次实现市域全覆盖的空间量化火灾风险评估，按照"全域覆盖、重点突出"的原则，将全市现状城乡建设用地空间数据作为数据底版，对火灾风险源、人口、用地、建筑、交通、市政、消防设施等风险因子和御灾因子，采用邻域分析、空间叠加分析等多种技术手段，对全市消防安全状况的相对关系进行空间化、定量化评价，直观呈现全市消防安全的敏感地区和薄弱地区。

构建城市防御空间体系，将灾害防御措施落实空间整合，最大限度减轻灾害损失。通过空间层面的基层整合，围绕城市防御格局构建了防灾分区的空间体系，搭建分级防控体系，强化风险控制，统筹设施布局。防灾分区作为组织城市防灾空间布局的基本单元：一是预留有防灾避难及防疫隔离空间，联通疏散次干道与救援骨干网络，保障居民的安全避难及安全疏散。二是防灾分区之间通过天然地形、水系、较宽的道路分割，能够避免火灾、地震等灾害延绵，降低灾害风险。三是防灾生活圈配置有固定避难场所、消防队站、基层医疗设施等防灾设施，具备应对灾害的应急预案与对策，是实现应急管理网络化的重要空间基础。

强化设施的兼容复合利用，以平灾结合推动韧性能力提升。从时间维度预留临时功能转换条件，强调设施的兼容性利用，鼓励体育设施与其他公共服务设施共建共享，向社会开放，全市建成21处大型体育设施，为平灾结合预留了可能性。新冠肺炎疫情期间，北京市利用新国展W4、E4馆设置集中隔离点，大容积的公共建筑成为疫情隔离场所，平灾功能转化为疫情防控提供了充足的空间支撑。推动各类设施兼容建设，结合消防队站的优化提升，利用原有训练场地及停车场地补充急救车辆停放空间，促进"119"与"120"联动机制，在高效应急救援的同时提供及时医疗服务，降低灾害损失。

第二节　不断改善交通出行环境，建设宜居城市交通体系

一、不断探索适合超大城市交通发展的综合立体交通体系

（一）交通机动化发展

新中国成立后至改革开放前夕的近30年间，北京的城市交通由步行和自行车交通主导转向机动化发展，"宽马路、大街区"理念影响至今。新中国成立之初，北京交通设施的基础较为薄弱，以道路交通为主，路面铺装较少，绝大部分是土路，"无风三尺土，有雨一街泥"是当时的真实写照。在中央领导和苏联专家的支持下，北京充分考虑未来城市发展需求，反复论证，并吸收社会意见，结合城市布局，规划前瞻性提出紧密组织市内交通与对外交通，使城市的各部分能直接联系而又避免把最大的交通量都引到市中心来的规划理念，提出由主干路、次干路和支路组成的"环路+放射"的道路网方案，为城市交通系统建设与发展奠定重要基础。当时城市建设区域集中在二

图 5-3　西单路口自行车流示意图（1976 年老照片）

环路及周边区域，较远端出行距离8～10公里，比较适合步行和自行车出行（见图5-3）；加上当时的机动化水平较低，相当长时期内城市交通以步行和自行车为主。例如至1983年，长安街等主要道路机动车单向高峰小时最大流量不足1000辆，不足当前的15%；而非机动车单向高峰小时最大流量接近9000辆。由于机动化水平较低，交通拥堵问题尚未出现，城市道路除了长安街、二环路、朝阳路等道路红线在20米以上，其余绝大部分道路红线宽度在20米以下，其中6～11米的道路所占比重较大，以胡同为主。

（二）从机动化到公交优先

自改革开放至党的十八大期间的30余年间，北京的城市交通由机动化发展走向公共交通优先发展，交通与城市协同发展。改革开放后，城市化迅速发展，为了解决中心城区功能集中而出现的社会问题，北京提出了市区"分散集团式"布局，形成中心区、边缘集团、卫星城、镇的城镇空间结构。城市空间尺度的不断拓展，致使出行距离大幅增加，超过了适宜步行和自行车出行的距离，客观上促进了出行方式向机动化的转移，而改革开放后经济的发展和居民生活质量的提高进一步刺激了机动化需求。至1990年前后，全市机动车保有量约是1980年的4倍，10年间平均每年递增约14.5%，已达到38.4万辆。市区路网平均负荷度高达0.96，比1987年同期增加了近20%。一些主要道路在高峰时段出现了严重的交通拥堵和阻塞现象。

这一时期虽出现交通拥堵，但机动车千人拥有量仅约为35辆。根据国际经验，机动车千人拥有量在50辆以内的发展水平基本为机动车起步发展阶段。对此，北京采取了加快道路基础设施建设的策略来应对城市化和机动化发展需求。一方面，进一步优化了道路网结构，增加道路网密度，优化和完善重点区域和节点的衔接关系，并加快城市道路基础设施建设的进度；另一方面，为适应城市长距离出行需求，与国际城市接轨，率先开展了快速路网的规划和建设实践。在规划布局上，采取与城市空间结构相适应的"环路＋放射线"布局模式；在布局方法上，创造了北京特色的"梯度递减、均衡分布"理论，放射线与环路衔接的数量由五环路向二环路逐渐梯度递减，并保证每个方向都有与各环路衔接的快速路，兼顾快速联系与旧城保护的需求；在建设模式上，结合道路建设条件与城市风貌保护需求，在实践中总结出了"主路+辅路"的快速路建设模式，主路以快速功能为主适应长距离大量的快速出行需求，辅路以服务于沿线建成区的交通出行为主；在规划实践上，北京市于1992年完成了二环路的快速化改造，建成了全国第一条城市快速路，开创了国内快速路建设的先河（见图5-4）。

图5-4　西二环（1993年老照片）

在二环快速路建设以前的早期规划过程中，为了保障快速路节点的安全和快速通过需求，北京前瞻性预留了快速路相交节点的立交条件，并于1974年10月建成了北京第一座特色立交桥——复兴门桥（见图5-5）。复兴门桥是城区最早建成的首蓿叶形互通式立交桥，它的建成标志着我国城市公路桥梁设计建造及交通管理方面跃上了一个新台阶。至1994年，北京的立交桥已达到120多座，有的气势磅礴、富有节奏，有的线条流畅、新颖美观，有的庄重朴素、简洁清晰，有的秀丽挺拔、对称均衡，成为北京一道道亮丽的城市风景线。

图 5-5　复兴门桥

　　城市道路基础设施的建设进一步刺激了机动化的增长，交通供需矛盾加剧。2001年12月，一场大雪引发了"世纪大堵车"，北京地面交通大面积瘫痪，整个城区的大街小巷变成了阡陌相连的"停车场"。这也引发了社会对北京未来交通发展的思考。2004年，北京城市总体规划在国内较早提出了以公共交通为主导的高标准现代化综合交通体系的发展目标，坚持以人为本，建设可持续的交通发展体系，城市交通逐步由机动化交通基础设施供给走向公共交通优先发展，公共交通优先发展逐步由发展理念走向实际行动。

　　随后，北京进行了一系列公共交通优先发展的实践探索。2006年，北京市明确提出了优先发展公共交通的"两定四优先"政策，即确定发展公共交通在城市可持续发展中的重要战略地位，确定公共交通的社会公益性定位，给予公共交通设施用地优先、投资安排优先、路权分配优先、财税扶持优先等政策，为公共交通优先发展提供了方向指引和政策支持。在轨道交通方面，全力保障和推进轨道交通系统建设。2002年至2008年，北京市投入638亿元用于地铁建设，其间建成轨道交通运营线路6条，轨道交通线路数量达到8条，运营里程达到200公里。在地面公共交通方面，2005年建成的快速公交1号线（见图5-6），也是国内第一条高标准快速公交线路，是我国公共交通发展史上一座新的里程碑；2007年开始实行公交票价的优惠政策，实行成人持卡四折、学生二折的低票价优惠政策，大幅降低了出行费用，提高了公交吸引力。这些行动是公共交通优先理念的生动实践。

图5-6　快速公交1号线

（三）立体综合交通网络

党的十八大以来，城市交通走向区域化、立体化、智慧化、人性化，努力构建交通强国适应国家战略需求。建设交通强国，是中央作出的重大战略决策，是建设社会主义现代化强国的先行领域和战略支撑。建设交通强国，现代化立体综合交通体系是基础。作为首都，北京是全国各城市的风向标。北京正以人民满意为目标，着力构建服务大局、服务人民、集约绿色、智慧创新、安全第一、衔接高效、互联互通的立体综合交通网络。

立足京津冀，辐射全中国，链接全球网，北京已踏上征程。"轨道上的京津冀"是破解"大城市病"、实现首都北京世界级城市群的基本支撑。在党中央的关怀和支持下，北京以"五大发展理念"为引领，加快推进京沈客专、京港台高铁、京张城际、京雄城际、城际铁路联络线、城市轨道等多层次轨道交通系统，以开放共享的思想，以创新思维、创新理念统领京津冀城市群协同发展，辐射带动与全国的联通和活力水平。链接全球网，北京大兴国际机场是提高航空服务能力、打造国际航空枢纽的重大举措，也是通过航空交通网络链接全球价值链网络的重要抓手。

立足新技术，由跟跑、并跑到领跑，北京交通发展不断创造奇迹，引领交通强国建设。2015年完成的三元桥整体换梁施工技术实现了"一日之内旧桥变新桥"，将千吨级的桥梁整体安全快速更换，这是存量发展时代降低桥梁修缮对城市生产生活影响的伟大发明，也是桥梁建设历史上的重大创举。国内首条智能网联汽车潮汐试验道路亦庄开发区荣华中路、亦庄首个T5级自动驾驶封闭测试场、海淀北部100平方公里智慧网联测试基地、首个开放式的智能网联汽车小镇顺义北小营等一批智慧交通示范基地，是无人驾驶、5G、信息等创新技术在综合交通领域从实验室走向实践应用的率先实践，为大城市交通病的破解提供了方向指引，也为相关产业的创新发展寻求新的经济增长点带来契机，不仅引领了国内智慧交通的发展方向，也在全球智慧交通领域走在前列。

立足人本位，北京人性化交通建设不断奏响新的乐章（见图5-7）。在新时期，北京城市交通的发展更加关注人性化高品质发展，将交通为人服务的本质贯穿于发展理念、规划统筹、精细化设计、协同建设和高品质运营等全过程、全要素、各环节，力争创造宜居宜业的和谐品质交通。在发展思路上，坚持绿色发展理念，与国际城市接轨，提出未来绿色交通分担比例不小于80%的发展目标，交通体系的构建以实现绿色交通的发展而稳步推进。近年来在轨道交通建设过程中，由市规划自然资源委牵头，规划、设计、建设施工等多部门参与，搭建北京轨道交通一体化"工作营"，践行以人民为中心的规划思想，加强轨道交通与沿线用地的协同发展和有序规划实施。在新区建设和老城更新改造过程中，改变单调的市政交通基础设施功能，突出人本街道本质，重塑新区活力街道，改造老城地区街道品质，形成

图5-7 平安大街人本街道重塑示意

有特色、有温度、有活力、有情感的亮丽街道。

二、保障需求与引导城市发展，博弈中实现轨道交通理性发展

不断加强轨道交通建设，是北京城市规划建设创新的一个重要方面。早在20世纪50年代至60年代，北京市就规划建设了新中国第一条地下轨道交通线路。其后，历经80年代至90年代的多年探索发展，新世纪初期在筹办2008年奥运会的背景下，北京市持续加大了规划建设轨道交通线网的力度，但总体上仍以保障需求为主、层级单一，轨道交通引导城市发展的作用和地位不突出。党的十八大以来，轨道交通引导城市发展，轨道交通与城市发展协同，城际铁路、区域快线（市郊铁路）、快速轨道、地铁、中低运量等多层级轨道交通融合发展。从发展历程来看，北京市轨道交通建设经历了初步发展、探索发展、加速发展、多网融合几个发展阶段。

（一）初步发展阶段

1956年至1984年，是北京轨道交通建设的初步发展阶段。这一

阶段攻坚克难，北京建成新中国第一条"地下铁"，在以下方面推进创新和取得成效：

第一，集众志，聚众力，汇众智。为了给城市居民提供最便利、最经济的交通工具，适应未来发展和国际化需要，北京市早在新中国成立初期就开始筹划地下铁道的规划和建设，提出"及早筹划地下铁道建设"的前瞻性规划设想。但在当时的条件下，我国尚无地下轨道建设的先例和实践经验。中央给予北京市大力支持，成立了由中央军委领导任组长的领导小组，协调铁道部、地质部、城市建设部等中央部门支援技术骨干，支持苏联地下铁道专家研讨北京轨道远景规划方案和首条地下轨道的线路选择、埋设深度、隧道结构等技术问题，为地下铁道的建设提供了方向指引和技术指导。在毛泽东主席、周恩来总理等多位中央领导的支持下，北京市精心规划、精心设计、精心施工，于1953年提出地下铁道建设筹划方案，1956年筹建地下铁道，1965年开工建设，1969年建成通车，1971年试运营，1981年正式运营，线路从北京站至古城站，后延长至苹果园站，全长23.6公里。这是新中国建成的第一条地下轨道交通线路（见图5-8）。

图 5-8　国内首条地下轨道交通线路——北京地铁1号线

第二，敢担当，勇创新，重实践。北京攻克了首条地铁规划建设中的各种难题。1965年，毛泽东主席对北京地铁近期规划方案做了批示："在建设过程中，一定会有不少错误失败，随时注意改正。"这一批示强调了理论联系实际、实践再检验反馈的科学建设路径。关于近远期建设的问题，1972年初，在地铁1号线二期建设过程中，由于尚未形成各部门认可并经批准的轨道交通远期发展方案，给近期线路和远期线网关系的处理、地铁设计和施工等带来了挑战。北京市规划局和相关设计单位反复商讨、调查和论证，明确了远期的线网规划方案，以及枢纽的换乘设计要求，框定了1号线二期工程的建设条件。关于地铁埋设深度的问题，存在深埋和浅埋两种认知之间的激烈争论。为解决这一难题，北京采取了试验的方法，选取1号线一期工程的公主坟至军事博物馆站一段，进行埋深试验，对深埋、浅埋的优点、缺点进行了深入分析研究，并通过经济技术分析论证确定了采用浅埋的方法。这些难题的解决是敢于担当、勇于创新、重视实践的结果。

（二）探索发展阶段

1985年至1999年，北京轨道交通建设步入探索发展阶段，通过不断探索和创新，提升了轨道交通的规划和建设水平。

第一，明确机制、统筹规划、重视服务，轨道交通的城市服务功能不断提升。尊重历史，承认现状，面向未来。在建设实践基础上，北京市轨道交通的规划建设经历了系列改革。在规划编制方面，1983年《北京城市建设总体规划方案》提出了《北京市区地下铁道规划说明》，明确地下铁道线路网规划方案，首次作为北京城市总体规划的专业规划之一上报党中央、国务院。90年代以来，在机制体制方面，明确了由市规划院牵头组织和综合、城建设计院和地铁公司参加的轨道交通规划工作机制，强化规划的地位和作用。在规划内容方面，强化地下铁道与市郊铁路、轻轨交通的整体性安排和统筹布局；重视公共客运交通枢纽的作用，把地下铁道站、换乘站与地面公共汽电车枢纽站或铁路客运站合理连接、统一规划，指导铁路、地铁、公共汽车换乘枢纽结合的北京西站，以及地铁、轻轨、公共汽车换乘的八王坟枢纽站建设。

第二，创新技术、丰富方法，轨道交通建设施工技术逐渐成熟。轨道交通的建设技术和运营技术取得显著突破。在轨道交通建设技术方面，虽然北京地铁1号线一期、二期工程施工采用的明挖法具有施工工艺简单、节约成本的优点，但也带来了对城市交通影响大、土方和灰尘等对城市环境影响大等负面效应。为改善这一状况，北京于1986年在复兴门折返线工程中创造了"管棚法"，首次将"浅埋暗挖法"应用于城市轨道交通建设，为地下轨道的暗挖法施工开辟了新纪元，研究出盖挖法、插刀盾构法、冷冻法等多类型的暗挖方法，支持了该时期复八线等地铁线路的建设。在轨道交通场站资源的综合利用方面，在复八线车辆段建设过程中，北京市进行了车辆段上部开发的率先实践，在车辆段上方设计一大平台。平台下方建设双层框架结构，用于停车、交通及车辆段用房；平台上方用于建设住宅。这在我国是首次建设，在国际上也无先例（见图5-9）。

图5-9　复八线车辆段上部开发示意（四惠）

（三）加速发展阶段

2000年至党的十八大前，北京轨道交通建设加速发展，为保障出行需求，全面加快了轨道交通系统建设，推进各项创新。

第一，网络化特征显著，以适应城市空间拓展和交通需求为主。为破解城市向心集中带来的各种问题，北京采取了"分散集团式"的布局，在中心大团周边规划建设了十大边缘集团。到90年代末期，轨道交通建设速度依然相对滞后，部分边缘集团与中心城区的交通联系出现了严重的交通拥堵。为此，1999年12月，北京启动了连接市区北部清河、北苑、望京三个边缘集团的城市铁路（地铁13号线）工程。该工程于2003年全线建成通车，是一条典型的TOD线路。2003年12月，八通线（四惠东—土桥）建成通车。八通线是实施城市总体规划确定的城市建设向广大郊区转移方针，通往郊区卫星城的第一条轨道交通线路。2007年，北京市提出轨道交通建设"保四争六"目标，全市有7条轨道交通线路在建，建设里程约为181公里。2008年奥运会开幕前，地铁10号线一期（含奥运支线）和机场线投入运营。至此，北京建成8条地铁线路，运营里程198公里，全日运送客流量约350万人（见图5-10）。

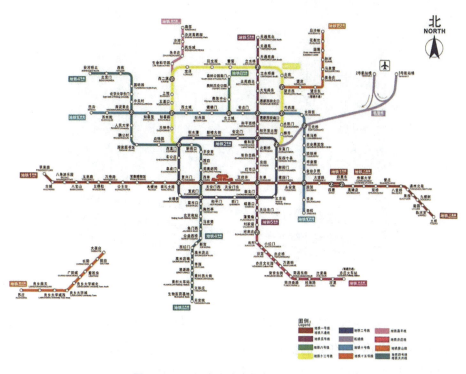

图5-10　2010年北京市轨道交通运营线网

　　第二，铁路快速化改造，与城市轨道联通，便捷了城市群的轨道交通联系。为实施京津经济一体化战略，推动京津走廊的一体化发展，自2003年起，铁道部与北京市、天津市初步商定，推进京津城际铁路建设事宜，并纳入2004年国务院通过的《中长期铁路网规划》。京津城际铁路于2005年动工，2008年正式开通运营，全长120公里，起点为北京南站，终点为天津站，时速350公里，是我国第一条真正意义上的高速铁路，将京津的出行时间缩短至30分钟（见图5-11）。京津城际铁路的两端均有城市轨道交通相连，便捷了城市群间的联系。伴随京津城际铁路的建设，北京南站于2006年进行了改造升级，成为我国首座高标准现代化的大型综合交通枢纽，也是我国首座高铁车站。

图 5-11　京津城际铁路（我国第一条高铁）

第三，关注地铁安全和信息化建设，创建平安、智慧地铁。为做好2008年奥运会的交通保障，保障乘客的生命、财产安全，北京市经反复研究、论证，并经国务院批准，在国内运营地铁的城市中首次给地铁线路加装安检设备，保障了奥运会期间乘客的安全出行。北京地铁安检实施8个多月，共查处3.7万余件违禁品，为奥运会后地铁安检的持续运行提供了数据基础，也为2008年后国内各城市地铁安检系统的常态化建设和运营提供了借鉴和参照。此外，地铁成网运营后，信息化建设是最大化轨道交通运营效率的核心支撑。北京着眼于前瞻性视角、系统性思维，于2005年在国内首先提出轨道交通线网信息化平台建设。这一平台于2008年随着北京小营一期控制中心建设而建成，成为全国轨道交通线网平台建设的标杆。

（四）多网融合阶段

党的十八大以来，轨道交通建设进入多网融合发展阶段。北京市通过轨道交通规划建设创新，引导城市发展走可持续发展之路。

第一，"轨道上的京津冀"呼声强烈，区域协同发展进入新阶段。落实全球化战略，融入京津冀区域协同发展，北京轨道交通规划建设的区域化、多层次结构、"多网融合"、"站城融合"特征显著。主要创新点及成效为：（1）"轨道上的京津冀"不断增速提质。依托国家高速铁路网、城际铁路网形成面向京津冀、辐射全中国的高时效性、高可靠性交通网络。环京半小时、一小时交通圈、城镇群、同城生活带逐步形成，支撑京津、京保石、京唐秦、京雄等沿线城镇联动形成协同发展新格局。（2）市郊铁路迎来发展的春天，轨道交通层次不断完善。坚持资源集约节约利用原则，充分利用既有铁路资源，并依必要性新建、改扩建局部路段和车站，盘活铁路资源，推动市郊铁路发展。初步形成由市郊铁路S2线、副中心线、怀密线、通密线等组成的市郊铁路网络，与地铁线路便捷换乘，联动怀柔科学城、城市副中心、房山高教园等城市功能区与中心城区协同发展，拉开了城市框架，这也是有序疏解非首都功能的交通支撑（见图5-12）。（3）"多网融合"取得新突破。锚固枢纽，打造由高铁网、城际网、区域快线网（含市郊铁路）、地铁网、公交网组成的"五网"融合城市公共交通网络，形成内外交通衔接顺畅的广覆盖、高可达、高时效交通网络。依托城市副中心站，形成辐射东部、两大机场、三城一区的多层次轨道交通网络；依托大兴国际机

图 5-12　北京市郊铁路运营线路图

场，形成辐射京津冀的城际铁路、区域快线、城市轨道交通系统。
（4）规划引领"站城融合"，迎来新局面。落实"城市跟着轨道走"
的发展理念，针对各层级交通枢纽、车站节点的功能和特点，坚持
规划转型、差异化施策，由交通节点走向城市活力地区。聚焦北京
西站、丰台站、北京南站等综合性交通枢纽，"缝合"、联动城市功
能，促进站城进一步融合，形成以枢纽为纽带的城市活力中心。聚
焦城市副中心站等城市更新地区，坚持"一脉通城、四方承运"的
理念，统筹京唐城际铁路、城际铁路联络线、区域快线平谷线和地
铁M101线的车站功能和布局，以及接驳场站设施、枢纽配套服务、
公共服务空间、市政配套设施等的设置，采取车站与周边用地深度
一体化的开发模式，实现交通功能与商务办公、综合服务功能等的
高效耦合，围绕枢纽打造交通中心、就业中心、公共服务中心，形
成城市活力中心，引领国内站城一体化开发建设先行示范的新局面

（见图5-13）。

图 5-13　北京城市副中心站效果图

　　聚焦城市轨道站点，坚持以公共交通为导向的开发模式（TOD），打造"微中心"，营造令人向往的轨道交通生活方式，引导城市精明增长。北京率先启动第一批71个轨道微中心的规划建设，涉及14个区、28条线路；创新提出用地混合度、路网密度、容积率上浮等指标性管控要求，着力促进轨道和城市融合发展，提升站点周边的城市活力，创造具有足够吸引力的城市空间，培育引领高效、低碳、便捷的城市生活方式（见图5-14）。

　　第二，复杂条件下机械化、精细化施工技术取得重大突破。目前北京城市发展正由增量进入存量发展阶段，城市集中建设区多为建成区，规划新增轨道交通的建设难度、复杂程度大大增加。在建设工程中，建设单位排除万难，攻坚克难，进行了复杂条件下的精准施工建设。例如地铁14号线东段从朝阳公园到东风北桥，需要穿越四环内水域面积最大的朝阳公园湖，北京市首次实现了长距离不截流穿湖，既实现了节水环保要求，也降低了施工对公众游园的影响。此外，为进一步优化轨道交通线网，提高运营服务水平，北京市正在进行已运

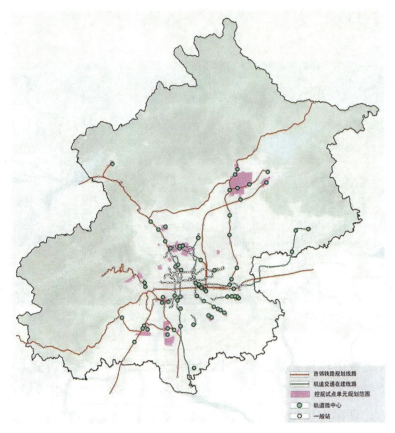

图 5-14　北京市轨道微中心（第一批）分布图

营地铁线路 M13 号线的拆分、八通线的南延等规划建设工作，将为既有轨道交通线路的改造和提升提供经验。

第三，引领轨道交通未来发展，无人驾驶线路成功运营。轨道交通已成为各大城市市民出行的主要交通方式，为进一步推动地铁服务升级，提升效率与安全，引领轨道交通未来发展，北京市在房山区建设了全国首条无人驾驶地铁线路燕房线。这是我国首条自主研发的全自动运行轨道线路（见图 5-15）。它按照目前世界列车运行自动化的最高级别建设，不仅有条件尝试"无人驾驶"，甚至取消了驾驶舱，整个线路的运营、维护都实现了智能化，为其他城市轨道交通的无人驾驶线路建设提供了经验借鉴。

图 5-15　国内首条轨道交通无人驾驶线路

三、回归人本服务，营造活力交通

适应城镇化发展需求，包括北京在内的国内城市，经历了快速机动化的进程，给人们生活带来了极大的便利，但也带来了"城市病""交通病"。反思机动化和城镇化的发展历程，城市交通应始终坚持"以人为本"的理念，把人的需求放在首位，兼顾行人、骑行人员、乘客、驾驶员等不同参与者的出行需求，赋予城市和街道友好、活力和温柔。近年来，北京开展了步行和自行车环境提升、停车治理、精细化交通、平安交通、智慧交通等探索和实践，落实交通为人服务的本质，营造活力、安全、智慧交通。

（一）建设步行和自行车友好城市，重塑街区活力

近年来，北京将慢行系统规划建设放在城市交通的首要位置，慢行系统的改善取得了显著成效。在规划理念上，以健康街道理念为引领，强调需求响应、全龄友好，满足不同人群通行活动需求；在交通治理上，动静结合，因地制宜，改善慢行与管控机动车相结合，打造活力街区和安宁街区；在路权分配上，分配更多空间给予步行和自行

车使用，营造健步悦骑、活力交往的宜人公共空间场所。

其一，在国内较早开展自行车和步行交通规划编制工作，规划引领步行和自行车交通发展。为加快推动北京市交通发展模式的转变，促进城市交通领域节能减排，建设宜居城市，2015年北京市开展了《北京市自行车和步行交通规划》编制工作，形成了一幅蓝图、一张路网、一本指引、一套制度和一揽子计划。这是北京市自行车和步行发展的行动纲领。

其二，在国内首发关于步行和自行车环境提升的地方标准——《步行和自行车交通环境规划设计标准》。为倡导绿色出行，建设步行和自行车友好城市，为步行和自行车创造安全良好的交通环境，协调相关行业标准，2020年北京市发布了地方标准《步行和自行车交通环境规划设计标准》。该标准落实"以人为本""绿色发展"的理念和步行、自行车优先政策，以建设安全、便捷、舒适的步行和自行车交通环境为目标，以解决问题为导向，助力北京国际一流和谐宜居之都建设。标准突出交通环境设计的安全性，强调创造宜人的交通环境，提升绿色出行品质。同时，要求合理布置各项设施，实现道路高效综合利用。此外，提高无障碍要求，关怀交通弱势群体的出行条件，强化慢行交通设施规划建设和完善，引导文明出行（图5-16）。

图 5-16 完整林荫道示意图

其三，建设回龙观至上地自行车专用路，树立绿色出行的标杆示范。2019年回龙观至上地自行车专用路建成开通后，其骑行更快速、更连续、更安全、更舒适的优越性吸引了大众的目光。它不仅直面了回龙观至上地地区出行难、品质差的现实挑战，解决了两地连接不畅的难点，也以自行车交通基础设施供给侧改革为抓手，回应市民对出行改善的诉求，达成"绿色先行、自行车复兴"的有效实践，更是全面落实新版城市总体规划建设"步行和自行车友好城市"战略，以专用路的建设为北京树立绿色出行的典范，推动全市自行车交通系统规划建设的有益尝试。经历9个月的施工，自行车专用路于2019年5月基本完工，并于5月31日正式投入运营。自2019年5月31日至6月30日，自行车专用路总骑行量超过29万辆，日均骑行量约为9300辆。经过开通初期的尝鲜期，目前自行车专用路的日骑行量已趋于稳定，每日骑行量为7000～8000辆（见图5-17）。

图 5-17　回龙观至上地自行车专用路示意图

　　其四，加强街道治理，提升街道活力。以地安门外大街为例：地安门外大街位于北京平安大街以北，北二环路以南，是北京传统中轴线的最北段。以往地安门外大街存在"日交通量大，高峰时段拥堵严重""机动车和非机动车之间干扰大""步行环境差，行人路权无保障""乱停车现象严重"等问题。2012年，北京启动了地安门外大街的改造工作，按照优先发展公共交通、鼓励步行及自行车交通、适度限制小汽车交通的总体发展战略，打破了道路红线的限制，两侧建筑与道路改造协同实施（见图5-18）。道路路权向步行和自行车倾斜，降低机动车道路权和标准，逐步取消了路侧停车空间，分段差异化和精细化设计。通过改造，有效保障了步行和非机动车路权，激活了街道空间的活力。

图 5-18 地安门外大街改造效果图

（二）以静制动，加强停车治理调控

停车供需不平衡，停车占用道路空间，是长期困扰北京的重大交通问题之一。历史文化街区土地稀缺、空间局促、用地复杂，停车设施供给有限，更是停车问题的重灾区。停车占用胡同公共空间、消防通道和通行空间，破坏古都风貌，影响交通通行，威胁生命安全。以往的停车规划对居住停车需求识别不清，从车位供给的角度一味满足需求，与慢行系统建设、拥车用车调控、社区管理结合不紧密。针对以往停车规划面临的困境，近年来提出创新思路和方法，并在南锣鼓巷、王府井等地区展开了实践探索，取得良好成效。

其一，打造不停车的胡同，还原城市肌理。以南锣鼓巷地区停车综合治理为例：统筹考虑南锣鼓巷地区历史文化、土地资源、居民需求等诸多因素，以交通环境品质的提升为抓手，以风貌保护和宜居生活的有机统一为目标，探索了一条历史文化街区停车减量规划的现实路径。南锣鼓巷地区强调统筹停车资源，近中期以胡同停车秩序的整顿为目标，减量化施划胡同停车位，以停车空间置换方式，将胡同内停车转移到公共停车场、企事业单位共享停车位，逐步减少胡同内停车位。远期随着历史文化街区功能优化、人口调控，基本实现胡同内不停车。在保障居民合理停车需求的基础上，南锣鼓巷地区通过科学的停车规划和治理，实现了5条胡同不停车，显著改善了胡同整体环境，打造了精品安宁街区（见图5-19）。

图 5-19　南锣鼓巷历史文化街区停车治理效果（雨儿胡同）

其二，大力推动停车共享，满足停车需求的同时净化街区环境。以王府井地区为例：该地区对空置的经营性车位和居民停车供给缺口进行统筹，通过停车资源共享解决居民停车问题。在白天，通过加强执法力度，引导出行车辆进入正规停车场停放，做到停车入位，停车收费。在夜间，开放经营性配建停车场，共享给周边居民夜间停放。基于就近共享的原则，划定4个停车共享分区，以价格为调节抓手，通过共享资源逐层转移的方式，尽量满足居民停车需求。王府井地区与商户协商挖潜630个停车位，用于满足本地居民的停车共享需求。最终，居民停车需求缺口全部通过共享停车解决，15条胡同实现禁停，王府井地区成为全市首个地面不停车街区。此外，充分发挥社区力量，成立胡同自管会，大力推行居民停车自治，对占道乱停现象进行长期监督管理，不断推进停车规范化治理，大大美化了胡同环境。

（三）精细化交通，强调人本服务

正如习近平总书记所说"城市管理应该像绣花一样精细"，城市交通也应下"绣花"功夫。北京的城市交通正在由粗放型发展模式向精细化发展模式转型。

以北京城市副中心站综合交通枢纽为例：北京市遵循"多路来，多路解"的规划理念，坚持从"车本位"转向"人本位"，从交通设施布局、交通组织方案到交通管理和引导策略，都遵循着人本优先的原则，在全方位提升绿色出行方式服务水平的同时，降低小汽车出行的竞争力和吸引力。以步行系统为基本骨架，以多层次步行空间连接交通空间与城市空间，将交通换乘、休憩逗留、商业娱乐等多种功能叠加，单一目的性的"人流"转化为多重目的性的"人留"，展现城市与人交融的真正魅力。

2015年，实施完成了京津冀一卡通互联第一阶段工作任务，北京139条地面公交线路实现京津冀交通一卡通互联互通试点。2016年，北京组织实施了第二阶段任务，对剩余地面公交线路一卡通系统车载终端进行升级改造，实现北京市区地面公交全部线路支持互通卡刷卡乘车。随着联通城市、用卡人数的持续增长，一卡畅行京津冀已经梦想成真。

2020年，北京市轨道交通迎来新版安检标准，确保了铁路与轨道交通安检互认车站的禁止携带物品相统一，实现了北京西站、清河站地铁、火车站安检互认。安检互认后，乘客一次安检便可以享受出行的畅通无阻，节省了排队等待的时间，提高了出行效率，增加了出行的满意感和幸福感。车站方面也减少了人流拥挤带来的安全隐患，提升了服务效率，减少了人力、财力、物力的无谓浪费。

（四）安全为本，建设和谐平安交通

交通安全是交通出行的头等大事。北京将平安出行写入新版城市总体规划，作为交通发展的方向指引。坚持城市交通共建、共治、共享，加强宣传、教育和培训，加强交通管理设施建设，完善交通安全设施，优化交通发展软环境。加强公交、轨道交通、交通枢纽安全防控，确保轨道交通安全设施随线路运营同步启用。

2020年，突如其来的新冠肺炎疫情给交通安全和公共健康带来了新的挑战。随着复工复产的有序推进，交通客流的逐步回升，轨道交通的聚集性人流隐藏着巨大的安全卫生隐患。2020年3月6日，北京率先实行地铁预约进站模式，并在地铁5号线天通苑站、昌平线沙河站两座车站组织开展先行试点（见图5-20）。早高峰实行地铁预约进站，一方面有利于缓解进站人流聚集的问题，便于控制客流强度、保障公共安全；另一方面也为从常规限流车站进站的乘客有效节省排队等候时间。地铁预约进站模式在交通系统整体层面上推进了交通需求和交通资源的匹配和优化，在个体出行层面上提升了公众出行的安全性和便利性，为"后疫情时代"的公共安全持续保障提供了有利条件。

图 5-20 地铁沙河站预约进站

（五）智慧赋能，建设智慧交通体系

在新基建的潮流下，智慧交通已经成为置身其中的一项颇为亮眼的内容。北京通过不断探索，致力于构建智慧交通体系，倡导智慧出行，实现交通建设、运行、服务、管理全链条信息化和智慧化。

2020年，北京启动了"MaaS^①出行绿动全城"行动，基于北京交通绿色出行一体化服务平台（MaaS平台）推出绿色出行碳普惠激励措施，为国内首次以碳普惠方式鼓励市民全方式参与绿色出行。市民采用公交、地铁、自行车、步行等绿色出行方式出行时，应用高德地图、百度地图App进行路径规划及导航，出行结束后即可获得对应的碳能量，可转化为多样化奖励，反馈实践绿色出行的社会公众。"MaaS出行绿动全城"行动打造了一种全方式、高精度、市场化的绿色出行激励新模式，在全国范围内首次实现了覆盖公交、地铁、自行车、步行全绿色出行方式的低碳出行碳普惠模式。绿色出行碳普惠激励措施建立了绿色出行社会效益和公众意愿的有效传导机制，具有全国推广的引领示范意义。

自动驾驶作为新基建在交通领域的重要内容，已在北京逐步落地。北京的自动驾驶应用示范不是为了技术本身的创新和试验，而是以人的生活质量为先，注重的是用技术手段解决真正的问题，来治理"大城市病"，给人们提供更美好的生活环境。海淀区北清路沿线将建设100平方公里的自动驾驶创新示范区。2020年6月，中关村科学城自动驾驶示范区内5个区域的52条道路已实现开放测试，测试道路总里程达215.3公里，无人清扫车、无人配送车、自动驾驶车等智能网联汽车已陆续开始测试及运营。未来将构建测试、示范、可持续运营、产业一体化示范区，打造完备的测试能力，建设特色鲜明的封闭测试环境，提升交通管理效率和公众出行体验，推进智慧交通和智慧城市建设。

---

① MaaS意为"出行即服务"，主要是通过电子交互界面获取和管理交通相关服务，以满足消费者的出行需求。

第三节 不断提升市政、信息基础设施运行保障能力

一、"以人为本"的市政基础设施建设

为建设国际一流的和谐宜居之都,提升人民群众获得感,深化落实城市总体规划,市政基础设施系统规划建设坚持"以人民为中心"的思想,不断转变观念理念,满足经济社会发展需要,为城市长远发展提供基础性、系统性的支撑和保障,促进城市管理水平和管理机制的提升,为不断增强首都政治中心、文化中心、国际交往中心、科技创新中心的"四个中心"功能提供强有力的保障。

(一)海绵城市建设助力水城共融

近年来,随着城市规模的不断扩大以及城市建设密度的不断提高,北京城市内涝积水、水体黑臭、地下水位下降等问题日益凸显。以快速排除、末端治理为代表的传统理念对应的灰色基础设施(管道、泵站、污水处理厂等)已无法有效应对上述问题。

自20世纪90年代以来,全球城市的水问题解决方案逐步转向生态、系统和可持续。美国提出低影响开发(LID),英国提出可持续排水系统(SUDS),澳大利亚提出水敏感性城市设计(WSUD),新加坡提出活力—美丽—清洁水计划(ABC)。相应地,近年来我国提出了海绵城市的理念,其核心是通过加强城市规划建设管理,充分发挥建筑、道路、绿地、水系等生态系统对雨水的吸纳、蓄渗和缓释作用,有效控制雨水径流,实现自然积存、自然渗透、自然净化的城市发展方式。随着对系统化建设重要性认识的不断增强,以及城市发展多方面引领需求的不断增加,完整的海绵城市概念范围在不断扩充:从早期的海绵城市主要以雨水源头控制、低影响开发理念为主,进一步扩展为涵盖源头—过程—末端全过程、灰绿结合多措施的雨水综合管理

理念，到目前已逐步发展为包括水安全、水环境、水生态、水资源等各类涉水专业的系统性综合性建设理念。

作为我国最早开展城市雨水利用研究与应用的城市，2015年之前，北京的海绵城市建设主要以雨水控制与利用的形式开展，主要包括3个阶段：

——科学研究阶段（1989年—2000年）。20世纪90年代初，北京开展了国家自然基金项目"北京市水资源开发利用的关键问题之一——雨洪利用研究"，第一次提出了城市雨洪利用的概念。2000年，北京市开展了重大科技专项"北京城市雨洪控制与利用技术研究与示范"的研究，并建设了全国第一批城市雨洪控制与利用示范工程。

——试验示范阶段（2000年—2012年）。在科学研究与示范的基础上，开始转入技术集成与示范。2006年，建设了10处雨洪利用工程，总控制面积15443平方米，年均利用雨水300万立方米，包括建筑小区、公园绿地、河道、砂石坑、道路等多种类型，并将雨水入渗、收集、调控、排放等多项技术进行集成应用。2008年，奥林匹克公园及各奥运场馆均采取了雨洪利用措施，兑现了"绿色奥运、科技奥运、人文奥运"的承诺。2009年，北京将雨洪利用率纳入《北京市建设项目水土保持方案技术导则》，作为环评审批的前置条件。

——发展推广阶段（2012年—2015年）。2012年，全面推广雨洪利用相关技术。市规划委印发了《新建建设工程雨水控制与利用技术要点（暂行）》，明确提出建设项目雨水利用的规划设计要求。2013年，全面实施"水影响评价"制度，并作为建设项目审批前置条件，严格控制建设项目雨水排除与利用。2015年，国务院办公厅发布《关于推进海绵城市建设的指导意见》，北京市进入海绵城市全面建设阶段。2016年，北京市通州区入选第二批国家海绵城市建设试点。2017年，市政府办公厅印发了《关于推进海绵城市建设的实施意见》。2017年《北京城市总体规划（2016年—2035年）》提出："实施海绵城市建设分区管控策略，综合采取渗、滞、蓄、净、用、排等措施，加大降雨就地消纳和利用比重，降低城市内涝风险，改善城市综合生态环境。到2020年20%以上的城市建成区实现降雨的70%就地消纳和利用,到2035年扩大到80%以上的城市建成区。"

为充分发挥规划引领作用,结合新版城市总体规划编制工作,北京市积极探索并建立了"1+16 + N"的海绵城市规划体系,即"1"部《北京市海绵城市专项规划》,"16"个区级海绵城市专项规划,"N"个重点片区的海绵城市专项规划。海绵城市专项规划同步衔接排水防涝、市政、绿地等其他专项规划。规划成果得到了住建部专家的认可:"市区两级管控和基于流域系统的污染控制理念,对特大城市海绵城市规划建设具有示范意义。"

全市建立了市、区两级的海绵城市建设组织保障体系,形成了市、区两级良好的协调机制。结合本轮政府机构改革,率先成立了全国第一个省级部门的海绵城市工作处,作为市水务局的内设处室将长期、专职致力于推进全市海绵城市建设。朝阳区水务局成立了海绵科,海淀区水务局成立了海绵水保科,通州区设立海绵办,怀柔区在区排水管理中心加挂区海绵城市建设管理中心牌子,其他区水务局也明确了海绵城市工作的主管科室。同时,全市建立了海绵城市建设工作联席会议制度,统筹推进海绵城市建设,研究解决工作中的重点难点问题。联席会议由市政府副秘书长担任召集人,市水务局局长担任副召集人,由市发展改革委、市财政局、市规划自然资源委、市生态环境局、市住房城乡建设委、市城市管理委、市交通委、市水务局、市园林绿化局、市气象局、各区政府等29个部门和单位组成。联席会议下设办公室(市海绵办),办公室设在市水务局,主要负责在市政府和市海绵城市建设工作联席会议领导下,具体组织开展全市海绵城市建设管理工作,落实联席会议议定事项;依托相关行业、部门,组织编制海绵城市建设专项规划、年度计划,统计分析海绵城市建设成果,制定完善海绵城市建设相关技术规程规范;制定海绵城市建设相关投融资、运营维护支持政策;督促相关部门、区统筹推进海绵工程建设,协调解决工程建设过程中的相关问题。各区政府也建立了相应的海绵城市建设组织体系,负责推进辖区内海绵城市建设工作。通州、石景山、房山、平谷等4个区政府正式印发了区级推进海绵城市建设的实施意见。东城、朝阳、房山、通州、大兴、密云、顺义、平谷等8个区正式发文确立联席会议制度。

北京市在海绵城市建设方面很早就开展了法规制度与政策制定。2000年北京市政府66号令《北京市节约用水若干规定》中即有"低草坪，渗水地面，雨水收集利用设施"的建设要求。此后，随着理念提升、技术发展及城市建设水平提高，全市陆续推出了多项政策措施。2019年，为进一步将海绵城市建设理念作为城市建设工作的一部分，北京市河长制办公室将海绵城市建设考核指标细化，纳入各区河长制年度重点任务，督促各区政府抓好落实。

表5-2　北京市海绵城市建设主要政策措施一览表

序	文件名	文号	发布年份
1	《北京市水土保持条例》修订	北京市人大常委会公告（十五届）第15号	2019
2	《关于推进海绵城市建设的实施意见》	京政办发〔2017〕49号	2017
3	《北京市水土保持条例》	北京市人大常委会公告第12号	2015
4	《北京市节约用水办法》	北京市人民政府令第244号	2012
5	《建设项目节水设施方案审查办理指南（试行）》	京水务节〔2015〕10号	2015
6	《关于进一步加强节水集雨型绿地和林地建设的意见》	京绿规发〔2014〕2号	2014
7	《关于印发进一步加强城市雨洪控制与利用工作意见的通知》	京政办发〔2013〕48号	2013
8	《关于印发城市雨洪控制与利用工程建设实施方案的通知》	京水务计〔2013〕195号	2013

序	文件名	文号	发布年份
9	《关于落实进一步优化投资项目流程涉水行政审批事项试点指导方案》	京水务法〔2013〕71号	2013
10	《北京市建设项目水影响评价编报审批管理规定（试行）》	京水务法〔2013〕69号	2013
11	《北京市建设项目水影响评价报告编制指南（试行）》	京水务法〔2013〕70号	2013
12	《新建建设工程雨水控制与利用技术要点（暂行）》	市规发〔2012〕1316号	2012
13	《关于加强雨水利用工程规划管理有关事项的通知（试行）》	市规发〔2012〕791号	2012
14	《关于进一步加强雨水利用型城市绿地建设的通知》	京绿规发〔2012〕4号	2012
15	《关于加强建设工程用地内雨水资源利用的暂行规定》	市规发〔2003〕258号	2003

在标准规范方面，北京市在试验示范和推广阶段初期，重视"资源利用、化害为利"，发布了《城市雨水利用工程技术规程》《透水砖路面施工与验收规程》《透水混凝土路面技术规程》等3项地方标准。自2013年起，雨水管理的重点从水量管理扩展到水量水质双管，发布了《雨水控制与利用工程设计规范》《下凹桥区雨水调蓄设计规范》等5项相关设计规范。2015年，进入海绵城市全面建设阶段，针对以往标准规范中存在的问题及不足，采用修编新编结合的方式，逐步完善标准规范体系。在规划方面，北京市编制了《城市雨水系统规划设计暴雨径流计算标准》，在编《海绵城市规划编制与评估标准》已经进入报批流程。在设计方面，北京市编制了《集雨型绿地工程设计规范》，在编《河湖水系海绵城市建设技术规范》《海绵城市建设设计标准》《北京市公路工程海绵设施设计指南》。其中，《海绵城

市建设设计标准》《北京市公路工程海绵设施设计指南》已进入报批流程，正在修订《雨水控制与利用工程设计规范》。在施工验收方面，北京市发布标准图集2项，在编《雨水控制与利用工程施工及验收规范》《海绵化城市道路系统工程施工及质量验收规范》《海绵城市调蓄工程施工及验收规程》等4项，其中《雨水控制与利用工程施工及验收规范》已进入报批流程。在监测评估方面，北京市发布《海绵城市建设效果监测与评估规范》《城市雨水管渠流量监测规程》等2项。据统计，目前在施的海绵城市地方标准13项、标准图集2部，在编的地方标准8项，基本覆盖规划、设计、施工、监测、评价等环节。

在管控机制方面，北京市在市区两级规划体系的基础上，加强规划、水影响评价、验收三项管控，实现海绵城市建设理念落地。规划管控包括在分区规划中明确海绵城市建设的目标、格局、指标和标准，将海绵指标进一步落实到管控单元、排水分区及地块，并对竖向控制提出要求；同时，结合营商环境改革，构建"多规合一"协同平台，在规划综合实施方案中落实具体海绵管控指标。水评管控包括北京市涉水审批实行水影响评价，包括水资源论证、防洪影响评价、水土保持方案审查等内容，在规划和建设项目两个阶段，实现水资源、水安全、水环境对城市建设发展的约束引导作用。将径流系数、雨水调蓄设施规模等关键海绵指标纳入其中，确保所有土地储备开发和建设项目实施均能符合海绵城市要求。验收管控包括将节水验收纳入竣工联合验收，对海绵工程措施的落实情况进行验收。此外，贯彻落实《北京市物业管理条例》，探索建立失管老旧小区海绵设施的长效运行机制，将海绵城市相关内容纳入市级对各区政府的河长制绩效考核；通过水土保持监督执法，加强海绵城市建设过程监督力度。

在科学系统的规划引领及高效有力的机制制度保障下，北京市的海绵城市建设在以下几方面取得丰硕成果：

——源头减排。全市建设海绵项目共计3469个。其中，绿化屋顶面积2.3平方公里，透水铺装面积15.09平方公里，下凹式绿地面积35.43平方公里，雨水调蓄设施容积152.04万立方米。

表5-3　全市建成区典型海绵设施调查结果

区域	项目数量	已竣工项目主要海绵设施			
		绿化屋顶 （平方米）	透水铺装 （平方米）	下沉绿地 （平方米）	调蓄设施 （立方米）
中心城	1416	2264713	7475455	19251528	590683
城市副中心	381	9349	1356434	1006486	117532
其他区	1672	25938	6253872	15172706	812195
总计	3469	2300000	15085761	35430720	1520410

——防洪防涝。按照新版城市总体规划和防洪排涝规划，北京中心城区防洪标准为200年一遇，城市副中心为100年一遇，新城为50～100年一遇。按照"上蓄、中疏、下排、有效滞蓄利用雨洪"的防洪排涝格局，经过多年治理，全市基本形成以五大干流为单元、以河道堤防为基础、以大中型水库为骨干、以重要蓄滞洪区为依托的防洪排涝工程体系。87座水库、425条中小河道、14处蓄滞洪（涝）区等工程基本控制了潮白河、永定河入境洪水和部分山区洪水。截至目前，全市排水管道长度21878公里，其中污水管网12147公里，雨水管道8241公里，雨污合流管道1490公里。全市雨水泵站合计251座，其中城六区有107座，郊区有144座。中心城区的77座下凹式立交桥区雨水泵站完成升级改造，总抽升能力提高到71.8万立方米/小时，新建调蓄水池60座，增加蓄水能力21万立方米，实现城市环路、主干路、放射线等交通重要节点在遇10年一遇降雨时道路通畅。

——水生态修复。2019年，北京市全面启动实施全市河湖管理保护范围划线落图工作，完成了全市流域面积1000平方公里以上河流和水面面积1平方公里以上湖泊管理范围划定。同时，开展水生态健康年度评价，全市监测的7座重要水库全部达到健康水平，23个重点河道、湖泊中15个达到健康水平，同比增加4个；水生动植物种群稳步增加，白鹭、天鹅等珍稀水禽成为常客留鸟，全市水生态持续改善。中心城景观水系岸线长度比2018年新增18.4公里，累计长度达到321.4公里，超过了新版城市总体规划确定的2020年达到300公里的要求。2019年，北京市积极推进永定河生态治理，实施"用水开路、用水引路"，探索用生态的方法驱动生态治理，官厅水库向下游生态补水3.38亿立方米，永定河山峡段40年来首次实现不断流，境内76%河段近130公里实现"有水的河"，河道生态状况有效改善；完成永定河主河道管理保护范围划定，制定山峡段、平原南段综合整治方案及水生态空间腾退规划，清理垃圾堆体172万立方米，拆除违法建设18万平方米。同时，北京市加强了密云水库水源保护。与河北省建立起潮白河上游流域横向生态补偿机制，制定了京冀密云水库水源保护共同行动方案，编制了密云水库上游潮白河流域（延怀密）生态清洁小流域建设方案，北京境内密云水库上游生态清洁小流域建成率达到77%。支持河北张承"两市五县"建设600平方公里生态清洁小流域，切实发挥京津冀水源涵养功能区作用。

——污水处理。2019年完成第二个三年治污方案，三年来新建再生水厂26座，升级改造污水处理厂8座，建设污水收集管线2407公里，城镇地区基本实现污水全收集、全处理。接续启动第三个三年治污方案。农村治污取得重大进展，第二个三年治污方案实施三年来，累计解决1506个村污水收集处理问题。农村污水处理设施在线监控系统正式运行。截至2019年底，全市万吨以上污水处理厂和再生水厂有67座，污水处理能力为679.2万吨/天，全市污水处理率达到94.5%。

（二）综合管廊强化规划统筹，提升市政系统服务水平

市政综合管廊是在地下建设的集约化隧道，是建于城市地下用于容纳两类以上城市工程管线的构筑物及附属设施。1833年，法国巴黎建设了第一条市政综合管廊，至今已有100多年的发展历程。经过

100多年的实践与研究，市政综合管廊的技术水平已臻于成熟，并在国外许多城市中得以推广。我国大陆地区进行市政综合管廊规划建设已有近50年历史。按照规划建设思路的转变提升，北京的市政综合管廊的规划建设可分为如下三个阶段：

其一，初始阶段。早在1950年，北京市人民代表大会代表就提出了要治理"天上电线乱打架""马路修了又挖"的问题，1952年，北京市提出"先地下、后地上"的市政建设方针，设置专门管理机构，开始市政管线的管理工作①。早期规划建设的市政综合管廊系统设施简单，建设目的主要是解决不宜开挖地区的管道敷设。20世纪50年代末，北京市开始尝试建设市政综合管廊。1958年，为配合建国门内大街道路的拓宽改造，在东单、方巾巷和建国门3个路口建设了过街性质的市政综合管廊。1959年北京市建设了1070米市政综合管廊，位于天安门广场下。1977年，为配合毛主席纪念堂施工又建设了1条长500米的市政综合管廊。此后，除了1985年至1989年国贸中心在其内部建设了服务于公寓、商业大厦、办公楼的市政综合管廊（内敷设电力、电信、供热等管线）以外，因经济、政治等各种原因，市政综合管廊的建设发展停滞不前。

其二，积极推广探索阶段。20世纪90年代至新世纪初期，随着经济高速发展，人民生活水平不断提高，对城市交通、环境要求越来越高。政府拟通过建设市政综合管廊避免路面开挖及路面塌陷与交通阻塞的现象，延长管线、道路的使用寿命。1995年至2006年，

---

① 在1950年的北京市人民代表大会上，有些代表提出要治理"天上电线乱打架""马路修了又挖"问题。同年8月，北京市人民政府在第二届第三次人民代表会议所作的《关于执行1950年度市政建设的书面报告》中严肃指出了代表提出的有关问题，并承诺："……这些缺点需要我们检讨和努力克服。"1952年，为适应大规模城市建设的需要，北京市政府提出了"先地下、后地上"的市政建设方针，设立了专门的管理机构，对城市道路、地下管线、地上杆线、行道树等市政建设实行统一安排，由此开始了市政管线的管理工作。这些前瞻性的市政建设方针，对今天的建设管理仍有借鉴意义。[资料来源：《北京城市建设规划篇》第三卷《城市规划管理》(1949—1995)，P221-222；第一卷《规划建设大事记》(上册)，P20]

北京市积极推广和探索综合管廊的规划建设。其间，1995年市规划管理局要求结合王府井地下商业街的规划，进行市政综合管廊研究。1997年，首规委会议确定市政综合管廊方案并要求按方案深化设计。但投资方经过投资评估，认为投资风险较大，而且不能满足国庆50周年之前竣工的要求，最终放弃。2000年，北京规划修建两广路。为解决城市敷设管线反复破路破坏路面的问题，提升城市市政管理水平，市规划委要求北京城建设计院（简称"北京城建院"）总结王府井市政综合管廊的经验，规划设计市政综合管廊。由于没有明确的管廊建设主体，此次规划未能落实投资。此外，市政综合管廊建成后，管线进入的费用以及运行、维护、管理均没有解决，造成各市政管线单位不进入。加上当时北京市要求2000年底施工完成道路，没有继续研究的时间，也没有施工的时间，这一项目再次搁浅。2000年5月，北京中关村科技园有限公司作为一级土地开发公司建设中关村西区，为实现土地开发的综合效益，进行了市政综合管廊的建设。5年后，市政综合管廊建成，管廊内各种管线（除中水管线）均投入使用。管廊最初由两家物业公司和北京中关村科技园有限公司三家共同管理，管理费用和维修方法没有最终确定。后来，管廊及地下公共通道由海淀区政府管理，成为公用设施的一部分，费用由区政府承担。2003年5月，为了配合南中轴路改扩建工程（南纬路至先农坛前街段），实现市政建设新突破的要求，市规划委再次要求北京城建院进行市政综合管廊的设计。道路建设主体北京公联公司对开发道路下地下空间很感兴趣，但是对于土地开发的产权或收益，政府没有明确，同时仍然存在管廊建成后的运行、维护、管理的问题，各市政管线单位不愿意使用。最终，该项目再次因无法落实投资而搁浅。2006年，三眼井历史文化保护区开始整治建设，市规划委提出建设市政综合管廊的意见。北京市政工程设计研究院、北京城建院进行了大量研究，再次因没有明确的建设主体，投资及建成后的运行、管理存在问题，各市政专业单位不进入，市政综合管廊建设又一次搁浅。

2006年至2008年，市规划委组织，市规划院、北京市政工程设计研究院、北京城建院三家规划设计单位开展了《北京市市政综合管廊布局规划》研究工作，研究结合城市总体规划、中心城控制性详细规划、新城规划、中心城地下空间规划、地下交通规划等规划，提出适宜建设市政综合管廊的试点地区及项目；提出保障市政综合管廊建设的各项建议；结合北京市近期建设项目和市政综合管廊各种建设模式，提出三眼井地区、亦庄新城站前区、西单北大街等试点工程项目。

2008年以来，北京市开展了未来科技城（今未来科学城）、奥体南区、CBD、运河核心区、丽泽商务区、广华新城、亦庄站前区等地区的综合管廊建设研究工作。截至2013年，未来科技城一期建成，奥体南区、CBD、运河核心区、广华新城进入实施阶段，建成投入使用综合管廊约6.7公里。通过此阶段对市政综合管廊规划建设的探索，发现市政综合管廊建设仍主要存在两个问题：一是缺乏明确的建设主体，未形成有效的建设体制；二是缺乏运行维护管理机制，不能有效运行，导致无法解决建设、投资、费用收取、维护管理等问题。从中关村西区成功建成的情况看，即便建设主体明确，成功完成了建设，也仍然存在建成后运行、管理的问题，最终由政府接手。从中也看出，政府在重大基础设施建设中发挥着不可或缺的作用。

其三，以人为本加速推进阶段。随着近年来我国城市建设的高速发展，城市地下管线系统逐步完善。一方面，因管线老化、施工或自然灾害造成的管线破坏愈发频繁；另一方面，城市建设要求在有限的土地资源上有效利用地下空间，增加社会资源和经济效益，导致直埋管线占用的浅层地下空间的价值日益增加，使直埋方式的成本愈来愈高。同时，城市规划、建设和管理均希望从"重地上、轻地下，管线无序敷设，各自为政，条块分割"的陈旧理念和管理模式中开拓出"集约高效利用城市空间，提高城市基础设施建设管理水平"的新路，以摆脱"大城市病"的困扰。于是，综合管廊的规划建设在整个国家层面进入加速推进阶段。

2013年，国务院发布《关于加强城市基础设施建设的意见》，全国36个大中城市全面启动综合管廊试点。2014年，国务院办公厅发布的《关于加强城市地下管线建设管理的指导意见》提出"探索投融资、建设维护、定价收费、运营管理等模式，提高综合管廊建设管理水平。"2015年8月，国务院办公厅发布《关于推进城市地下综合管廊建设的指导意见》，提出"到2020年，建成一批具有国际先进水平的地下综合管廊并投入运营"。2015年4月，住建部会同财政部开展了中央财政支持综合管廊试点工作，确定了包头等10座试点城市，计划三年开工建设389公里。2016年5月，住建部会同财政部组织了第二批综合管廊试点城市评审，郑州、广州、石家庄等15座城市入选。同年，住建部印发《2016年城市地下综合管廊建设任务的通知》，发布了2016年开工建设管廊的分省任务和项目清单，全国计划开工建设综合管廊超过2000公里，其中北京市为50公里。据统计，截至2016年底，全国147座城市、28个县已累计开工建设城市地下综合管廊2005公里，全国226座城市、57个县城累计在建综合管廊项目1009个，总长度为4009公里，累计形成廊体2000多公里。

在此阶段，中央也对北京提出了"建设成国际一流的和谐宜居之都"的要求。在相关政策指引下，2015年至2018年北京市开展并深化了综合管廊布局规划和相关研究，提出了"四个有利于"的规划建设原则：有利于市政管线新型骨干网络的构建与系统完善，有利于城市市政管网系统整体服务能力和安全水平的提高，有利于合理整合和利用地下空间资源，有利于以人为本的城市交通、景观等相关功能的提升。同时，北京编制了北京市地方标准《城市综合管廊工程设计规范》《城市综合管廊设施设备编码规范》《城市综合管廊智慧运营管理系统技术规范》等一系列标准规范，用于指导北京市综合管廊建设。

根据国家要求、相关技术规范及建设经验，北京分析确定了综合管廊规划布局原则：交通运输繁忙或地下综合管线较多的城市主干道路及配合轨道交通、地下道路、城市地下综合体等建设工程地段宜设置综合管廊；城市核心区、商务中心区、地下空间高强度成片集中开发区、重要广场、主要道路的交叉口、道路与铁路或河流交叉处、过河隧道等处宜设置综合管廊；道路宽度难以满足直埋敷设多种管线需求的路段宜设置综合管廊；重要的公共空间、不宜开挖路面的路段宜设置综合管廊；支线综合管廊结合干线管廊布局，为满足地块市政需求，新建区应结合道路建设、土地一级开发等项目统筹安排，建成区应结合轨道交通、道路改造、旧城更新、棚户区改造等合理推进；缆线综合管廊应结合干线、支线管廊系统布局和市政需求，在相关道路上统筹安排。旧城改造区应结合电力架空线入地项目，并纳入同路由各类通信线缆，建设缆线综合管廊。

2015年，北京市编制完成《北京市综合管廊布局规划》，并结合北京市实际情况，于2016年至2017年多次研究深化。规划提出北京市综合管廊布局（骨架）以"大区干网系统+分区混合系统"为总体思路，以市政各专业需求为基础，依托"一核一主一副、两轴多点一区"的城市空间结构，适应不同分区的特点，在中心城区结合新建轨道线路和主要道路改扩建，依托首钢、东坝、丽泽、垡头等功能区建设，构建中心城区"一轴、两环、多点、多片区"的综合管廊骨架；其他各区结合怀柔科学城、未来科学城、临空经济区等重点功能区，构建各具特点的综合管廊系统。以重点功能区为引领，以近期试点项目为先导，点、线、面结合，统筹推进北京市综合管廊建设。规划成果纳入2017年编制完成的新版城市总体规划。新版城市总体规划明确：到2035年，地下综合管廊达到450公里左右；重点在北京城市副中心、丽泽金融服务区、北京新机场等地区，结合地下空间综合开发同步建设综合管廊。

总体而言，北京市综合管廊的规划建设已步入提升市政基础设施服务水平的全新阶段，成为促进统筹协调、节约空间资源、保障首都安全、降低城市成本、提高管理水平、保证城市具有可持续发展能力的重要基础设施建设内容。

（三）垃圾处理从无害化到减量化、资源化

新中国成立以来，北京的垃圾处理走过了三个阶段：第一阶段，20世纪90年代初以前，垃圾处理的方式以简易堆放为主；第二阶段，1993年至2008年，逐步实现垃圾无害化处理；第三阶段，2008年至今，垃圾处理逐步向资源化方向发展，步入精细化管理。

——垃圾简易堆放阶段。1993年以前，北京市尚未建成正规的垃圾处理场，仅有六处垃圾简易填埋场和四处垃圾堆放场，垃圾处理率较低，以简易堆放为主。六处垃圾简易填埋场分别为阿苏卫填埋场、立水桥填埋场、北神树填埋场、安定填埋场、礼贤填埋场、大灰厂填埋场，四处垃圾堆放场分别为立水桥堆放场、大稿堆放场、南宫堆放场和苏家坨堆放场。当时，垃圾的主要收集方式仍是垃圾桶站。大街的路面由清扫车清扫收集，小街小巷和居住区垃圾主要是垃圾桶站收集。居民将垃圾倒入就近的垃圾桶站，环卫专业运输人员通过自动提升装置，将桶内垃圾倾倒到密闭式垃圾车内运走。这种方式减少了扬尘，改善了垃圾站卫生状况。由于桶站容量有限，再加上管理不善，投放不规范，常常出现垃圾桶站"敞着盖、冒着尖、地上一大摊"的脏乱现象。

——垃圾无害化处理阶段。改变环境卫生状况，1993年北京城市总体规划将环卫设施建设专项规划纳入总规，提出垃圾无害化处理要求。1994年，利用世行贷款建设的阿苏卫卫生填埋场竣工投入运行。阿苏卫卫生填埋场是国内建设的第一座符合卫生填埋标准的无害化大型垃圾填埋场，它的使用标志着北京市在垃圾处理上开始改变露天堆放污染环境的状况，开启了垃圾无害化处理的时代。以后，北京市又陆续建成了北神树、安定、高安屯、六里屯等垃圾卫生填埋场。这一时期，北京垃圾收运方式同步发生变化。从1993年开始，北京市推行垃圾袋装，同步建设垃圾密闭式清洁站替代部分垃圾桶，进一步提升垃圾收运过程中卫生水平。各家各户把家庭产生的垃圾装入塑料袋中，投放到垃圾桶站或垃圾箱中。为推行垃圾

袋装，北京市要求，所有新建楼房不再设计建造垃圾倾倒通道；已建成楼房，要封堵垃圾倾倒口。1996年，北京市城近郊八区全部实现了垃圾袋装。截至1998年，城近郊八区已有密闭式清洁站787座，垃圾密闭化收运率已达到93％。到20世纪末，城近郊八区基本实现了垃圾密闭化收运。2005年，将环境卫生规划纳入城市总体规划，明确提出垃圾处理的减量化、资源化、无害化原则，规划提出：到2020年，中心城生活垃圾无害化处理率达到99％以上，新城及乡镇生活垃圾无害化处理率达到90％；处理工艺以焚烧处理为主，填埋处理为最终保证措施，混合垃圾不再进入填埋场；水源保护区等重点地区无垃圾污染，杜绝垃圾无序堆放；利用山势建设大型垃圾处理设施，确保应急状态下的垃圾处理需求。在城市总体规划指导下，2008年全市垃圾无害化处理率达到95.4％，城区达到100％，标志着垃圾无害化处理任务基本完成。

——垃圾资源化处理阶段。2008年7月，金州集团高安屯垃圾焚烧发电厂开始试运行，该厂利用垃圾焚烧发电，日焚烧垃圾1600吨，标志北京开始进入垃圾资源化处理阶段，生活垃圾处理开始由单一处理模式向综合利用循环经济园区模式转变，原生垃圾零填埋，通过筛分、焚烧、生化处理，实现垃圾的产业化、资源化。同时，六里屯垃圾焚烧厂、南宫垃圾焚烧厂和阿苏卫垃圾焚烧厂都在规划筹建过程中，但六里屯、阿苏卫的垃圾焚烧厂筹建工作曾遭遇周边居民强烈反对。2009年，鉴于生活垃圾量的快速增长、处理设施用地不足、居民反对建设等问题，市规划委牵头编制了《北京市生活垃圾处理设施专项规划》，解决了北京生活垃圾处理的技术路线和设施用地的空间布局。此外还组织编制了《北京市中心城、新城及重点地区部分敏感性市政基础场站设施整合规划》，该规划是在科学研究论证的基础上，融入了以人为本的科学发展观，并考虑了社会发展阶段特征，创立了一套敏感性市政基础设施布局规划理论方法，提出规划环卫周边设施限制建设区和规划建控区，一定程度缓解了环卫设施建设难的问题。在该规划的指引下，2014年至

2018年，鲁家山焚烧厂、海淀大工村焚烧厂、阿苏卫焚烧厂、南宫焚烧厂等大中型焚烧厂陆续投入运营，生活垃圾焚烧和生化处理能力达到2.2万吨/日，全市垃圾处理方式转型为以资源化处理方式为主，以卫生填埋为辅。

2012年党的十八大报告提出大力推进生态文明建设，坚持节约资源和保护环境的基本国策，为北京垃圾管理工作进一步指明了方向。2017年《北京城市总体规划（2016年—2035年）》提出，以减量化、资源化、无害化为原则，高标准建设固体废弃物集中处理处置设施。全面实施生活垃圾强制分类，建立全生命周期的生活垃圾管理系统，鼓励社会专业企业参与垃圾分类与处理，并向社区前端延伸。完善垃圾管理配套制度，加强监管和执法力度，完善生活垃圾跨区处理经济补偿机制。发展循环低碳经济，建设循环经济产业园，提升综合处理能力。2018年，为贯彻落实城市总体规划，市规划自然资源委组织编制《北京市市政基础设施专项规划（2017年—2035年）》，提出大力推进各类固体废弃物的分类回收和资源化利用，从源头上减少固体废弃物的产生量，促进资源、环境协调可持续发展；在各区推行固废循环经济园区建设模式，满足生活垃圾、餐厨、厨余、再生资源、粪便、医疗垃圾等各类固废处理需求。2020年5月，重新修订的《北京生活垃圾管理条例》正式实施，北京垃圾分类工作全面推动，标志着北京市垃圾管理进入精细化发展阶段。

二、信息化助力城市规划建设管理科学性

（一）新技术支撑规划编制

从20世纪80年代开始，应用数学、计算机技术、遥感、信息科学等专业学科开始逐渐深入城市规划的学科领域，为城市规划的技术创新提供了综合的学科基础。在这种态势下，我国的城市规划也紧跟时代步伐，开始了规划编制新技术支撑的探索。其中，北京市的规划编制新技术创新在国内一直处于前沿水平，从最初的航空遥感技术入

手，历经了多元化的发展过程，如今已经呈现出学科融合、综合创新、多领域运用的新特征。

自20世纪80年代起，全市持续在规划编制的支持层面开展工作，主要围绕加强规划数据建库与数据积累、加强规划编制平台建设、不断推进规划决策支持量化研究的创新三个方向开展。

翔实准确的数据是保障规划编制科学性的重要保证，是分析城市变化、洞悉城市问题、明晰城市发展方向的基础，北京规划建设管理信息化过程一直以数据的积累与应用作为重要主线之一。在数据建库与数据积累方面，市规划部门协同市测绘院、市统计局、市信息办、市勘察院、中国林业科学研究院等，不断探索积累，在积累与完善规划数据的道路上历经了长期发展，形成了丰硕的数据成果。例如自1982年起，在地矿部、城乡建设环境保护部和北京市共同组织下，北京市33家单位历时4年零4个月，于1987年完成了《北京航空遥感综合调查》（又称"8301工程"），标志着北京市开始了系统化的航空遥感工作。此后，全市的遥感工作不断推进。近年来北京市在信息挖掘层面开展了大量工作，正式形成了遥感应用的研究体系，建立数据应用标准，确立了数据更新机制，推动遥感成为面向规划应用的成熟实用的技术（见图5-21）。近年来，在信息与通信技术快速发展为国家新型城镇化发展战略提供支撑的背景下，大数据在城市研究中的地位日趋重要，在京津冀一体化发展、北京城市空间优化、北京城市副

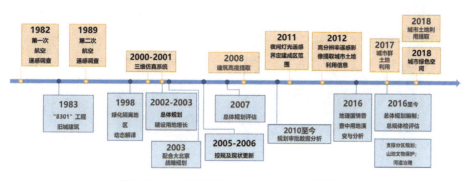

图5-21　北京城市规划中的遥感技术应用发展历程

中心总体规划、城市体检等多项任务中发挥了支撑作用，北京的城市规划与建设已步入了"大数据"时代。

自20世纪90年代以来，伴随着城乡规划中地理信息系统和管理信息系统的逐步成熟，北京城市规划与建设的信息系统平台开发也提上日程。在平台建设方面，早在90年代的计算机应用推广与普及中，北京市就开始尝试将计算机技术与城市规划编制工作相结合，开发了竖向规划管理软件、供水管网CAD软件、控制性详细规划等规划系统，实现了在规划工作中的辅助设计、数据录入、数据查询、指标对照、经济估算等功能，从而奠定了新技术驱动规划工作的发展思路；进入21世纪之后，北京的规划编制工作围绕着CAD、GIS、三维、网络等技术开展了系统性的探索实践，先后建立了多个具有较高实用价值的系统平台（见图5-22）。这些工作使得北京

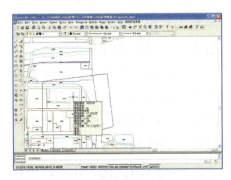

（a）规划汇总系统

（b）北京绿化隔离地区信息系统

（c）北京市区控规查询信息系统

（d）规划三维仿真系统

图5-22　北京市自主建设的规划编制系统平台

城市规划紧跟时代步伐，走在了办公自动化潮流的前列，有效提升了规划工作的稳定性和安全性，提高了规划编制工作的效率，具有开创性的意义。

作为我国新型城镇化建设与规划转型的前沿阵地，北京城市规划与发展所面临的问题愈加综合复杂，对城市问题的多学科综合分析、城市交通土地整合模型、规划量化研究技术的综合应用需求日益上升，规划决策支持已经成为城市规划的重要研究基础。在这方面，自20世纪80年代至今，持续开展规划定量模型的开发建设，在城市资源条件分析、城市空间发展模拟、城市规模研判及各类专项规划编制等方面，进行了大量研究支撑（见图5-23）。当前，北京市的规划决策支持模型已经形成体系化、全面化的趋势。从宏观角度来看，主要体现对区域规划和研究进行支持，依托于城市经济学、区域经济学、区域地理学等理论，通过构建基于大数据的区域问题研究体系，建立了大数据对于区域问题的有效支撑，并构建了传统数据与大数据相结

局部地区积水风险模拟图

北京市中心城积水风险模拟图

图5-23 利用计量模型进行城市防洪专项规划的支持

合的统一空间数据库。从中观角度来看，主要体现对城乡规划进行支持，从规划编制和规划评估两个环节，提升各类规划编制和规划研究中现状问题分析的科学性和规范性，以及分析结果的准确性和通用性。从微观角度来看，主要体现对生活空间规划进行支持，从微观生态、城市设计、居民行为等视角，建立起对于微观尺度城市空间的分析、评价、优化，从而补全规划决策的尺度体系。

以数据为驱动，以平台为基础，以模型为支撑，在计算机、遥感、数据库、计量方法等技术的共同推动下，北京市的规划编制信息化经历了从无到有的蜕变，使得规划编制过程中的数据更加安全可靠，平台更加稳固高效，模型更加先进科学，极大增进了规划编制的研究深度、视角广度、内容精准度。

（二）推行规划行业管理的数字化、平台化、智能化

规划管理信息化的初衷是保障规划编制的体系完善，确保规划审批的规范性，加快规划成果的落实，促进规划的公示公开，打通机构部门间业务机制，从而保障规划管理的效率和质量。北京的规划管理信息化建设始于1995年北京市规划局启动的规划管理审批信息化建设。进入21世纪以来，市规划委成立了信息化工作领导小组，加速推进了规划管理的信息化建设。着眼于历史发展基础和日新月异的城市社会发展需求，全市的规划管理与时俱进，长久以来坚持现代化的要求不断进行创新，在规划审批、规划实施、规划监督等业务环节中，实现了数字化、平台化、智能化的突破。

在新版城市总体规划"一本规划、一张蓝图"的要求下，北京市坚定不移地推进规划管理的数字化工作，为统筹经济社会发展规划、土地利用规划、城乡规划的技术准则与规划内容，开展了"两图合一""两规融合""多规合一"等工作（见图5-24），信息化技术在各类规划的数据融合中起到了至关重要的支撑作用。

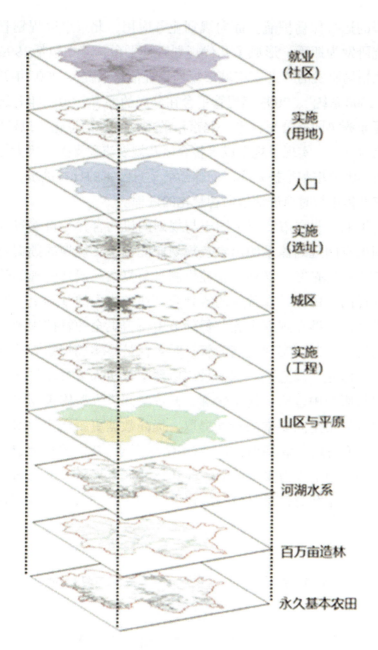

就业
（社区）

实施
（用地）

人口

实施
（选址）

城区

实施
（工程）

山区与平原

河湖水系

百万亩造林

永久基本农田

图5-24　规划融合背景下的全要素"一张图"

　　规划编制是产生具备法律效力的工作过程，尤其对于首都北京而言，规划管理的安全意义重大，平台化的规划管理支撑，为规划业务全流程的运行保驾护航。面向规划业务应用，北京市以规划管理信息系统研发为抓手，形成了几代规划管理平台，其中包括1996年北京市规划局研发的"北京市城市规划管理信息系统"、2000年开发的"规管2000系统"、2003年规管平台在分局的部署、2011年升级的规划管理业务协同办公平台等。北京市的规划管理信息化，以数字化、平台化为基础，实现了规划成果整合以及规划流程支撑，极大提高了规划的实施效率和维护效率。而伴随着信息技术的日益进步，规划管理的信息化正与时俱进地迈向智慧化的进程。

近年来，北京市经历了国土与规划的机构合并、自然资源部成立后国土空间规划体系的出台及规划职能调整，规划的数据类型和管控职能不断拓宽，规划的管控机制日益复杂，规划管理的效率要求不断提高。因此，在常规的规划管理业务流程的基础上，智能化的技术手段能够在规划实施监督环节中覆盖更全的管控领域，形成更稳的管控机制，实现更高的管控时效，最终实现规划管控中的自动化、立体化、智慧化。例如采用机器学习与人工智能技术，全市进行卫星影像中道路、建筑轮廓、开放空间、大型构筑物的机器识别，实现城市空间要素的自动提取，提高数据更新迭代效率。随着BIM（建筑信息模型）和CIM（城市信息模型）技术的日渐成熟，北京市以城市副中心为实验场所，自2018年底开展了"北京城市副中心规建管三维智慧信息平台"的建设（见图5-25），以一张图管控、

图 5-25　北京城市副中心规建管三维智慧信息平台界面设计

三维展示、街区深化审批、地块控规审批、城市体检、规划评估等功能模块，实现对建筑形态和环境品质等的管控落实。

2020年，为贯彻《中共中央 国务院关于建立国土空间规划体系并监督实施的若干意见》，落实北京市空间大数据的工作要求，助力北京市国土空间治理提升，对北京市"三级三类"国土空间规划的制定、实施、修改、监督形成"一张蓝图"的法定依据支撑，北京市启动开展了国土空间规划"一张图"实施监督信息系统的前期研究工作，在规划和自然资源系统内部统筹多源数据资源，建设统一标准，并开展了集"一张图"数据库、规划成果质检、规划评估分析、领导驾驶舱、规划精细化管理等多个业务场景的系统设计工作，为下一步信息系统的建设与应用奠定了基础。

经过多年的发展，北京市的规划管理工作响应国家和市级层面的政策要求，先后实现了数字化、平台化和智能化，为北京市国土空间规划的体系构建、业务流转、智慧管控保驾护航，体现了规划的严肃性，保障了规划的底线约束与刚性管控，是高质量、低成本、超前发展的新型管理方式。

（三）从"数字北京"到新型"智慧北京"

伴随着信息通信革命、知识经济、大数据应用的推进，北京的城市建设模式已经突破了以物质空间为导向的单一模式，正在发生着深度的转型，包括从以生产空间为导向转为生产空间与生活空间相协同，以物理空间为导向转为物理空间与数字空间相协同，以基础设施为导向转为基础设施与应用模式相协同。在这一背景下，数字城市和智慧城市成为推进新时期北京城市规划建设的创新发展重要路径（见表5-4）。

表5-4　数字北京与智慧北京的对比

比较方面	数字北京	智慧北京
启动时间	1999年	2012年
规划名称	《北京市十五时期国民经济和社会信息化发展规划设计》	《智慧北京行动纲要（2011—2015）》《"智慧北京"顶层设计总则》
需求方面	面向城市管理	面向公众服务
技术核心	注重"虚实结合"的城市信息整合	注重多领域的智慧应用场景
空间理念	对于真实城市空间的反映	创造智慧化空间创新城市空间发展模式

　　数字北京是以数字化措施来推动北京的城市信息化，是全新的城市规划、建设和管理模式。1999年11月29日，全球首次"数字地球国际会议"在北京召开，全球学者共商21世纪的"数字地球"发展战略。同时，"数字北京"的理念也正式被提出，并成为中共北京市委八届四次会议上提出的首项重大工程。目前，这一工程在西城、东城、通州3个区"数字城市地理空间框架"试点的基础上逐步推进。以东城区为例：2004年"数字东城"战略启动，为"数字北京"战略率先启动的实践工作。"数字东城"的核心模式是网格化管理——以一万平方米为单位，将区域划分成若干个网格状单元，有城市管理监督员监督巡查所分管的网格。"数字东城"模式一经启动，就在次年成为住建部在全国范围内推广的样板。目前，"数字东城"模式已经在全国300多座城市推广，列入中央文明委的全国文明城区测评指标体系。"数字北京"的建设以信息化为抓手，以城市管理为导向，深度结合北京的城市与社会需求，形成了完整的应用体系，做到了对城市空间的全面掌控与监管，极大地推动了城市建设与信息技术的融合发展，在世界范围内也属于先进水平。

　　与"数字城市"相比，"智慧城市"更加注重城市应用场景的打造，通过万物互联、面向服务、虚实融合、自我维护的发展路径，能够极大提高城市生活的便捷性。北京是我国智慧城市发展的首批试点城市之一，《智慧北京行动纲要（2011—2015）》《"智慧北京"顶层设计总则》《北京城市总体规划（2016年—2035年）》等都提出了关于智慧城市建设的多项要求，如新版城市总体规划提出的"集成应用海绵城市、综合管廊、智慧城市等新技术新理念，实现城市功能良性发展和配套完善""倡导智慧出行，实现交通建设、运行、服务、管理全链条信息化和智慧化""将北京建设成为气候智慧型示范城市""推进'互联网+政务服务'、智慧社区和智慧乡村服务，深化医疗健康、教育等智慧应用""推动京津冀信息化智慧化发展"，等等。经过了几年的建设，"智慧北京"目前已经呈现出多综合全面、多点开花的态势。北京市在智慧政务、智慧交通、智慧社区等方面进行了探索，例如"首都之窗"智慧政务平台的开发、智慧出行的移动终端服务、依托"城市大脑"战略形成的多个智慧社区试点等（见图5-26）。

图 5-26　北京交通指数（左）与北京实时交通 App（右）

2020年底，北京市经信局发布《北京市"十四五"时期智慧城市发展行动纲要（征集意见稿）》（简称《纲要》），提出到2025年北京将建设成为全球新型智慧城市的标杆。《纲要》提出了城市整体数据治理能力的发展目标，5G网络等智慧基础设施的建设任务，以及未来5年一批前沿技术的示范应用，以提升数字经济创新能力。可以说，智慧城市已经成为北京市未来五年经济社会发展中的重要部署方向之一。

北京市从"数字城市"出发，从以城市信息化为基础、以城市管理为导向、以城市宏观系统为对象，发展为以物联与云计算为基础、以市民生活为导向、以智慧场景为对象，走上了"智慧城市"的发展路径。智慧城市作为一种新型的城市发展理念，已经逐步走出了技术应用的单一范畴，开始深度影响着北京市的城市空间发展路径，正在加速形成北京的时代发展特色，必将成为未来北京城市发展的又一张新名片。

第四节　探索多元共治的城市治理方式

一、创新规划公众参与的理念与方法

（一）规划公众参与的实践背景

公众参与是指公民为维护或促进社会公益，通过各种合法途径与方式表达合理的利益诉求、影响公共活动和公共决策的社会政治行为，其本质在于平衡利益相关方的多元诉求，整合社会资源，推动多层次非政府组织和个人与政府部门的协同合作，最终影响政府决策。

城市规划作为公共决策中的重要环节，其公众参与情况一直以来受到高度重视。2007年施行的《城乡规划法》提出，各类规划报送审批前应采取论证会、听证会或其他方式征求专家和公众意见，首次明确了规划公众参与环节的法定地位。《城乡规划法》第二十六条明确：城乡规划报送审批前，组织编制机关应当依法将城乡规划草案予以公告，并采取论证会、听证会或者其他方式征求专家和公众的意见。公告的时间不得少于三十日。

在当前新型城镇化背景下，城市规划公众参与的重要性再次被提到新的高度。首先，以北京为代表的大城市发展进入了新的阶段，城市规划的重点由大规模的城市新区建设转向了城市建成区的更新改造。因此，规划师必须在产权人、使用者持续存在的情况下设法实现城市面貌的更新和城市生活的改善，规划的实施必须基于当地居民、产权人的理解和配合。其次，随着生活条件的改善和公民意识的提升，市民普遍对身边的城市生活品质问题给予了更多关注，近年来一系列市民自发的公众参与活动不断发生。如2010年，地安门的复建引发微博万人讨论；2011年，数百居民街头抗议西二旗垃圾站选址；2012年，公众自发组成社会组织，试图影响政府关于钟鼓楼周边拆迁的决策。这些公众参与活动说明，公众主动了解规划、参与规划决策的时代正在向我们走来。

习近平总书记2017年2月在视察北京时指出，城市规划建设做得好不好，最终要用人民群众满意度来衡量。无论出于主观意愿促使还是客观环境推动，城市规划行业已面临与社会公众全面接轨、通力合作的时代背景要求，规划工作必须适应新时期的角色转型，不仅要用专业知识改变城市，更要打开接纳市民意见、与公众并肩协作的渠道，让城市真正能够承载市民共同的生活理想。

（二）规划公众参与的试点探索

为探索城市规划公众参与路径，北京自2007年起就开始以老城历史街区为试点积极开展规划编制和实施过程中的公众参与。2007年至2008年，市规划委和市规划院结合《北京中心城控制性详细规划》（2006年版）编制契机，开展了深入多个城区、街道的控规公示工作，其中东城区南锣鼓巷地区所在的历史街区规划公示受到市民格外关注。公示期间，市民除对规划方案提出改进意见外，亦对公示活动的形式、组织方式等提出了宝贵建议，反映出市民参与规划的热情，并为北京市开展此类公众参与活动奠定了初步基础。为进一步积累经验、探索路径，市规划委与市规划院于2008年至2011年结合"规划进社区"试点项目和保护规划编制等契机，陆续组织开展了菊儿社区活动用房改造和新太仓历史文化街区保护规划公众参与等活动，通过搭建平台的方式，实现政府、企业、非政府组织、居民在规划编制实施过程中的多方协作，使公众参与的工作方法初步发挥出优化规划方案、推动规划实施的作用。

其中，在菊儿社区活动用房改造试点项目中，规划部门牵头搭建形成了包括区政府、街道办事处、规划部门、第三方非政府组织、社区居委会、社区居民在内的协同工作平台，建立了项目开展过程中的协作机制和联席会制度。首先，规划师通过问卷调查的方式了解居民诉求，确定了社区活动用房改造的议题。其次，通过第三方非政府组织开展多轮公众参与会议，与居民共同决定改造意见、明确任务；在此基础上，多次反馈项目进展，征求居民意见并采纳。最终，项目落地实施，并形成了社区社会组织长期自主使用和维护空间的自治机制。尽管菊儿胡同试点改造的对象规模很小，但这次成功的实践不仅建立了规划部门与公众对话的信心，亦为相关工作开展积累了方法与经验。2012年，该项目获得了联合国迪拜国际改善居住环境最佳范例奖，规划公众参与的理念受到社会的广泛认可。

（三）街区更新中的社会参与平台

与此同时，随着社会认识的提升，在城市规划领域，尤其是与在地群众利益息息相关的街区更新工作中，越来越多由实施主体或社会组织自发开展的公众参与活动开始涌现出来。例如2011年，大栅栏地区由实施主体与高校等社会参与方共同发起"社区营造"活动，培育社区自组织形成自治力量，开展街区微更新和绿色环境美化等的规划实施项目；白塔寺地区由街道和实施主体共同搭建街区理事会，建立各利益相关方参与的协商议事机制，使公众意见参与到街区环境治理、社区营造、商业提升等方面的决策和实施之中；朝阳门地区则由街道和责任规划师共同搭建文化精华区治理创新平台，形成了政府、在地机构、社区、居民之间稳定的议事协商机制，保障了政府任务与在地需求之间的紧密衔接，孵化了更多给居民带来幸福感、获得感的落地项目。

与前期公众参与试点探索的小规模规划实施项目不同，这些街区更新的社会参与实践更为立体和可持续，不仅建立了规划部门、基层政府、社区居民、社会力量等各方之间的交流互动，更将各方力量凝聚，推动了街区更新、社会治理、文化发展等方面的同步提升。同时，这些街区以实施主体或基层政府为核心搭建起不同形式的协作平台，逐步营造出共治共建共享的街区生态，不仅使社会力量的参与更加长期可持续，亦促使居民逐步认识街区的家园价值，进而形成"自下而上"自我更新、自主保护的社区内生力量，与政府"自上而下"的行政力量形成多方交融的合力，推动街区更新的长远发展和良性循环。

（四）不断深入和拓展的规划公众参与机制建设

近年来随着城市与社会的发展，社会多元参与越发成为城市规划、建设和治理中不可或缺的方式和力量。2015年12月召开的中央城市工作会议，对抓住城市管理和服务这个重点、不断完善城市管理和服务提出明确要求。2017年《北京城市总体规划（2016年—2035年）》提出，要"坚持人民城市人民建、人民管，依靠群众、发动群众参与城市治理"，进一步为多方参与城市规划建设与治理夯实了基础。

在此背景下，北京市一方面在各类规划编制过程中更重视开展深入广泛的公众参与，改变原来以征询部门意见为主的规划编制方式，转变为充分征求街道、社区、居民意见。其中，2019年首都功能核心区集合21家设计单位为32个街道编制了控制性详细规划，并在规划公示环节在北京市规划展览馆设置主展厅，在各街道设置"微展厅"收集公众意见，从基层政府和居民的视角分析问题、畅想发展，作为核心区控规的工作基础。另外，北京市和各区亦开始积极开展推动规划社会参与的制度设计，并形成了丰富的创新成果。其中，在东城区率先探索的基础上，市规划自然资源委于2019年发布了《北京市责任规划师制度实施办法（试行）》，成为全国首个全面推行相关制度的城市，将规划师扎根基层推动各方协同参与城市规划与治理的工作模式从试点探索推向了全面实施。同时，自2017年起，西城区开创性地发起了支持社会力量自发开展名城保护活动的"四名"汇智计划，搭建汇聚政府、企业、社会等多方资源的共享平台，为自发开展历史文化名城保护主题活动的社会团体提供小额资金、活动场地、媒体宣传等方面支持，从而达到借助社会力量宣传普及历史文化名城保护知识，促进政府、企业、社会组织三者沟通交流，培育相关社会力量，不断强化社会共识的作用，以名城保护事业为切入点，形成了灵活可持续的规划社会参与机制。

二、创新搭建多元社会参与平台

（一）政府搭建的社会参与平台

随着对城市规划建设和治理工作理解的不断加深，城市管理者越发认识到单纯依靠政府"自上而下"的行政手段推动城市有机发展是片面的，必须充分调动各方力量参与其中，综合解决复杂问题，融合推进城市的空间改善与社会建设。为此，各级政府积极尝试搭建不同形式的社会参与平台，邀请社会力量为地区发展出谋划策，在建立共识的基础上谋划创新思路、开展自发行动，凝聚成为更富有韧性和生命力的城市建设力量。

以昌平区回龙观、天通苑地区的规划建设和治理为例：2018年，北京市发布了《优化提升回龙观天通苑地区公共服务和基础设施三年行动计划（2018年—2020年）》，旨在围绕回龙观、天通苑地区居民最关心、最直接、最现实的民生问题，集成政策和力量，实施公共服务提升、交通治理、市政基础设施完善三大攻坚工程，着力补齐发展短板，推动城市有机修补更新，努力满足群众对便利性、宜居性、多样性、公正性和安全性的需要，打造与国际一流的和谐宜居之都相匹配、充满活力的美好幸福新家园，切实增强群众的获得感、幸福感、安全感。为有效推动这项工作，昌平区建立了"回天有我"平台，在推进地区更新改造过程中尝试探索形成共建共治共享的社会治理创新模式，即以解决"回天地区"基层社会治理问题为主要任务，构建和谐幸福美好新家园为目标，突出人民群众作为主体，党政机关尽职服务，社会力量积极参与的理念。2019年，"回天有我"平台积极鼓励社会力量为"回天地区"的更新改造制定创新提案和服务产品，并发动了"城事社计竞赛"，通过公共空间设计激活社会公共生活的空间场景，唤起"回天地区"居民的社区归属感，推动人与人的链接，构建人与城市的共生关系，形成了积极的成果。

以海淀区学院路街道为例：2018年起，街道与责任规划师共同发起了"城事设计节"活动，以"点靓学院路""共享学院路""创健学院路"为主题开展设计和提案征集活动，并将地区难点问题以向社会发放"任务包"的方式寻求解决方案。在2018年的"点靓学院路"活动中，街道以"我的城市我的事"为主题，开始搭建平台使公众都有机会参与地区建设，鼓励人们为地区规划建言献策，发现学院路、关注学院路、感受学院路、热爱学院路，从而激发地区资源聚集和互动，践行共享开放的理念。2019年的"共享学院路"活动向社会广泛征集"改变学院路的金点子""慢行系统和生活服务设施节点设计""学院路品牌标识和宣传语"等创意内容，充分引导本地高素质人才参与地区建设。2020年的"创健学院路"则进一步扩大参与，提出了"共建社区花园""一起垃圾分类""高校社团进社区"等倡议，不断推动人们的美好畅想向落地成果转化。

以东城区朝阳门街道为例：2017年，街道与市规划院和北京工业大学建筑与城市规划学院签订三方战略合作协议，共同研究推出"东四南文化精华区治理创新平台"。该平台旨在探索建立围绕街道工作的资源上下对接和多方协同参与机制，为实现历史街区的保护更新和社会治理创新提供制度保障。平台由朝阳门街道办事处委托在地社会组织——史家胡同风貌保护协会运营，由市规划院和北京工业大学责任规划师进行工作指导，一方面对来自市、区两级的政策和任务进行统筹优化与任务分解，另一方面对来自社区、在地机构的需求进行调查诊断和资源对接，实现"自上而下"任务和"自下而上"需求的准确对接。同时，平台引入外部力量，建立"专家库""媒体库""外部资源库"，通过平台进行资源整合和项目孵化，形成街区更新的"创新项目库"。在近三年的实践中，治理创新平台已孵化朝阳门Walk&Talk沙龙、胡同口述史、院落公共空间提升、胡同微花园的文化复兴和空间更新创新项目，并形成史家胡同博物馆、史家胡同文创社、朝阳门社区文化生活馆、朝西工坊等由社会机构运营的在地公共活动空间，推动了街区物质环境与文化的共同更新与发展。

（二）企业主导的社会参与实践

近年来在政府积极搭建社会参与平台的同时，一些企业也开始尝试利用社会资本凝聚更多社会力量，以实施主体的身份为城市更新项目构建社会多元参与平台。

位于北京老城历史文化街区内的白塔寺地区，自2014年起由实施主体为平台组织开展街区保护更新实践，在政府与实施主体的统筹谋划下，提出"白塔寺再生计划"理念，联合大量规划设计单位、研究机构、社会力量，搭建起从宏观、中观到微观不同层面的街区空间更新框架，亦搭建平台，形成了社会参与和社区自治相结合的街区治理模式，力求以白塔寺为试点建立跨学科、跨领域的研究与实践，综合解决老城传统平房区的复杂问题，开创北京老城保护更新工作的新局面。在硬性的空间更新改造之余，软性的文化复兴与社会网络构建对于传统平房区而言同等重要。因此，白塔寺地区以共享共治为最终目标，专注长期培育和发挥社会力量，持续孵化社区自组织能力，探索出凝聚多方力量实现街区文化与社会有机再生的独特路径。

近年来，街区内利用疏解腾退空间陆续建成青塔41号四合院博物馆、白塔寺街区会客厅等新型公共文化设施，并委托专业机构运营，为居民提供相互交往、协商议事、共同行动的公共空间。在这些空间的孵化之下，越来越多本地居民开始了解街区保护更新理念，形成各具特色的社区自组织，成为主动参与到街区空间更新和社会治理创新中的有生力量。同时，为搭建多方共商街区事务的议事平台，白塔寺地区建立了北京老城内首个街区理事会，理事成员由68名居民代表、驻区单位代表、商户代表和专家组成。以其为平台，街区内的各利益相关方得以建立协商议事机制，全过程参与到街区环境治理、社区营造、商业提升等方面的决策和实施之中，使街区保护更新成为街区成员共同的事业。为进一步汇聚众智，白塔寺地区以北京国际设计周为契机搭建社会参与平台，引入多元社会力量共同思考和解决老城传统平房区保护更新的复杂问题。几年来，白塔寺地区在国际设计周期间围绕北京小院的重生、新邻里关系的营造等不同主题，收集到大量来自社会的精彩提案。一些提案在设计周展览展示过程中获得广泛认可，逐渐深化成为成熟的落地实践项目，为街区发展贡献智慧和力量。

除历史街区外，老旧小区更新实践中亦开始形成由企业搭建的社会参与平台。如朝阳区自2018年开始探索引入社会资本参与老旧小区的综合整治，经过征求民意、社会招标、洽谈协商等环节之后确定由运营企业负责劲松北社区的规划、设计、施工和后期物业管理。企业入驻后对2380位社区居民进行调研，并建立议事规则，通过居民投票"双过半"的方式确定社区改造方案、物业企业的选择、物业服务标准和物业费的制定等，并对社区闲置低效空间进行改造提升，改善社区公共环境，建立社区"会客厅"等服务设施，营造共治共建共享的社区环境。

（三）汇集社会自发行动的参与平台

除针对具体的地区和项目开展公众、社会各方意见的征集之外，搭建平台鼓励社会公众自发开展与城市规划建设相关的创新行动亦是一种值得借鉴的工作方法。为进一步营造社会公众参与历史文化遗产保护事业的积极氛围，2016年至2017年，西城区历史文化名城保护委员会开创性设立了"青年工作者专业委员会"，组织了9家在北京历史文化名城保护领域具有一定影响力的青年社会团队，一年中开展了12场不同规模、主题的名城保护文化活动，取得了良好的社会反响。2017年，在青年工作者委员会成功实践探索的基础上，西城区进一步推动建立了面向社会公开招募名城保护自发行动的"四名"汇智计划。"四名"汇智计划通过搭建汇聚政府、企业、社会等多方资源的共享平台，为自发开展历史文化名城保护主题活动的社会团体提供小额资金、活动场地、媒体宣传等方面支持，从而达到发动社会力量宣传普及历史文化名城保护知识，促进政府、企业、社会组织三方沟通交流，培育相关社会力量，不断强化社会共识的作用，形成了灵活可持续的历史文化遗产保护社会参与机制。

在"广泛鼓励、培育为主"的理念引导下，"四名"汇智计划入选团队均发挥了极强的创造力与主动性，开展形式、内容丰富多彩的名城保护实践与文化活动。"四名"汇智计划主要活动形式包括访谈、讲座、沙龙、论坛、展览、课程、手工、演出、游戏、绘本、城市探访、研究、社区服务、视频、文创衍生等，围绕主题包括名城研究、皇家园林研究、传统木构制作、古建筑彩画、古树保护、社区营造、文化遗产、传统手工艺、北京方言、口述历史、城市摄影、大数据研究等。"四名"汇智计划入选团队积极采用新媒体、新形式，用富有趣味感和互动性的方式，宣传名城保护理念，活化名城保护和历史文化在普通公众心目中的认知。如，组织小朋友画文物、制作名城绘本，用广播节目讲三山五园，用微电影传播北京话，用"音乐趴"唱遗产人的梦想，用话剧讲两代人的文保故事等。自2017年至今，"四名"汇智计划已汇集起188个社会团队，支持了超过120场公益活动，举办了超过430场以名城保护为主题的社会自发活动，积累形成了200多种文创产品、50余段音频、30余部微电影、上百场城市探访活动、几十万字的深度访谈记录。"四名"汇智计划的丰富成果体现了社会公众自发参与名城保护的热情与能力，进一步展现出公众参与能为城市所汇聚的巨大社会能量。

三、创新建立责任规划师制度

（一）责任规划师概念的提出与制度的孵化

为了进一步推动规划公众参与深度融入城市规划、建设与治理的各个环节，北京市率先推出了责任规划师这一创新制度。北京市"责任规划师制度"的建议最早出现在2004年市规划委组织开展的研究课题《胡同保护规划研究》中。当时正值奥运申办成功，为践行"人文奥运"的理念，北京名城保护步入新阶段，老城历史街区改造开始从成片拆除重建向小规模渐进式更新方式转变。该报告提出分片建立责任规划师制度的建议，规划设计单位应做到指导修缮的深度，该建议得到了评审专家和市规划委的认同。

2005年国务院批复的《北京城市总体规划（2004年—2020年）》，在规划实施中提出了要切实落实公众参与原则，推进公众参与的法制化和制度化。2007年深化落实城市总体规划，《北京市中心城控制性详细规划》完成修编。同年，党的十七大报告提出要从各个层次、各个领域扩大公民有序政治参与，之后颁布施行的《城乡规划法》要求规划在报审前需征求专家和公众意见。为此，市规划委于2007年着手准备控规公示工作，先选取了试点街道，由负责编制该片区的规划师进行宣讲。2008年《北京中心城控制性详细规划动态维护工作方案》提出中心城控规整体公示，结合责任规划师制度，由规划编制单位在编制规划环节按片区、街区组织在社区内进行公示。

2008年，市规划委继续开展"规划进社区、进工厂、进乡村"活动，继续推行责任规划师试点，并向部分试点颁发了责任规划师证书。责任规划师的工作内容包括公共服务设施优化、停车等痛点难点问题的解决方案等，为日后的城市转型发展探寻规划实施的路径。其间，北京的一些高校师生和规划设计单位也纷纷投入了极大的热情，在老城历史街区、老旧小区、工矿厂区、传统村落等区域开展了规划师常年扎根陪伴街区发展的工作试点，搭建了汇聚社会力量的工作平台，宣传规划、促进实施。经过十年探索，该活动取得了十分显著的成效，为责任规划师制度的确立和工作推进积累了丰富的经验。

（二）责任规划师制度的成型和确立

2017年，党的十九大报告指出，我国社会主要矛盾已经转化为人民日益增长的美好生活需要和不平衡不充分的发展之间的矛盾。党的十九大报告还对加强社会治理制度建设，打造共建共治共享的社会治理格局提出新要求。因此，政府需从单向的管理模式转向多元的治理模式，即政府要动员具备专业技能的机构、社会组织、志愿者等社会力量的介入，共同为建设美好家园而努力。为促进城市总体规划的实施，打通规划落实的"最后一公里"，2018年，北京市委、市政府积极探索党建引领基层治理体制机制创新，建立"街乡吹哨、部门报到"机制。2019年2月，北京发布了《关于加强新时代街道工作的意见》（京发〔2019〕4号），为理顺部门和街道的条块关系，赋予街道六项权力，包括公共服务设施规划编制、建设和验收参与权，重大事项和重大决策的建议权等，同时要求各专业委办局的工作要"一竿子插到底"，有些事情需由街道协调调度。

除了给街道赋权，还要提供专业性的力量，才可有助街道行使好权力。为此，东城区从2017年起以"百街千巷环境整治"为抓手，率先推出了责任规划师制度并出台了《东城区责任规划师制度实施办法》。2018年，西城区政府要求每个街道开展"街区整理计划"，为之配备了规划设计队伍，出台了《西城区责任规划师制度实施办法》。同年，在总结东城、西城及海淀区的街道规划实施，以及各区美丽乡村规划实践的基础上，市规划自然资源委先后出台了《关于推进北京市核心区责任规划师工作的指导意见（试行）》《关于推进北京市乡村责任规划师工作的指导意见（试行）》。2019年3月，经市十五届人大常委会第十二次会议审议通过的《北京市城乡规划条例》第十四条提出："本市推行责任规划师制度，指导规划实施，推进公众参与。具体办法由市规划自然资源主管部门制定。"同年5月10日，市规划自然资源委发布了《北京市责任规划师制度实施办法（试行）》，成为全国首个全面推行相关制度的城市。责任规划师由区政府聘任，聘期4～5年，工作范围以街道、镇（乡）、片区或村庄为单元，其工作任务是为责任范围内的规划、建设、管理提供专业指导和技术服务，主要包括宣传规划理念并解读规划，针对项目建设及环境提升等提供专业的技术咨询，进行街区评估、了解社情民意并进行反馈，推进公众参与规划的编制、实施、监督等。截至2020年7月，全市已有10个区签约了212名（首席）责任规划师，覆盖了195个街道、乡镇和片区。北京市将规划师扎根基层推动各方协同参与城市规划与治理的工作模式，从试点探索推向了全面实施。

经过一段时间的实践探索，开展责任规划师工作相对较早的东城、西城、朝阳、海淀等区已涌现一些街道，形成了具有一定代表性的实践成果。主要体现在：

——东城区朝阳门街道是全市最早开始全面试点责任规划师制度的街道。自2014年至今，街道与市规划院、北工大责任规划师团队以公共空间、公共服务设施为切入点，协同高校、企业、社会组织等多方力量，通过全过程参与式设计推动落地了大杂院公共空间提升、胡同微花园提升、传统菜市场改造等深入民心的微更新、微改造项目，并通过社区公约、胡同口述史、展览等方式开展人文教育和规划科普活动，凝聚居民家园共识、增强社区自治能力。同时，责任规划师团队与街道合作运营史家胡同博物馆，作为日常扎根社区的基地，并协助搭建了在街道层面协商议事、引入资源、孵化项目的治理创新平台，开拓了责任规划师深入、全面参与基层治理的新局面。

——西城区陶然亭街道将责任规划师制度"嵌入"街区更新实施机制。责任规划师从顶层设计入手，作为综合顾问协助街道制定了"共建美好陶然三年行动计划"，2019年举办了共建美好陶然研讨会，将北京市各类政策充分消化整合，为街道推动街区更新和治理明确了方向。在此基础上，责任规划师参与孵化社区营造中心"陶然书院"，推动晋太胡同小广场微更新项目，协助街道改善社区公共服务设施，为社区提供公共活动空间，"慢工出细活"推动街区更新落地。2019年至2020年，还与东城区、西城区的其他责任规划师团队一道，全面参与了核心区控规的编制和公示工作。

——朝阳区小关街道责任规划师在全区"街区设计导则"基础上开展了街道整治提升的"一图、一库、一表、一重点"规划研究工作，通过对社区"画像"，明确街道发展预期和未来三到五年需要重点开展的工作内容，形成社区与街道整治项目库。以此为基础，责任规划师与街道、社区、居民共同推动老旧小区环境改善，将车棚和地下室空间改造为社区花房和邻里中心，并组织居民共同开展创意墙绘，美化身边环境。同时，责任规划师团队发挥智囊作用，开展"小关讲堂"，提供各类规划咨询，为街道社区骨干人员提供信息和技术支持，发挥统一共识的作用。

——海淀区清河街道在专职责任规划师基础上，依托清华大学高校合伙人团队多年开展的"新清河实验"工作基础，搭建包含规划、景观、社会学、社工等多专业的跨学科协同工作平台，推动社区协商治理、参与式社区规划和社区民生保障。其中，重点以公共空间提升为重要抓手，开展了小区广场、社区花园、社区农园等多种多样的小微公共空间更新，在推进社区环境全面提升的同时，激发社区活力，培育起社区参与共建家园的动力和能力。

随着制度的逐步推广，越来越多的专业规划设计人员和团队以责任规划师工作为契机深度参与到城市建设与治理的一线实践之中。从实践案例中可以看到，责任规划师不仅为基层政府提供了规划咨询和技术把关，更发挥了平台和桥梁纽带作用，在规划编制和实施过程中充分采纳居民意见、发动居民参与，亦引导对接跨学科、跨行业的社会力量参与城市规划建设与治理之中，为街区发展提供新的思路和动力。在这一制度的推动下，社会各方协同推动城市发展的责任感与行动已越发深入人心，逐步成为社会共识。

四、积极探索面向未来的规划社会教育

（一）面向下一代的少年儿童城市规划宣传教育计划

近年来北京市积极开展面向少年儿童的城市规划宣传教育工作，取得了越来越广泛的社会关注。

自2014年起，市规划院发起了"规划进校园"公益活动，先后40余次组织规划师深入课堂、社区向少年儿童传播科学的城市规划理念与知识。课程将规划知识以深入浅出的方式进行通俗解读，不仅包括规划讲座、沙龙、公开课等形式，亦包含具有较强互动性、游戏

性的展览、工作坊、城市探访等，深受少年儿童的喜爱。同时，参加课程的少年儿童中不仅有史家小学、北京四中等著名中小学的学生，亦有参加北京大学博雅计划的高中生和外来务工人员子女学校的学生，覆盖城市少年儿童中的不同群体。

在此基础上，自2019年起，北京市发起了"我们的城市——北京儿童城市规划宣传教育计划"，该计划是由市规划自然资源委主办，市规划院、市规划自然资源委宣传教育中心及北京市弘都城市规划建筑设计院联合承办的公益宣传教育项目，旨在以生动有趣、学习与实践相结合的方式，面向儿童和青少年传播城市规划知识和理念，增强社会整体对城市规划的认知能力、审美水平和家园责任感，从而在少年儿童心中播下规划的种子，让大家一起了解北京、热爱北京，为推动实现公众参与城市规划的城市治理新格局打下长远基础。

（二）少年儿童城市规划宣传教育的理念与目标

为实现这一目的，"我们的城市"计划提出了3个方面的目标：培育认知力，建立"共同语境"；培育价值观，加强"规划审美"；培育责任感，实现"社会协同"。其中，城市认知力是对城市各系统的整体认知，并对城市各系统的相互关系有所了解，形成观察和认知城市的基本框架。城市认知力是公众参与城市问题讨论的前提。因此，"我们的城市"计划试图通过宣传教育活动帮助少年儿童理解容积率、建筑高度管控、用地功能等基本的规划管控方式，建立规划沟通的前提；同时，通过理性和系统的城市认知，帮助少年儿童将对城市的认识从生活经历的直观体验拓展到"看不见的部分"，如市政管线等与我们生活场景相距较远却与城市生活密切关联的内容，从而认识到空间系统的相互联系和支撑。

城市价值观是从现状的规划技术理性认知过渡到城市治理中公众理性认知的前提。价值观是关于城市"好"与"坏"的判断，每个人心目中都有一个自己的标尺，未经引导的城市价值观大多是个人利益和短期感受相关的。在城市治理的格局中，当个人的意见对城市发展发挥越来越重要的作用时，单纯以个人利益和短期感受影响城市政策和规划建设，这将是非常危险的。因此，"我们的城市"计划希望帮助少年儿童建立城市整体相关、长远发展相关和公共利益相关的价值观，进而从少年儿童时期开始形成社会公众的集体城市观念，培育比任何规划和行政管控都更为有效的社会监督力量。

城市责任感是公众参与城市规划建设与治理的内生动力。"我们的城市"计划希望通过城市价值观教育和知识教育不仅培育公众城市治理参与能力，更培育少年儿童的城市家园情怀和参与城市治理的意愿，让公众从"站着看"到"一起干"。从小而言，如果每个市民把社区环境改善当成自己家里的事，一起行动起来，找问题想办法聚资源，社区环境改善将有不竭的动力。从大而言，如果每个市民将城市品质提升当成自己的社区改善一样关注，一起建言献策，找问题想办法，城市品质的提升的动力也将源源不断。

（三）少年儿童城市规划宣传教育的创新实践

开展少年儿童城市规划宣传教育，首先要在内容层面解决"要传播什么知识和理念"的问题。为此，"我们的城市"计划将城市规划专业的知识、理念和优秀实践案例进行筛选，形成了包含城市总体规划、城市设计、历史文化名城保护、市政规划、交通规划、社区规划等知识内容的《儿童城市规划宣传教育指南》。这些内容不是对城市规划专业内容的照搬和提前学习，而是基于城市治理对于未来城市公民的要求，研究少年儿童对城市及城市规划的理解能力。例如，在认知方面，应该能读懂规划图、了解城市系统的构成、了解社区—街区—城市不同城市尺度的特性；在价值观方面，应该知道文化保护、以人为本、绿色低碳等城市发展理念；在责任感方面，应该理解人与环境的互动联系、具备基本方案表达能力等。

在内容指南的基础上，要从需求和产品角度思考，解决用什么载体呈现知识和理念更能激发少年儿童兴趣的问题。为此，"我们的城市"计划尝试开发不同形式的教育产品，不仅积极制作适用于课堂教育的传统而有效的教材和课件，亦尝试探索绘本、游戏、实践课程、H5、音频、视频、图文信息、情景剧、VR等多种传播形式。2019年至2020年，"我们的城市"计划已孵化出"小小社区规划师"实践课程、"我们的院子"公众参与院落改造故事绘本等产品，并举办了"名城青苗夏令营""六一线上城市探索课"等活动，一系列课程的标准课件、教具、教案也在开发之中。

其中，在2020年的"六一线上城市探索课"中，"我们的城市"计划首次尝试利用新华网直播和线上公开课的方式，由专业规划师和教育机构通过镜头带领大家共同探索北京，认识、理解和热爱我们的城市，进而共同参与规划建设我们的城市。同年6月开课以来，新华网北京频道、光明网、首都之窗、市规划自然资源委门户网站等都开设了《我们的城市·六一线上城市探索课》专栏。此外，新华网、中新网、光明网、"学习强国"等中央主要媒体或中央重点新闻网站，《北京日报》《北京晚报》、北京广播电视台、"首都之窗"等北京市主要媒体及其新媒体平台对此进行专题报道，人民网、中国网、千龙网、大河网、新浪、搜狐、腾讯等中央和地方重点新闻网站、主要商业门户网站以及主流自媒体平台对相关新闻进行了转载。活动的总阅览量超过450万人次，视频播放量约380万人次，传播形式覆盖微博、微信等新媒体平台、门户网站等全媒体渠道，充分发挥了面向少年儿童、面向社会宣传城市规划理念与实践的积极作用。

与此同时，"我们的城市"计划亦尝试逐步搭建社会参与平台，建立少年儿童城市规划宣传教育内容的公益传播机制。目前，虽然部分学校、教育机构都有较为成熟的授课机制，如北京四中和北大附属中学的选修课都有城市和建筑的相关内容，很多教育机构也组织国外城市和建筑游学等项目，但能接受到这些服务的仍为少数少年儿童。要将宣传教育的产品辐射到更广泛的少年儿童群体，如外来务工人员子女及郊区县的少年儿童，仅靠现有力量远远不够。因此，未来将尝试利用党员社区报到制度、责任规划师制度等机会，搭建社会力量的组织平台，将面向公众的城市规划宣传教育内容更广泛传播，将规划师、高校学生、有能力的学生家长变成符合要求的"老师"，共同在少年儿童心中播下"城市规划"的种子，培育有意愿、有能力参与城市规划建设的新市民。

总结与展望

一、规划建设创新特点

总结归纳新中国成立以来北京城市规划建设创新的主要特征与特点，可以看出，规划建设创新的基本轨迹与规律是"继承、发展、创新"，即在继承既往规划创新经验和汲取历史发展经验教训的基础上，根据时代发展变化和新形势新要求，与时俱进，不断发展和拓展规划的内容，不断发展和拓展规划实施及城市建设的相关技术、管理、治理、政策、体制、机制，从而在新的更高起点和标准上，达至新的创新，取得新的成效，并与相关领域的发展创新一道，共同推进首都的经济社会发展和城市建设，推进再创新和新发展。历史发展的实践也表明：并非所有的发展都是创新，但创新一定是在继承中发展、在发展中跃升的过程。循着这一轨迹与规律，70多年来北京城市规划建设的创新实践体现出以下7个特点：

第一，党领导下的有组织、有意识的战略创新。新中国成立前夕，1949年3月召开的党的七届二中全会，着重讨论了随着形势发展党的工作重心由乡村向城市实行战略转移问题，阐述了全国胜利后党应当采取的基本政策，明确提出"只有将城市的生产恢复起来和发展起来了，将消费的城市变成生产的城市了，人民政权才能巩固起来"的方针政策。与全国各大城市一样，新中国成立之初北京面临的最紧要形势是如何恢复与发展生产，变消费城市为生产城市，这也是城市规划建设发展与创新的重要任务。早在1949年1月北平和平解放之前，党中央即着手考虑未来新首都发展的重大战略问题——首都北京怎样建设和怎样发展。1949年3月，毛泽东主席在党的七届二中全会上号召全党"必须用极大的努力去学习管理城市和建设城市"。继同年4月1日成立北平市建设局后，北平市于5月22日成立都市计划委员会，在党的领导下着手开展首都的城市规划工作，研究制定城市总体规划，落实党的方针，谋划首都发展方向、建设方针和重大发展策略。这种党领导下的有组织、有意识的战略谋划与创新，集中体现在中央对北京不同历史阶段发展建设提出的指导方针，以及市委、市政府把握首都发展的特殊性与特殊要求，科学合理地确定城市发展方向、建设方针及总体战略上。例如，从新中国成立之初中央确立的"变消费城市为生产城市"方针到提出首都建设"三为"方针，从1980年中共中央书记处提出的首都建设方针"四项指示"，即"究竟把首都建设成一个什么样的城市，应该有四条指导思想"，到1983年党中央、国务院对北京城市建设总体规划方案的批复中指出的城市规划建设要"为党中央、国务院领导全国工作和展开国际交往，为全市人民的工作和生活，创造日益良好的条件"；从2005年国务院对北京城市总体规划的批复中提出的城市建设"为中央党、政、军领导机关的工作服务，为国家的国际交往服务，为科技和教育发展服务，为改善人民群众生活服务"，到2014年习近平总书记视察北京时提出"建设一个什么样的首都，怎样建设首都"这一重大时代课题，以及历版北京城市总体规划所确立的城市性质、战略定位及总体发展战略，其创新思想延续至今，思想内涵不断传承发展、拓展升华，是城市规划建设创新的生命力之本。

第二，体现国家战略和历史使命的发展创新。新中国成立70多年来，作为国家首都，北京的规划建设和城市发展一直得到中央的高度重视和关注，同时也在国家探索社会主义道路的曲折过程中，对各个时期国家战略的实施发挥了重要作用。如：新中国成立之初，为尽快改变国家贫穷落后面貌，中央确立了工业化发展战略，对全国城市发展及北京提出"变消费城市为生产城市"的方针，一方面是想通过北京发展生产和现代化建设，迅速改变城市面貌鼓舞激励全国人民；另一方面也希望利用北京发展工业的经验指导全国的工业化。这一时期，北京市编制的两版城市总体规划——1954年《改建与扩建北京市规划草案》、1958年《北京市总体规划方案》，都坚定贯彻中央对北京发展建设的要求，是落实国家工业化发展战略和历史使命的具体体现。到20世纪80年代初期，为加快改革开放和现代化步伐，中央确立了现代化建设的发展战略，对首都北京的发展建设提出"四项指示"，要求北京在社会发展、环境建设、文化教育、人民生活等方面全面提升，成为全国人民向往的中心，为国家的全面现代化提供经验，也要"在社会主义物质文明和精神文明建设中，为全国城市作出榜样"。20世纪80年代编制完成的城市总体规划——1983年《北京城市建设总体规划方案》，贯彻中共中央书记处"四项指示"精神，确定了北京是全国政治中心和文化中心的城市性质，提出"各项事业的建设和发展都要适应和服从这样一个城市性质的要求"，明确了城市发展方向、建设方针及城市发展建设的各项要求，体现出落实国家现代化建设发展战略和历史使命的担当。进入新时代，为全面建成小康社会，党的十八大以来确立了统筹推进"五位一体"总体布局和协调推进"四个全面"战略布局的发展战略，推进国家治理体系和治理能力现代化的深化改革目标。习近平总书记于2014年和2017年视察北京时，对北京的城市规划建设提出明确要求，明确了"政治中心、文化中心、国际交往中心、科技创新中心"的城市战略定位，提出要"坚持以人民为中心的发展思想"。为落实中央要求，更好地承担首都在新时代国家发展大局中的使命，北京市编制并实施推进了新版城市总体规划——2017年《北京城市总体规划（2016年—2035年）》，确定"四个中心"的城市战略定位，突出首都发展、减量集约、创新驱动、改善民生的要求，走内涵集约发展的新路，为落实国家发展战略提供有力支撑。其中，京津冀协同发展战略的实施，是国家区域发展战略的重要构成，也是国家加快构建以国内大循环为主体、国内国际双循环相互促进的新发展格局的重要一环。可以看到，作为首都，北京的规划建设发展始终围绕着中央重大决策的落实而展开，承担着重要的国家使命，同时也为广大市民提供更好的服务，反映出中央治国理政的思路和方向以及首都在国家发展大局中的职责和担当。北京的城市发展和规划建设创新与国家战略、时代使命牢牢结合在一起，在国家和首都发展的关键阶段发挥着关键作用。

第三，针对性地解决发展中关键问题而进行的具有鲜明历史特点的创新。新中国成立70多年来，北京市在中央的指导下与时俱进，针对不同发展阶段所遇到的关键问题，通过具有改革精神的发展创新来改正发展偏向和纠正偏差，推进新的发展，是北京城市规划建设创新的一大特点。如新中国成立后经过近30年的发展，贯彻"变消费城市为生产城市"发展方针，大力发展工业生产，加强政治、文化中心建设，增强城市功能，北京的城市面貌发生了巨变。但到20世纪70年代末，资源向工业过度倾斜，使得北京的经济结构偏重于重工业，社会发展、环境建设欠账过多，城市建设面临许多矛盾问题，出现发展失衡问题。改革开放即是对过去发展道路的纠偏。1980年，中共中央书记处对北京发展建设提出"四项指示"，即是希望北京改变单纯发展大工业的思路，在社会发展、环境建设、文化教育、人民生活等方面全面提升，成为全国乃至全世界"第一流的城市"。为此，1983年《北京城市建设总体规划方案》确定北京的城市性质是"全国的政治中心和文化中心"，不再提"经济中心"和"现代化工业基地"，明确了发展适合首都特点的经济发展方向，并据此确定了城市发展的战略及各项策略，体现了对既往发展方向的反思与纠偏，在纠偏中实现规划建设的创新，为城市新的转型发展奠定了基础。2014年至2017年，在北京城市发展的又一个转型期的关键阶段，习近平总书记两次视察北京，对北京的城市规划建设提出明确要求，明确了"四个中心"的城市战略定位，提出减量提质的发展要求，为北京经济社会和城市的转型发展指明了方向。2017年《北京城市总体规划（2016年—2035年）》的编制与实施，以习近平总书记系列讲话精神为根本遵循，以建设国际一流的和谐宜居之都为总目标，以更宽广的视野、更长远的眼光来谱写中国梦的北京篇章：坚持首善，服务大局，谋划长远，牢牢把握首都发展的要义，突出首都功能，有序疏解非首都功能，切实履行"四个服务"的基本职责；贯通历史现状未来，通过传承城市历史文脉，深入挖掘保护内涵，精心保护好历史文化遗产这张金名片，强化首都风范、古都风韵、时代风貌的城市特色；打破传统行政区划限制，着眼区域尺度布局首都功能，以改变单中心、"摊大饼"的发展模式，走内涵集约的新路；通过建设以首都为核心的世界级城市群，促进北京与周边地区融合发展，努力为国家和京津冀区域发展作出更大贡献。在此基础上，突出首都发展、减量集约、创新驱动、改善民生的要求，明确了首都未来可持续发展的新蓝图。可以说，新总规的编制与实施是对过去追求高速发展、偏重增量发展的传统城市发展模式的反思与纠偏，也是对解决好"大城市病"问题凸显的反思与纠偏，推进了规划建设的创新。纵观历史发展，这种"纠偏性"创新不仅体现在战略层面，也体现在具体的规划实施政策以及规划建设管理措施上。如：新时代北京新版城市总体规划编制与实施中的一些新政策、新机制——公交优先与智慧交通建设、老城整体保护及文物的活化利用、多元共治的城市治理及多元化社会参与的社区治理、人本化和精细化的社区改造和小区绿化建设、"十五分钟生活圈"建设、自行车专用道规划建设、城市休闲绿地场所及绿色步道建设等，都是针对规划建设中的问题及规划与实施的矛盾而提出并推进实施的创新举措，体现出整体性创新的特点。

第四，汇聚全社会智慧的集成创新。作为大国首都，北京的城市规划建设无小事，一直是国家战略的体现，代表着中国城市乃至经济社会发展的基本走向和较高水平。70年多来，在城市转型发展的每一个历史时期和发展阶段，北京城市规划建设的发展，从城市总体规划的研究编制到各类特定地区规划、专项规划的深化编制，从规划的实施管理到城市建设、城市管理、社会治理等，都始终得到中央领导的关心及全国、全世界的关注，得到来自各方面，从中央、国务院各部委，到北京市各区县、各部门，以及各方专家学者、社会各界的大力支持，社会各方和市民百姓广泛参与其中，贡献智慧和力量。因此，北京城市规划建设的创新是在这样一种特定环境与氛围中不断孕育、产生、发展的，是汇聚全社会智慧的集成创新，是创新的集合，是集体智慧的结晶，赋予了创新强大活力。

第五，具有国际视野和开创精神的改革创新。城市规划是城市发展建设的基本依据，十分重要且具有很强的可比性，是全球城市发展链中的一环，从创史立业到发展壮大，从遭受封闭到对外开放，在国际化、全球化的背景下，城市规划建设创新具有国际视野、战略眼光、开创精神，都必不可少，十分重要。纵观新中国成立以来北京的城市规划建设发展史，在根据时代要求和中央精神科学确定城市性质与发展方向的基础上，从20世纪50年代市区"分散集团式"布局的提出和建设中推进总规与建设计划同步实施，到20世纪80年代确立"适合首都特点的经济发展"方向和通过建立首都规划建设委员会体制机制加强对城市建设的集中统一管理，从20世纪90年代确立"两个战略转移"方针、提出大力发展首都经济、加强以CBD重点功能区为起点的国际城市建设，到21世纪初前10年紧紧围绕总规实施协同推进奥运建设、经济发展、体制改革、政策优化、公众参与，再到新时代新版城市总体规划确定"一体两翼"发展格局以及协同推进非首都功能疏解、城市副中心建设，以及结合规划工作开展的有关京津冀协同发展、城市更新、老城保护与复兴、海绵城市建设、智慧城市与交通、韧性城市、低碳规划、碳中和规划对策等大量前瞻性规划研究，都是具有国际视野的战略谋划和富有开创精神的改革创新，对于新中国首都城市规划从无到有、从有到强、从强到优的发展创新，不断注入新动力、新动能、新智慧。

第六，体现"四个服务"和"以人民为中心"、彰显首都特色的引领性创新。北京是首都，坚持"四个服务"，做好首善之举，是新中国成立70多年来北京城市规划建设始终遵循的一条重要原则，促进其创新具有显著的首都特色和引领性特点。例如新中国成立之初开展的龙须沟整治、1959年"国庆十大工程"中的拆迁安置与善后工作、80年代初提出的逐步做到城市垃圾有机、无机分类排除和清运的对策，20世纪90年代提出和实施的大力发展首都经济和积极治理环境污染，21世纪最初10年开展的多项规划公众参与实践和制度建设，以及近年来不断深入推进的劲松等居住区的社会治理，都是体现"四个服务"特别是"以人民为中心"的思想，为劳动人民服务、造福市民百姓的典型创新对策，在其规划、建设、管理、治理的理念上具有前瞻性，对于其他城市的发展建设和城市管理起到示范引领作用。

第七，点滴积累、积小成大、积少成多的渐进创新。限于篇幅，本书仅记载了北京城市规划建设创新发展的主要脉络以及重大创新、典型创新。与其他事物发展一样，这些重大创新、典型创新的产生和发展，都遵循了由小到大、渐进发展的客观规律。纵观新中国成立以来北京70多年的发展历程，在落实城市总体规划和推进首都城乡建设中，在城市规划建设进程中涌现出许许多多具体的、细小的，涉及技术、方法、理念、机制、体制等范畴的工作创新。这些工作创新虽分散细小、默默无闻、无法一一记载，但有很多细小创新都是重大创新、典型创新的基础和组成，是重大创新、典型创新的发源或发端，它们在不断发展中汇聚在一起，积小成大、积少成多、渐进成长，才能真正发挥出集聚创新的成效，推进战略落实、总规实施、政策落地，起到推进持续发展的作用。

二、规划建设创新机制

总结新中国成立70多年来北京城市规划建设的发展经验，可以看出，规划建设创新的机制及其保障主要体现在以下几个方面：

第一，指导思想与首善标准保障。北京是首都，规划建设事关首都发展全局和国家发展大局。在党的统一领导下，在城市规划建设中始终坚持将为人民服务宗旨与实事求是思想路线相统一，以可能达到的最高标准要求推进各项工作，是历届市委、市政府坚持的首要原则和工作指导思想。20世纪50年代初至60年代曾长期担任北京市委秘书长和后来曾任北京市委书记的郑天翔[①]，在其回忆录《回忆北京十七年》中记述了新中国成立后17年间，北京市委如何做到"用客观上可能达到的最高标准要求我们的工作"。郑天翔指出，这一工作指导思想是"把坚持为人民服务的根本宗旨和坚持实事求是

---

① 郑天翔曾于1952年至1977年在北京市先后任市委常委兼秘书长、市委副书记兼秘书长、市委书记处书记兼秘书长、市委书记、市革委会副主任兼市政协副主席等职务。1983年4月至1988年4月，郑天翔出任最高人民法院院长、党组书记。

的马克思主义思想路线统一起来的指导思想"①，至今仍具有重要的现实意义。正是在这一指导思想的指导下，用可能达到的最高标准进行检查和部署，要求党员，要求各方面的工作，遵循客观规律，实事求是地做好规划编制、实施管理及各项建设工作，北京的规划建设才实现了又快又好的发展和求真务实的创新；通过不断创新，更好地让"四个服务"和为民谋福的思想与行动落地、生根、开花、结果，惠及社会，造福百姓。坚持这一原则和工作指导思想，一直延续至今，这是促进北京的规划建设不断取得新创新、新成效的重要保障。

第二，开放体制与工作氛围激励。北京作为首都，城市规划编制和城市建设工作从新中国成立之初起，就采取了党领导下的开放的工作体制，并不断完善和强化汇聚各方智慧的工作氛围，一直延续至今，为规划建设的创新提供了重要的激励机制。例如，从1949年5月成立北平市都市计划委员会及其人员组成，到各方专家参与的总规方案前期研究组织方式，从1949年至1957年邀请三批苏联专家团（组）来京援助北京的规划建设，1956年至1957年举办多次总规方案编制工作展览和听取各方面意见，到20世纪80年代成立首都规划建设委员会和吸纳中央、国务院各相关部委参与首都规划建设大事决策，从新中国成立以来历版城市总体规划的开放编制及"政府组织、专家领衔、部门合作、公众参与、科学决策"的工作模式的形成，到近年

---

① 郑天翔在书中记载：在1963年11月的工作会议上，市委书记彭真同志再一次对这个指导思想做过解释。彭真同志说："北京的工作用什么标准来要求，还是要用可能达到的最高标准。"一个最高标准，一个客观上可能，这绝不是鼓励大家有目的地、片面地在工农业生产、基本建设或其他方面追求不切实际的高速度、高指标，更不是鼓励同志们在妄自大、目空一切，以首善之区自居；而是"根据党的方针政策，根据客观实际的可能性和必要性，最大限度地发挥主观能动性，即用党和群众的自觉的努力，使我们各方面的工作，以客观上可能的最高的速度，健康地前进"。在这里，既反对"不力争上游，安居中游，稍有成就，就沾沾自喜"，也反对"违背客观规律，任意乱干"。这是把坚持全心全意为人民服务的根本宗旨和坚持实事求是的马克思主义的思想路线统一起来的指导思想。（郑天翔.回忆北京十七年［M］.北京：北京出版社，1989：3-4.）

来更多形式的规划公众参与机制的建立、发展、完善，从规划开放编制的协调主要依托机构和组织，到更加注重建立汇聚社会各方力量的多方参与社区治理的平台①，都体现了规划编制——实施管理——城市建设全过程的开放的工作体制，是规划建设能够持续创新发展的重要激励机制。另外，早在新中国成立初期，参与规划研究编制的很多专家及年轻的规划工作者，都有留学欧美的经历或毕业于国内高等学府，他们了解国外，知晓国际；苏联专家团（组）协助北京的规划工作，也给规划工作者带来了莫斯科等先进城市的规划经验与方法；加上中央领导的关心和市委、市政府的指导，规划工作一开始就与国家发展大局和城市发展战略紧紧相连。这一切促使规划工作者努力研习国外规划经验，深入研究城市发展历史，古为今用，洋为中用，在规划中拓展视野，提高站位，开拓创新。如此传承，在新中国成立后延续70余年，培养了一代又一代的规划建设工作者，也为城市规划建设的不断创新提供了必要条件，是激励规划创新的重要方面。

第三，先进理论与社会实践引领。城市规划建设是一项政策性、技术性、综合性都很强的工作，也是一项伟大的社会实践。这一特征决定了北京的规划建设工作，不仅需要有正确的理论来指导，依靠马列主义、毛泽东思想、邓小平理论、"三个代表"重要思想、科学发展观、习近平新时代中国特色社会主义思想引领方向，也需要有先进的规划理论来指引，不断完善方法与内容，还需要对各种相关学科的理论、方法加以学习和借鉴，如经济、社会、生态、历史及城市史、公共政策、社会文化、社会心理、管理和社会治理等，以不断提升规划研究和规划编制的整体水平，为创新提供动力与支

---

① 今天，面向新版城市总体规划实施和规划转型的城市规划编制，在形式和内容上都更加开放，开始呈现很多新的转型变化。比如：基于实施的规划编制从项目起步时就把编制与实施紧密融合起来协同组织，更加注重全过程的协调和统筹；规划编制的开放不仅限于总规和专项规划，也有更多的协调规划、实施规划等小的规划项目，公众参与的面更宽，程度也更深入；规划编制与实施集聚的社会资源、智慧、动力等，是更加多元化的利益主体，是有着共同利益的协同创新共同体；在规划项目实施上，也更加注重引入社会资本、社会组织、社会治理机制等。

撑，促进创新发展。同时，城市规划建设的社会实践性，决定了其发展和创新都必须通过具体的实施，在社会实践中得到应用和检验，并通过实践检验的反馈来对其工作方法与创新内容进行必要的调整、修正、改进，通过再发展、再创新、再实践，推进城市建设和社会进步。因此，社会实践也是推进规划建设创新持续发展的重要机制。新中国成立70多年来的实践证明，先进理论和社会实践的紧密结合，对于北京规划建设的创新发展起到了重要指引。从另一个角度讲，通常业界对一项规划是否具有创新性没有统一的评判标准，但普遍得到认同的是，理论与实际相结合，先进的理论、理念、方法与社会实践相结合，实事求是，因地制宜，接地气，能够解决实际问题，对于规划创新而言至关重要，是具有引领作用的重要机制。

第四，法规政策及技术规范的约束与锤炼。北京的规划建设不仅是一项政策性、技术性、综合性很强的工作，也是在严格法规、政策、技术规范约束下的政策性、专业性、综合性工作。仅以法规为例：早在新中国成立初期，城市规划建设工作就有了依照遵循的全国性《编制城市规划设计程序（草案）》（1952年9月）、《城市建筑管理暂行条例（草案）》（1954年6月）、《城市规划编制暂行办法》（1956年7月）等行业技术法规和标准规范①，城市规划编制也是新中国成立后最早遵循多项技术法规规范的政府工作之一。自20世纪80年代至今40余年间，经过不断发展，以新修订的《北京市城乡规划条例》为核心，北京市制定颁布了大量涉及勘查测绘、规划设计、规划管理、建筑设计、建筑工程、工程管理等各专业，涵盖人口管理与城乡建设、绿化建设与环境保护、历史文化名城保护、交

---

① 新中国成立后，为规范城市规划工作，1952年9月召开的第一次全国城市建设座谈会上所讨论的《中华人民共和国编制城市规划设计程序（草案）》，成为"一五计划"初期编制城市规划的主要依据。1954年6月，第一次全国城市建设会议印发了《城市规划编制程序暂行办法（草案）》《关于城市建设中几项定额问题（草稿）》《城市建筑管理暂行条例（草案）》3个文件。1956年7月，国家建设委员会正式颁布《城市规划编制暂行办法》，这是新中国第一个关于城市规划的技术性法规。

通及市政工程建设与管理、社区建设与管理、无障碍建设管理、城市防灾减灾等领域的政府规章、规范性文件，以及标准、定额、规范等技术性法规规定[①]，对城市规划建设发挥了重要的指导和规范作用，也在相关机制要素的相互影响和共同作用下，锤炼和促进了城市规划建设的创新。以规划编制工作为例，新中国成立70多年来的规划实践表明，法规、政策、技术规定的严格规范，并没有构成对创新的约束，而是在坚持为人民服务与实事求是相统一和最高标准工作指导思想的保障下，在开放体制与工作氛围激励及先进理论与社会实践引领下，锻炼了规划工作冷静思考、严谨思维、严密论证的逻辑，规划的创新思维和行为也不断得到磨炼——规划内容不仅要合法合规及符合政策要求，严谨规范，而且要内涵充实、简明实用、能够实施；规划创新不仅要方法内容有依据、可溯源，而且创新要能得到实践和时间的双重检验，逐渐成为规划工作的常态标准。经过几代人传承发展，这些做法和标准都成为规划从业人员普遍遵循的行为准则，也升华为灵活理念，逐步提高了规划编制的创新能力和水平。

三、规划建设创新文化

至2020年，首都北京已有3065年的建城史和867年的建都史。悠久的历史底蕴与文化熏陶，对于培养一代又一代规划工作者、建设者的创新精神起到了重要的滋养作用。总结新中国成立70多年来北京城市规划建设创新的发展历程与经验，可以看出，创新的文化源泉主要来自以下三个方面，这也是北京城市规划建设创新文化特

---

① 20世纪80年代以来，北京加强了对城市规划建设地方性法规、政府规章、规范性文件及技术法规规定的系统研究制定，于1984年2月颁布施行《北京市城市建设规划管理暂行办法》，1987年颁布施行《北京市城市建设工程规划管理审批程序暂行办法》。在地方性法规制定方面，1992年7月，经市第九届人大常务委员会讨论通过《北京市城市规划条例》，这是全国第一个颁布执行的地方性规划法规；自2009年10月1日起，开始施行《北京市城乡规划条例》；2019年，完成对《北京市城乡规划条例》的修订，由市第十五届人大常务委员会第十二次会议于3月29日通过公布，自4月28日起施行。

色的体现。

第一，源于中华民族文化精髓的传承与弘扬。古往今来，中华民族传承与弘扬优秀民族文化精髓的一个重要体现，就是面对新事物不断加强学习和总结经验，适应发展得到提升。这一点，由于新中国成立以来北京的城市建设发展速度快，每天在工作实践中都会遇到很多新内容、新问题、新难点，因此在规划建设工作者的身上表现得尤为突出。不断向历史学习，从书本中学习，在实践中学习，及时总结实践中正反两方面的经验教训并用于指导工作和实践，是规划建设能够不断取得创新成果和成效的重要源泉。这种传承与弘扬优秀民族文化精髓、形成"勤于学习、善于总结"创新特质的典型之例，就是规划建设者不断从实践中总结提炼出一些原创性、有助于推进创新发展的"经典警句"。以规划工作为例，对于如何认知规划工作者的定位作用，规划前辈归纳出"规划师是天然的社会主义者"之说；对于如何认识城市规划本身，规划前辈总结出规划"三分技术、七分政治"之论；对于如何掌握规划研究方法，规划前辈提出"资料形成观点，观点统率资料"之说；对于如何认识城市规模（人口、用地规模）的控制，规划前辈概括出"大控制小发展，小控制大发展，不控制乱发展"之经验；对于如何在新时期做好规划编制，规划工作者提出"既要做好'老三样'，也要注重'新三态'"①之说；对于如何认识新时期城市规划工作的本质特征，年轻的规划工作者亦提出"规划要有理想，但不能理想化"的论断，等等。这些将通过学习与实践得到的经验转化为理性认知和感悟的"警句"，言语朴实，代表着规划工作者对客观规律的朴素认知，是源于实践、高于实践的精练概括，体现了规划工作者的人生观、价值观、方法论，因普遍得到认同而得到传承，起到了传播理念、促进工作、助力创新的积极作用，是北京城市

---

① 这里说的"老三样"，是指在城市总体规划编制中，一般将综合研究确定城市性质、城市规模（包括人口规模、用地规模）、城市布局，作为规划重中之重的三项内容，业内俗称"老三样"。而"新三态"则指对城市发展有重要影响的业态、生态、形态，是新时期城市规划编制工作应当考虑的重要内容。

规划建设创新文化及其软实力的体现，是培育创新成长的沃土中的文化养分，也展现了独特的文化精神，值得后人继续深入研究和挖掘整理、发扬光大。

第二，源于古都文化、京味文化、红色文化的滋养及其与现代文化的融合。北京古都文化底蕴深厚，最显著的特征之一是海纳百川、兼容并蓄。北京是座移民城市，新中国成立之初，众多的规划建设工作者从五湖四海、全国各地会聚北京，来自天南地北不同地域文化背景的规划建设者，不断被博大精深、融汇古今的古都文化所吸引、所滋养，同时又保持着各自民族和地域的独特的语言、思维、文化、特质、精神，参与到北京城市规划建设的实践洪流中，经过不同文化、智慧的不断交汇融合，培育起"惟变所出，万变不从"的创新精神，逐步形成创新探索百花齐放、百家争鸣，实践创新百舸争流、千帆竞发的创新氛围，这是北京城市规划建设能够取得众多原创性、思想性且各具特色的创新成果的文化源泉，也是北京特有的创新文化特质之一。对此，学者赵书在《北京城市的性格》一文中这样描述："北京是一个充满活力的古都，又是一个移民城市，它的居民来自四面八方，融合了南北东西的文化，吸收了国际上最新的建设理念，它融合了南方人的智慧和北方人的勇气，也有许多东西方文化相结合的建筑杰作。北京是个大熔炉，无论你来自哪里，都会熔化在它深厚的文化底蕴里。北京有三大城市性格：融合性、地域性、创新性。正因为如此，北京总是在和时代一起前进，永不停步。"

第三，源于中外文化的交汇与融通。北京古城历史悠久，文化遗存丰富，其都城规划设计体现了我国古代城市规划的最高成就，有很多思想理念、营城经验、建造技术、格局风貌、文化遗产等，都需要在现代化的发展建设中不断得到传承和发展；而现代化的城市规划建设理论、方法、技术、规范、标准、管理等，则都需要向发达国家学习、借鉴、应用。新中国成立70多年来，在传承历史和向西方学习的过程中，始终坚持"古为今用、洋为中用"，是北京推进规划建设创新的一条重要原则，中西文化的交汇与融通，是促进创新发展的动力源泉。如在城市规划中，新中国成立70多年来的历次北京城市总体规划编制修编，以及北京商务中心区（CBD）规划、奥运建设及北京冬奥会规划、新首钢规划、历史文化名城保护规划、城市副中心规划、限建区规划及城市低碳规划发展研究等许多创新性的规划，都是传承历史文脉、学习借鉴国际先进理念和经验的产物，体现了原创性、思想性、开拓性的规划创新。在城市建设中，像人民大会堂、民族文化宫、"鸟巢"、五元桥、大兴国际机场这样的中西文化融通结合的创新建筑杰作和工程杰作，更是不胜枚举。

四、对未来创新的展望

凡是过往，皆为序章。新中国成立70多年来北京城市规划建设的创新演进，为首都城市发展提供了重要基础和支撑，城市发展相继完成从旧时典型消费型城市向大工业城市，以及从大工业城市向服务型城市的转型，正在开启新时代城市减量提质、绿色低碳转型发展的新历程。站在这一历史发展的重要节点，总结既往，展望未来，未来北京的城市规划建设创新发展将以贯彻落实习近平总书记系列讲话精神为根本遵循，以落实党的十九届五中全会和中共北京市委十二届十五次全会精神为指引，更加凸显以下几方面的特点和特征。

第一，服务国家战略的创新。习近平总书记曾多次指出，当今世界正处于百年未有之大变局。2020年全球新冠肺炎疫情的暴发蔓延进一步加速了世界政治、经济格局的变化，增加了百年未有之大变局的变数，对各国的经济社会及城市发展，都提出了新要求新挑战。"后疫情时代"，北京的城市发展与规划建设，将与国家命运和国家发展战略的实施更加紧密地联系在一起，随着中国国力的不断强大和国家的强盛，北京作为国家首都，"四个中心"的作用将不断增强，这对持续加强规划建设的创新提出了更高的新要求，也面临新的挑战。面对西方国家对华战略挤压的压力，以及中国将在更大的国际舞台上与世界各国一道建设人类命运共同体的局面，北京的规划建设必须要不断强化创新服务国家战略的思想意识，要坚持在贯彻落实习近平总书记对北京工作的系列指示精神，贯彻落实党的十九届五中全会提出的关于"优化国土空间布局，推进区域协调发展和新型城镇化"等要求方面，走在全国城市的前列并作出表率。未来北京城市规划建设创新保障国家功能发挥和服务"一带一路"、京津冀区域协同发展、"双循环"新发展格局等国家战略，将重点体现在首都核心功能区的规划建设、北京冬奥会规划建设和成功举办、城市副中心建设、北京对雄安新区建设的支持，以及保障国家在京重大活动举办，保障政治中心、文化中心、国际交往中心、科技创新中心的功能发挥方面。对此，北京城市规划建设的创新应坚持以深入实施人文北京、科技北京、绿色北京战略为指导，以首都发展为统领，以推动高质量发展为主题，通过规划、建设、管理、治理以及相关体制、机制改革的主动创新，更好地解决落实国家战略、推进非首都功能疏解中普通百姓所关心的问题，把为中央服务和为市民服务更好结合，将"四个服务"落到实处，促进城市的可持续发展。

第二，更加贴近民意和务实的创新。城市发展建设的首要任务是保障城市发展更安全、更健康，确保应对公共卫生危机和综合防灾减灾的能力更强、更有韧性。因此，未来的城市规划建设创新，首先要树立创新服务百姓、惠及民生的理念，深刻反思和总结全球新冠肺炎疫情传播与防治的经验教训，贯彻习近平总书记关于"坚持以人民为中心的发展思想""坚持把人民群众生命安全和身体健康放在第一位"等一系列重要指示精神，贯彻党的十九届五中全会提出的"推动绿色发展，促进人与自然和谐共生""改善人民生活品质，提高社会建设水平"等要求，根据国家和北京市有关生物安全、公共防疫等立法及制度保障体系建设的要求，始终坚持以城市安全及人民生命安全与健康为首位的原则，转变规划观念和方法，加强对落实生物安全、公共防疫、防疫应急、应急空间、安全治理、绿色发展、社区建设与治理等方面的规划研究，与相关规划协调对接，深入做好公共卫生和防疫等专项规划，拓展规划创新，补足公共服务短板，统筹考虑应急时期各项防疫减灾措施的作用及其相互关联影响，发挥基层社区在防疫防控、人口管理、生活保障等方面的作用，将城市规划和空间治理的重心向基层下移，逐步培养市民的城市意识、社区空间意识和家园意识，不断完善国土空间规划体系和实施治理体系，为促进城市的科学发展和切实保障人民的生命安全和身体健康奠定坚实基础。此外，受多重因素综合影响，未来城市建设的减量发展和结构性调整需求将会大大增加，转变增长模式的内生式增长转型要求，依靠业态创新、科技创新、文化创新、体制创新等多引擎带动共同推进城市发展的要求，将会不断推进经济结构的战略性调整和社会结构的渐进性调整，进而使城市建设的结构性调整成为常态。因此，城市规划还应对"后疫情时代"可能发生的种种变化及其对人们生产生活行为和城市建设的可能影响，作出科学研究和预判，推进战略性、综合性的规划研究和更加务实的规划编制创新，为可能发生的结构性转变以及城市转型发展做好准备。

第三，理论创新、科技创新、体制创新共同推动的创新。新中国成立70多年来，北京城市规划建设创新的组织方式，已由20世纪50年代的大项目、大工程联合带动为主，发展到20世纪末的大事件综合带动为主，近年来则出现了由社会有关各方力量参与的多个平台带动的发展趋势。未来的城市规划建设创新，依然是党领导下的有组织创新，而组织的方式，将会朝着依托社会力量，通过政府机构、社会团体、社会组织、非政府组织、社会工作志愿者等多方组建的多平台的线上线下合力协作，来协同带动规划建设领域创新的方向发展。未来，面对日益扁平化、网络化和多样化的创新发展态势，理论创新、科技创新、体制创新对于规划建设创新发展的引领、带动、保障作用将会更加显著，将形成共同推动创新发展的新局面。其中，以国土空间规划理论、城市管理与治理理论、中国设计建造为代表的理论创新的引领作用，将会越来越关键；以大数据、云计算、人工智能、中国建造、绿色低碳、碳中和以及智能规划、智能设计、智慧首都为代表的科技创新的带动作用，将会越来越突出；以规划实施管理体制、社会和社区治理体制、医康养老体制为代表的体制创新的保障作用，将会越来越重要。因此，未来北京的城市规划建设创新，应以习近平新时代中国特色社会主义思想为指导，不断推进国土空间规划理论和城市建设与管理理论的创新，为引领规划建设的创新发展奠定理论基础；应贯彻党的十九届五中全会提出的"坚持创新在我国现代化建设全局中的核心地位，把科技自立自强作为国家发展的战略支撑"的要求，以科技创新为依托，不断强化规划建设创新的信息化、智能化、智慧化的科技手段，提升科技含量和科技水平，提高核心竞争力，带动规划建设的创新发展；应进一步加强对新型基础设施建设、新型社会治理发展、新型社会保障体制机制、新型设计建造模式的规划研究，创新方法，探索通过体制机制改革促进创新实施的新路径、新方式，为城市规划建设的创新发展提供有力保障。

第四，文化软实力不断提升的创新。城市规划建设的本质是文化的体现①。北京是历史悠久的文化古都，是全国的文化中心，也是世界文化交流、交汇、融合发展的重要场所，文化驱动将成为未来推进北京经济社会和城市转型发展的强大动力。创新是推进城市规划建设不断发展的动力和源泉，同时创新也是具有生命力的事物。城市规划建设的创新生命力，来自其核心思想与核心技术对于所要解决问题本质和规律的科学认识、准确把握，为解决问题提供关键思路和关键技术支撑，指导实践，并为大众和社会所接受，同时也来自后继者在此基础上的不断继承、发展和再创新。可见，城市规划建设的创新生命力源于文化观念、意识形态、制度体制等文化软实力及其体现。未来，文化要素仍将是影响城市规划建设创新发展及增强其生命力的重要因素。正如前人所言"功夫在戏外"，创新也将更加依赖于文化软实力的提升。对此，未来北京城市规划建设的创新，应贯彻党的十九届五中全会提出的"繁荣发展文化事业和文化产业、提高国家文化软

---

① 规划和建设的本质是文化，是文化行为的结果和体现。就像工业产品会体现出特定国家和地域的文化因素一样，规划和建设的产品，从规划设计、建筑设计、勘查测绘到建筑工程、交通工程、市政工程、绿化建设，再到实施管理、城市管理、城市治理等，也都必然要体现出特定国家、地域及特定时代的民族文化特征和文化精神。

实力"的要求，着力加强行业文化建设。一方面规划建设工作者应继续弘扬"博学而不穷，笃行而不倦"的精神，努力加强规划建设及相关知识的学习和积累，不断深入社会实践，推进务实工作创新；另一方面需要不断加强行业文化建设，树立良好行规行风，加强对有利创新的价值观念、道德情操、文化思想、行为准则、制度体制等的培育和完善，以不断提升文化感染力、价值感召力、制度吸引力，提升文化的软实力，为持续推进北京城市规划建设的创新发展和增强创新生命力，提供重要源泉、支撑和保障。

总之，未来发展中北京城市规划建设的创新发展，将以持续满足广大市民不断增长的物质与文化需求，充分保障国家政治、文化和国际交往活动的需要，不断促进科技创新发展、绿色低碳可持续发展和城市减量提质转型发展为着力点，以求在更高维度、更广领域、更深层次，通过协同创新推进战略谋划、规划实施、城市建设，共同创造首都城市发展的美好未来。

主要参考文献

1. 北京建设史书编辑委员会编辑部.建国以来的北京城市建设资料（第一卷）城市规划，内部资料，1995.

2. 北京城市建设总体规划方案，1983.

3. 北京城市总体规划（1991年至2010年），1993.

4. 北京城市总体规划（2004年—2020年），2005.

5. 北京城市总体规划（2016年—2035年），2017.

6. 北京城市副中心控制性详细规划（街区层面）（2016年—2035年），2019.

7. 首都功能核心区控制性详细规划（街区层面）（2018年—2035年），2020.

8. 北京市地方志编纂委员会.北京志·规划志（2001—2010）.北京：北京出版社，2019.

9. 北京市档案馆，中共北京市委党史研究室.北京市重要文献选编第二册.北京：中国档案出版社，2001.

10. 中共中央文献编辑委员会.彭真文选.北京：人民出版社，1991.

11. 北京市委党史研究室.新中国首都第一个城市总体规划（初稿），2020-11.

12. 王亚春.彭真对北京城市总体规划的贡献.北京党史，2002，（3）.

13. 郑天翔.回忆北京十七年.北京：北京出版社，1989.

14．中国共产党第十九届五中全会公报，新华网，2020-10-30.

15．中共中央关于制定"十四五"规划和二〇三五年远景目标的建议，新华社，2020-11-3.

16．中共北京市委关于制定北京市国民经济和社会发展第十四个五年规划和二〇三五年远景目标的建议，北京日报，2020-12-7.

17．柯焕章.团结、奉献、开拓、求是，为首都现代化建设规划美好蓝图.北京规划建设，1996（5）.

18．施卫良，石晓冬，杨明，王吉力，伍毅敏.新版北京城市总体规划的转型与探索.城乡规划，2019（1）.

19．石晓冬，杨明，和朝东，王吉力.新版北京城市总体规划编制的主要特点和思考.城市规划学刊，2017（6）.

20．伍毅敏，杨明，彭珂，邱红，边雪.北京城市体检评估机制的若干创新探索与总结思考.城市与区域规划研究，2020，12（1）.

21．北京市城市规划设计研究院.北京城市总体规划回顾与反思，2012-12.

22．张崇.建国初期的首都建设和"国庆十大工程".北京党史，1999（1）.

23．苏峰.新中国的建筑奇迹——"国庆十大工程"中的人民大会堂.百年潮，2014（2）.

24．张惠舰.国庆十大工程建设中的拆迁安置工作.北京党史，2017（5）.

25．温卫东."首都经济"的提出与北京产业结构的调整.北京党史，2008（6）.

26．北京市规划委员会、北京城市规划学会.长安街——过去、现在、未来.北京：机械工业出版社，2004.

27．杜立群，和朝东.北京非首都功能疏解若干问题的思考.上海城市规划，2015（6）.

28．章永俊.北京中轴线的发展与保护.当代北京研究，2015（2）.

29．徐勤政，石晓冬，胡波，曹娜，高雅.利益冲突与政策困境——北京城乡接合部规划实施中的问题与政策建议.国际城市规划，2014，29（4）：52—59.

30．徐勤政.集体建设用地制度改革背景下的北京城镇化转型.北京规划建设，2014（6）：33—38.

31．王亮，北京市城乡建设用地扩展与空间形态演变分析.城市规划，2013（7）.

32．张英洪等.北京市城乡发展一体化进程研究.北京：社会科学文献出版社，2015.

33．北京市规划委员会，北京市城市规划设计研究院，北京城市规划学会.北京城市规划图志1949—2005.2006.

34．郑珺.京华通览·长安街.北京：北京出版社，2018.

35．董光器.长安街，见证首都城市变迁.北京规划建设，2019（5）.

36．柯焕章.长安街变迁，大格局，小遗憾.北京规划建设，2019（5）.

37．赵知敬.长安街规划—集锦.北京城市规划学会，北京市城市建设档案馆，2021.

38．李秀伟，路林，赵庆楠.北京城市副中心战略规划.北京规划建设，2019（2）.

39．杜立群.从副中心控规看规划创新.前线，2019（3）.

40．杜立群，吕海虹，邢宗海，崔吉浩，史妍萍.以品质提升为导向的北京城市副中心控规编制.城市规划，2020（1）.

41．鞠鹏艳，杨松，张嫱.规划解读：穿越"前世今生"，到未来的百年首钢看一看.北京规划自然资源公众号，2021.

42．盖春英，李爽，黄斌等.北京市自行车和步行交通规划总报告.北京市城市规划设计研究院，2016.

43．阮金梅，舒诗楠，彭敏等.南锣鼓巷历史文化街区机动停车规划.北京市城市规划设计研究院，2019.

后　记

　　《北京城市规划建设的创新》是一部汇聚新中国成立70多年来首都城市规划建设的发展历史和创新故事的专著，是对北京城市规划建设创新实践与理论探索的归纳总结，也是从首都北京规划建设创新发展的角度对学习和讲好党史、新中国史、改革开放史、社会主义发展史的积极探索。

　　本书自2019年7月起在北京市委宣传部的组织下启动编纂工作，编纂工作得到北京市委宣传部、北京市哲学社会科学领导小组办公室、北京市社会科学院等部门领导、专家的鼎力支持和指导、帮助，确保本书编纂的正确方向和提高站位。北京市规划和自然资源委员会副主任施卫良，对本书的组织、编纂工作给予大力支持和悉心指导、帮助；北京市社科院副院长赵弘、原市委研究室副主任赵毅、原首都经贸大学校长文魁、北京师范大学教授吴殿廷等专家，负责本书写作提纲和初稿、修改稿的审议审查，提出很多中肯的修改意见和建议，确保本书编纂的质量。本书的编纂出版，还得到北京出版集团的全力支持和帮助。在此，谨向为本书编纂、出版、发行给予帮助和支持的各部门领导、各方面专家，表示衷心的感谢。

　　《北京城市规划建设的创新》一书由北京市城市规划设计研究院（简称"市规划院"）负责组织编纂，市规划院党委书记、院长石晓冬（教授级高工）担任主编，参与各章节编写的人员为（按章节顺序）：第一章，石晓冬、赵峰、和朝东；第二章，徐勤政、赵丹、郭婧、林宛婷、夏梦晨；第三章，和朝东、崔吉浩、鞠鹏艳、杨松、段瑜卓、李保奇、徐碧颖、张尔薇、杨春、李婷、张鸣、张嫱、夏梦晨；第四章，赵幸、郭婧；第五章，程海青、张晓莉、刘群、陈玢、李翔、周嗣恩、舒诗楠、李沛峰、贺健、崔硕、孙道胜、赵幸。[①]其中，赵峰、和朝东、徐勤政为综合组成员，负责全书编纂。

《北京城市规划建设的创新》一书的编纂，记述和论述内容力求客观准确，但因受资料、时间等所限，疏漏之处在所难免，恳请读者指正。

《北京城市规划建设的创新》编纂工作组

2021年1月

---

① 北京市城市规划设计研究院负责和参与各章节编写人员所在部门及职务职称如下（按章节顺序排列，相同职称同列）：石晓冬，市规划院党委书记、院长，教授级高工；赵峰，原总工办主任，教授级高工，《北京志·规划志（2001—2010）》主编；和朝东、赵丹，规划研究室主任工程师，高级工程师；徐勤政，规划研究室主任工程师，教授级高工；赵幸，核心区规划所主任工程师，高级工程师；李保奇，城市设计所主任工程师，高级工程师；郭婧，城市设计所高级工程师；崔吉浩，副中心规划所主任工程师，高级工程师；徐碧颖，详细规划所主任工程师，高级工程师；程海青，详细规划所教授级高工；林宛婷、张晓莉、陈玢，详细规划所高级工程师；夏梦晨，历史文化名城规划研究所工程师；刘群，详细规划所工程师；鞠鹏艳，总体规划所副所长，教授级高工；张尔薇、杨春，总体规划所主任工程师，高级工程师；杨松、段瑜卓、李婷、张鸣、李翔，总体规划所高级工程师；张嫱，总体规划所工程师；周嗣恩，交通规划所高级工程师；舒诗楠，交通规划所工程师；李沛峰、贺健、崔硕，市政规划所高级工程师；孙道胜，信息中心高级工程师。